二茂铁功能化配体的合成及电化学客体识别性能研究

刘　伟◎著

吉林大学出版社

图书在版编目(CIP)数据

二茂铁功能化配体的合成及电化学客体识别性能研究 / 刘伟著. --长春:吉林大学出版社,2017.5(2024.8重印)

ISBN 978-7-5692-0074-4

Ⅰ.①二… Ⅱ.①刘… Ⅲ.①二茂铁－研究 Ⅳ.①O627.8

中国版本图书馆 CIP 数据核字(2017)第 155912 号

书　　名　二茂铁功能化配体的合成及电化学客体识别性能研究
　　　　　ERMAOTIE GONGNENGHUA PEITI DE HECHENG JI DIANHUAXUE KETI SHIBIE XINGNENG YANJIU

作　　者　刘 伟 著
策划编辑　孟亚黎
责任编辑　孟亚黎
责任校对　樊俊恒
装帧设计　马静静
出版发行　吉林大学出版社
社　　址　长春市朝阳区明德路 501 号
邮政编码　130021
发行电话　0431－89580028/29/21
网　　址　http://www.jlup.com.cn
电子邮箱　jlup@mail.jlu.edu.cn
印　　刷　三河市天润建兴印务有限公司
开　　本　787×1092　1/16
印　　张　14
字　　数　181 千字
版　　次　2017 年 11 月　第 1 版
印　　次　2024 年 8 月　第 3 次
书　　号　ISBN 978-7-5692-0074-4
定　　价　49.00 元

前　言

在过去的20年里，二茂铁衍生物在超分子化学、电子传输材料及非线性光学材料等方面的巨大应用潜力引起了人们的极大兴趣。其中将二茂铁基与各种底物结合单元相连，以实现对客体电化学识别的研究，已成为超分子化学中的一个重要研究领域。本书设计合成了六个系列分别具有金属离子或阴离子识别性能的二茂铁基有机金属化合物，利用现代分析测试手段，表征了这些化合物的组成和结构。研究了它们的电化学性质，并通过电化学等方法对它们与不同金属离子或阴离子的识别响应性能进行了研究，取得的主要研究成果如下：

1. 合成了系列二茂铁缩氨基硫脲衍生物3a-d，循环伏安研究显示，它们在电极上的电极反应过程均受扩散控制，利用多种方法对其扩散系数进行测定，结果表明，较大的分子体积给出相对较小电极反应扩散系数。考察了3a-d对金属离子的电化学响应，结果显示该类化合物对Cu^{2+}、Hg^{2+}具有较好的响应性能，其与不同金属离子响应ΔE值变化次序为$Ni^{2+} > Cu^{2+} > Hg^{2+} > Co^{2+} > Pb^{2+}$；电化学竞争实验表明，3a～3d对$Hg^{2+}$具有一定的选择性，这对环境或生物中快速检测有毒的$Hg^{2+}$有着一定意义。此外，化合物3d中由于萘环的引入，使得配体3d在金属离子Cu^{2+}的存在下，荧光发射强度显著增强，这明显区别于其他金属离子，使得3d可作为电化学及荧光双功能基化学传感器，实现对Cu^{2+}的双重响应。

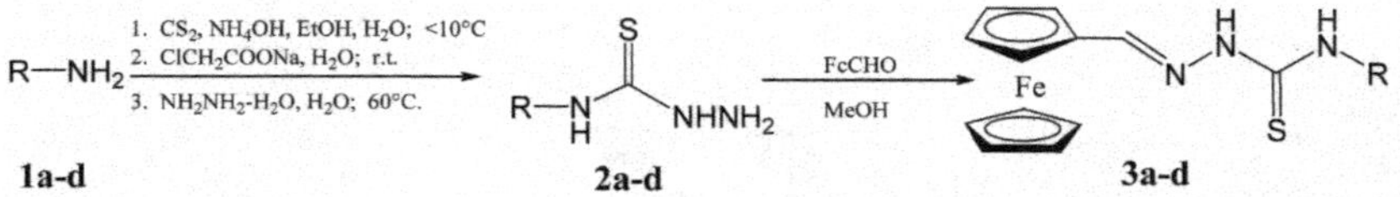

1a-d　2a-d　3a-d

3a: R = *p*-$CH_3OC_6H_4$
3b: R = *m*-$CH_3OC_6H_4$
3c: R = *o*-$CH_3OC_6H_4$
3d: R = 1-naphthalene

2. 合成了二茂铁双色氨酸甲酯化合物 6，单晶结构测定显示，其固态结构中存在着较大的孔洞结构，显示了它在小分子包结、存储等方面的潜在应用。配体 6 与不同过渡金属离子电化学响应性能研究表明，其对客体金属离子 Cu^{2+}、Zn^{2+} 和 Ni^{2+} 等表现出良好的响应性能，金属离子的加入均使得配体 Fc/Fc^+ 电对式量电位发生了显著阳极移动，其 $\Delta E^{0'}$ 值分别对 Cu^{2+}、Zn^{2+} 为 335mV 和342mV，这对发展新型化学传感器、发展新型分子开关以及揭示生命体中金属离子 Cu^{2+}、Zn^{2+} 与生命体间作用都有着潜在的意义。

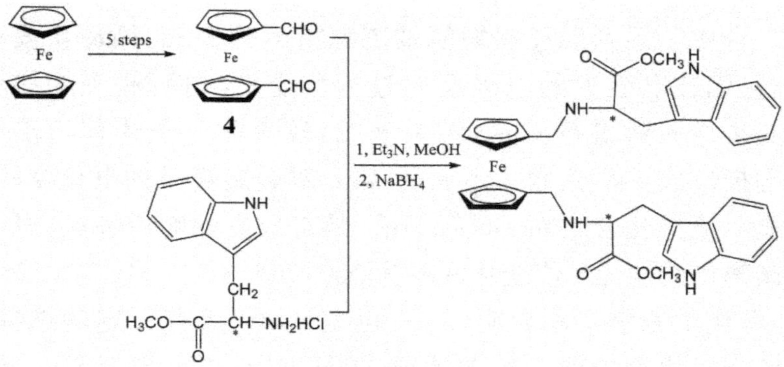

4　5　6

3. 发展了一条以 1,1′-二茂铁双甲醇为原料一锅反应制备二茂铁双亚甲基季鏻盐 8 的新方法，并以 8 为原料制备了一系列含芳香杂环的双臂烯烃类配体。电化学金属离子识别研究表明，含呋喃及噻吩环烯烃类配体对测试金属离子响应性能较差，而吡啶基配体化合物 9a～9b 对金属离子 Zn^{2+} 和 Hg^{2+} 表现出良好的识别性能。竞争实验表明，配体 9a-b 对 Hg^{2+} 均具有较好的选择性。化合物 9b 与 Hg^{2+} 电化学滴定实验表明，新峰峰电流与加入 Hg^{2+} 量呈良好线性关系，表明化合物 9b 可成功用于定性和定量检测有毒的汞离子。

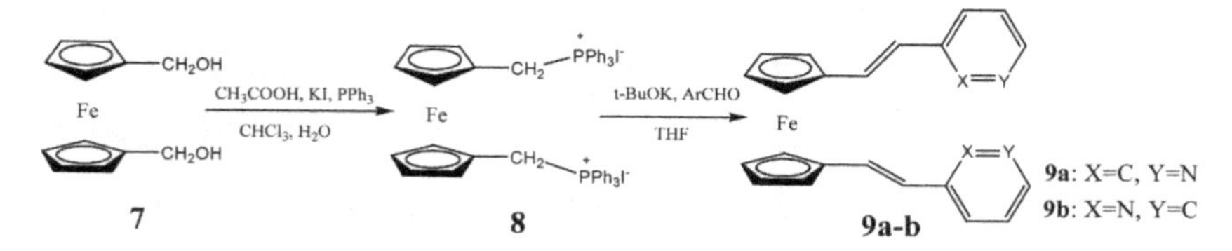

4. 合成了系列 N-5-二茂铁基异酞酰氨基酸甲酯化合物 13a-f。电化学研究表明：氨基酸基团取代基体积越大，其对应配体电极反应扩散系数越小；而 *L*-色氨酸衍生配体 13f，由于分子内氢键的存在，其分子体积相对缩小，因而扩散系数相对较大。化合物 13a-f 电化学阴离子识别研究表明：该类化合物与 $H_2PO_4^-$ 结合后均给出了 Fc/Fc^+ 电对式量电位较大的阴极移动，首次证实了以苯环为间隔基二茂铁生物金属有机化合物可成功用于 $H_2PO_4^-$ 的电化学阴离子识别。^1H NMR 阴离子滴定实验表明，该类配体中酰胺基团活泼氢与异酞酰基中苯环中 2 位氢原子共同参与了阴离子结合过程，证实了苯环上质子可以 C—H…阴离子氢键形式参与阴离子识别过程；且结果表明，氨基酸片断中取代基的形式，对配体分子与体积较大阴离子 $H_2PO_4^-$ 的识别过程及作用强度有着重要影响。

HCl, NaNO₂, 0~10°C → 10; (COCl)₂, CH₂Cl₂, pyridine, reflux → 11; SOCl₂, MeOH → 12a~12; Et₃N, CH₂Cl₂ → 13a~13

13a: R = H, **13:** R = CH_3, **13c:** R = $CH(CH_3)_2$,
13d: R = $CH_2CH(CH_3)_2$, **13e:** R = $CH_2C_6H_5$, **13f:** R = H_2C-(3-indolyl, NH)

5. 合成了喹啉氧基酰腙类二茂铁配体 15、16，利用循环伏安法对它们与 F^-、Cl^-、AcO^-、HSO_4^- 及 $H_2PO_4^-$ 的识别性能进行了研究，结果表明该类化合物与 $H_2PO_4^-$ 结合后，对比其他阴离子给出了 Fc/Fc^+ 氧化还原电位最大的阴极移动值；电化学阴离子竞争实验表明，配体 15、16 均对生命体系重要的阴离子 $H_2PO_4^-$ 具有较好选择识别性能，且结果优于文献报道的其他二茂铁基腙类阴离子受体。

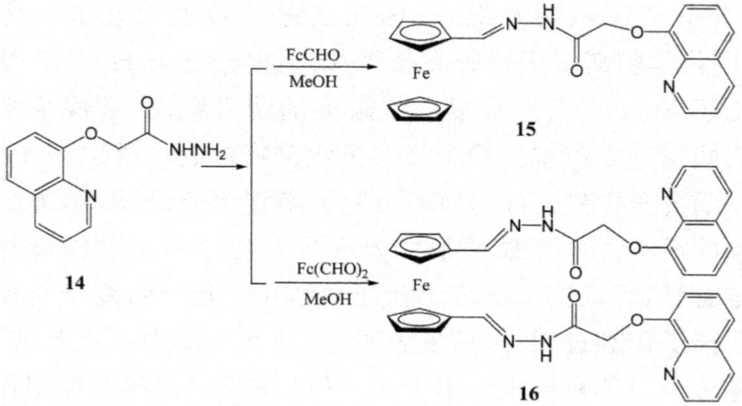

FcCHO MeOH
NHNH$_2$
14
15
Fc(CHO)$_2$ MeOH
16

6. 以 1,2-二邻胺基苯氧乙烷为原料，合成了系列二茂铁基酰胺及酰胺基硫脲类大环化合物 19、21 及 22a～22。量化计算显示，分子内氢键在大环化合物的组装合成中起着驱动作用。电化学研究显示，在 19、21 及 22a～22b 中，二茂铁取代基的不同对 Fc/Fc^+ 式量电位值有显著影响，且较大的分子体积给出较小的电极反应扩散系数。19、21 及 22a～22b 电化学阴离子识别性能研究表明，它们均对 $H_2PO_4^-$ 有较好响应性能，且二茂铁中心与结合位点较近的距离及较多的二茂铁基团个数有利于给出较大的 Fc/Fc^+ 电对电位响应移动值。

7. 利用5-二茂铁基异酞酰肼与相应芳醛直接缩合得到了3个5-二茂铁基异酞酰腙(分子钳)化合物24a～24c，单晶结构测定显示，该类物质其固态结构确以钳形结构存在，显示了它在小分子钳合、存储等方面的潜在应用。化合物24a～24c电化学阴离子识别研究表明：该类化合物与$H_2PO_4^-$结合后均给出了Fc/Fc^+电对式量电位较大的阴极移动，这表明他们对$H_2PO_4^-$具有良好的识别性能。

24a Ar = 2-pyridinyl, 24b Ar = *m*-HOC_6H_5, 24c Ar = 2-thienyl

8. 以二茂铁基大环酰胺 19 为载体，邻硝基苯辛醚（*o*-NPOE）为增塑剂，三（十二烷基）甲基氯化铵（TDMACl）为离子定域体，制备了一支新型的 PVC 膜 HPO_4^{2-} 选择电极。该电极对 HPO_4^{2-} 的线性响应范围为 $1.0\times10^{-5}\sim1.0\times10^{-2}$ mol/L，能斯特斜率为 29.8 mV/decade，检测下限为 2.2×10^{-6} mol/L。电极具有良好的稳定性、重现性，并且有较长使用寿命（至少 2 个月）。此外，应用研究表明，该电极可成功地应用于 $Ba(NO_3)_2$ 滴定 K_2HPO_4 的指示电极。

本书的撰写不但积累了具有丰富经验的作者在实际教学和科研中的一些成果，更是吸收了众多相关著作及最新学术论文成果。从总体上看，本书结构安排合理、概念准确、内容科学、论证严密，具有技术方法具体详细、深入浅出、实用性强等特点。

本书在撰写的过程中得到了众多同行朋友的支持与帮助，并且耗费了作者大量的精力，尽管如此，相关研究成果日新月异，新知识、新观点不断涌现，加之作者水平有限，本书难免有不尽完善和疏漏之处，恳请广大同行、专家、读者批评指正。

作　者

2017 年 3 月

目　录

第1章　绪　论

1951年12月15日，Peter L. Pauson和Thomas J. Kealy在*Nature*上首次报道了二茂铁的合成[1]，该文章虽仅占该杂志2/3页的篇幅，但是文中提到的二茂铁却以其独特的魅力呈现在科学家们的面前。次年，Wilkinson和Woodward研究证实，二茂铁是由两个环戊二烯负离子与二价铁正离子用d轨道重叠而形成的一个对称的“特殊共价键”，它是一类夹心结构的π型配合物，即两个平行的环戊二烯负离子的中间镶嵌着一个铁离子，Fe的d电子(d6)与两个环戊二烯基负离子提供的电子(2×6)之和符合18电子规则，所有的碳碳键和碳铁键长均等（分别为1.403 Å和2.045 Å）[2]。二茂铁的特殊夹心结构引发了科学家们的强烈兴趣，它的合成与研究随之发展成为现代化学中的一个热点研究领域，特别是近二十年，对二茂铁及其衍生物的研究更为活跃。由于它们的独特分子结构及其突出的芳香特性，二茂铁及其衍生物具有许多特殊的性能，对它们的应用研究已经涉足于不对称有机合成催化[3]、燃烧控制剂[4]、电极修饰[5]、非线性光学[6]、有机磁体[7]、超分子化学[8]以及生化与医药[9]等领域。国际著名杂志有机金属化学杂志（J. Organomet. Chem.）于2001年出版专刊化合物二茂铁发现五十周年特刊（Special Issue of 50th Anniversary of the Discovery of the compound Ferrocene）来纪念二茂铁化合物的合成与发展。

我们课题组在吴养洁院士的带领下对二茂铁衍生物环金属化反应，二茂铁亚胺环钯化合物在催化赫克（Heck）、铃木（Suzuki）、布赫瓦尔德—哈特维希反应（Buchwald-Hartwig amination）、薗头偶合反应（Sonogashira）等多种偶联反应中的应用进行了大量较为系统的研究，并取得了一些有意义的结论[10]。为拓展我们在二茂铁化学方面的深入研究，鉴于二茂铁在超分子化学研究领域的巨大应用潜力，我们在这一领域开展了部分工作。

超分子化学是研究两个或多个化学物种借分子间的弱相互作用力形成的实体或聚集体的化学，作为化学领域的一门新兴交叉边缘学科，与材料科学、信息科学、生命科学等学科紧密相关，处于当代化学研究前沿[11]。

随着超分子化学深入发展，基于各种响应功能基配体的分子识别性能研究成为超分子化学研究的热点。超分子分子识别研究，作为利用具有一定官能团配体与底物以特定的方式结合形成热力学稳定的超分子体系，并通过响应基团将分子层面的结合信息转化为宏观可测的各种信号，以研究受体-底物间相互作用与响应性能之间内在规律的一门科学，在环境化学领域、生物化学过程研究等方面具有重要地位，对揭示生命现象和过程，发展新颖电、光、磁性能的超分子器件等高科技领域具有重要的理论意义和潜在的应用前景[11]。

近 20 年来，基于氧化还原活性受体的超分子电化学识别已成为超分子化学研究的热点。氧化还原活性受体，主要由两个基本单元构成：(1)具有可逆电化学性质的信号输出单元；(2)能选择性识别特定阳离子、阴离子或中性分子的结合单元。其中研究较为广泛的电化学活性基团有醌、硝基化合物、三氰基乙烯、四硫富瓦烯、二茂铁、二茂钴和二茂钌等；而识别结合单元则根据所识别底物种类的不同主要包括冠醚、各种杂冠醚、环糊精、杯芳烃、环番、卟啉、酰胺、胍盐、脲，以及硫脲等结构单元。通过具有氧化还原活性受体与底物以特定的方式结合，信号输出单元——电活性中心将分子识别信息转化成宏观可测的电信号，从而实现识别过程的电化学监测；同时，通过电化学技术可实现受体与底物间结合的开关控制。超分子电化学识别研究在离子选择性电极、电化学生物传感器、可控离子跨膜传输以及分子开关等高科技领域具有重要的理论意义和潜在的应用前景[8,11,12]。

二茂铁是具有夹心型分子结构和芳香性的高度富电子体系，热稳定性好，有良好的反应活性，较易进行结构修饰，在大多数常见溶剂中可经受可逆的单电子氧化，具有易受环境影响的可逆氧化还原电对。因此以其为电化学信号输出单元氧化还原型受体的设计合成研究近年来十分活跃，并在超分子化学领域展示了其独特的优点和魅力[11]。

1.1　具有电化学识别性能二茂铁基配体研究现状

这里根据所识别底物种类的不同，具有电化学识别性能二茂铁基配体大致可以分为三大类：(1)识别阳离子的二茂铁基配体；(2)识别阴离子的二茂铁基配体；(3)识别中性分子的二茂铁基配体。

1.1.1　识别阳离子的二茂铁基配体

识别阳离子的二茂铁基配体是一类能够选择性与底物阳离子作用的化合物。由具有氧化还原活性的电信号输出单元——二茂铁基和具有阳离子选择性结合功能单元共同构成。当阳离子与配体分子中结合位点单元作用时，其氧化还原中心将做出相应的电化学响应，通常导致二茂铁基氧化还原峰电位和峰电流的改变。由于引入的阳离子与氧化状态二茂铁中心间的空间静电作用，往往使得二茂铁基的氧化更为困难，造成二茂铁基氧化还原式量电位的阳极移动，而电位移动的幅度部分体现配体的识别应答水平。

具有一定结构的环状与非环多胺、冠醚与氮杂、硫杂冠醚及其他一些含杂原子具有共轭结构功能基作为配体的结合位点，已成功用于阳离子识别体系。下面根据结合位点单元官能团结构的不同逐一介绍。

1.1.1.1 二茂铁基大环与非环多胺类配体

由于胺类基团特殊的性能，二茂铁基大环与非环多胺类配体识别性能随环境及溶剂 pH 的改变而改变，并可在不同条件下实现不同底物的识别。Beer 报道了化合物 1～4 在较高 pH 水溶液中对 Cu^{2+} 和 Zn^{2+} 具有识别作用，且对 Cu^{2+} 有较好选择性；当在 pH 为 6～8 时的生命体系中，化合物 1a～1b 质子化后可对生命过程中的 ATP^{2-} 以及 $H_2PO_4^-$ 等具有良好识别性能[12]。

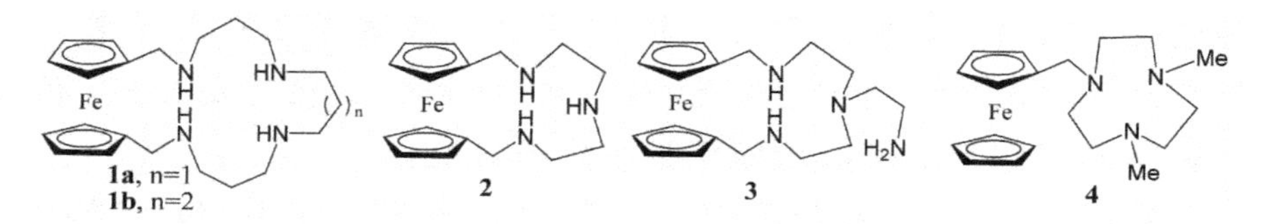

Martínez-Máñez 利用具有多二茂铁基大环化合物 5[13]，在不同 pH 水溶液中对所选金属离子和阴离子进行测试，结果显示它对 Cu^{2+} 和 ATP 具有良好的选择性，并可实现对 Cu^{2+} 和 ATP^{2-} 的定量检测，随后他们利用所合成的 6～7[14] 在不同溶剂中对金属离子 Cu^{2+}、Zn^{2+}、Ni^{2+}、Cd^{2+} 和 Hg^{2+} 识别性能进行考察。

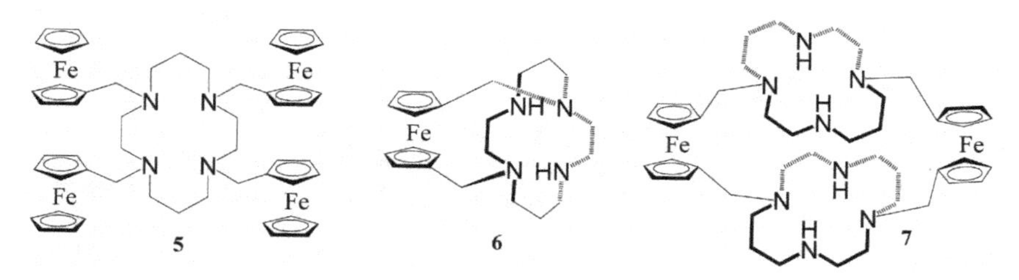

结果显示，在不同溶剂条件下，该类配体均表现出对 Cu^{2+} 较好的选择性，且在极性较弱的乙腈溶剂中有利于给出较大的电位移动 ΔE 值，可作为首选溶剂。

8　　9　　10

Delgado 等随后合成了多二茂铁基化合物 8～9[15]。在甲醇与水混合溶剂中，对金属离子识别性能测试结果显示，其二茂铁中心氧化还原式量电位移动 ΔE 顺序为 $Cu^{2+} > Ni^{2+} > Zn^{2+} > Cd^{2+}$，对 Pb^{2+} 则无响应，显示该类配体对过渡金属离子具较好识别性能。Kandaswamy 合成的化合物 10[16] 在测试体系中虽只给出了对 Cu^{2+} 离子 ΔE 为 46 mV 的最大电位值移动，但仍表现出对 Cu^{2+} 的良好选择性。

傅恩琴等以含酰胺基团多胺配体 11[17] 对 Co^{2+}、Cu^{2+} 和 Ni^{2+} 等过渡金属离子识别性能进行考察，发现该类配体除对上述离子具有良好电化学识别作用外，还对 Cu^{3+} 及 Ni^{3+} 具有稳定作用，这对研究人工仿生及模拟酶催化具有重要意义。

最近几年，人们发现不仅是二茂铁大环多胺体系，对开链状多胺体系配体也表现类似电化学响应。Martínez-Máñez 小组设计合成了一系列具有柔性多胺基团的二茂铁配体 12、13 等[18]，Delgado 等报道了含有吡啶基开链化合物 14[19]。结果显示，这类配体与大环类配体表现相似电化学行为，它们对过渡金属离子 Cu^{2+} 均具有较好的选择性识别性能。

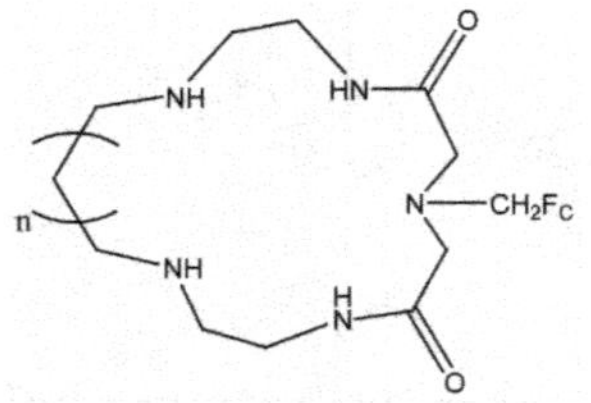

11 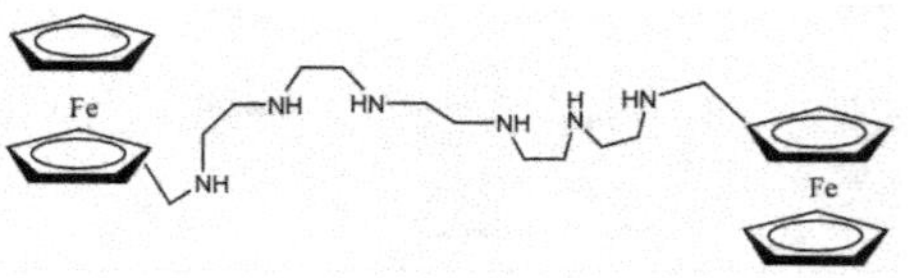　　12

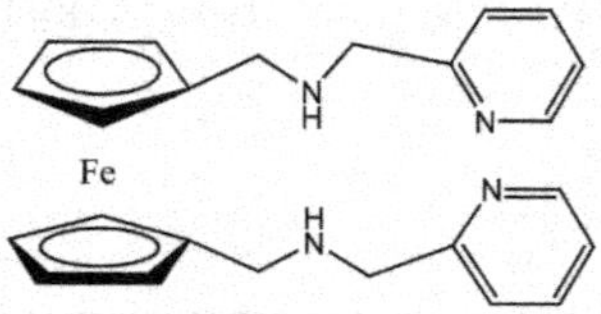

14 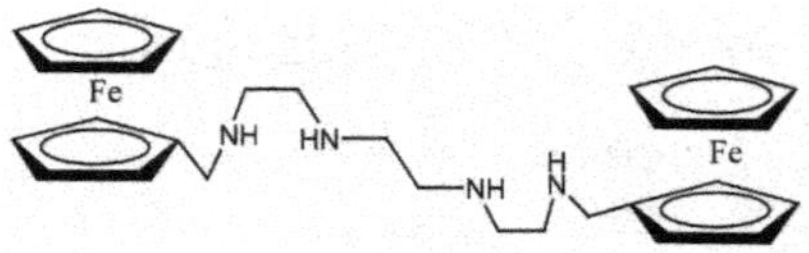　　13

综上，尽管所示配体结构各不相同，但它们的识别选择性性能却比较相似，均可选择性识别 Cu^{2+}，这可能是由于胺类物质对

Cu^{2+}结合能力较强的缘故，故而要实现对其他离子选择性，则必须对结合单元有效位点进行选择设计。

1.1.1.2 二茂铁基冠醚、氮杂冠醚、硫杂冠醚及杯芳烃类配体

1979 年，Oepen 等首次报道以酯基或酰胺基桥联的单核二茂铁冠醚 15、16 以及硫杂冠醚 17[20]。此后，Biernat 报道二茂铁基冠醚 18a～18e[21] 的合成，Akabori 对 18a～18e 进行金属离子的萃取实验，发现它对碱金属、碱土金属离子的萃取效果较差，而对 Tl^+ 可达 80%，络合 Ag^+ 会导致大环化合物氧化分解，这与一般的氧杂冠醚不同。1986 年，Saji[21c] 首次证实这种大环和阳离子间相互作用会引起 Fc^+/Fc 电对氧化还原电位的阳极移动，并利用 18b 成功进行了 Na^+ 迁移试验。

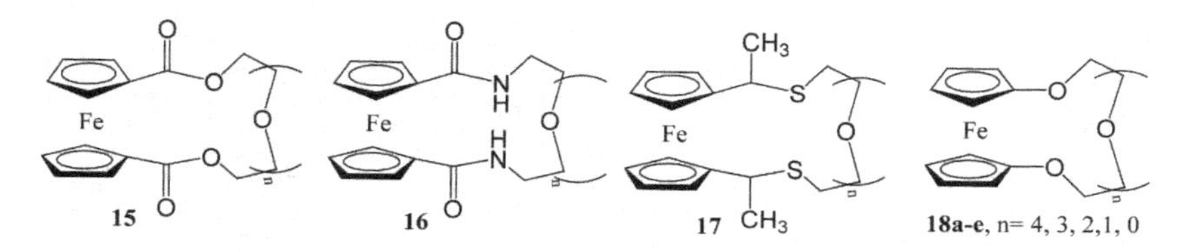

此后，Beer 课题组在二茂铁冠醚研究方面做了大量系统性工作[22]。他们设计合成了二茂铁基功能化的系列化合物 19～26，通过 NMR、FAB-MS 等对所得冠醚受体对碱金属与碱土金属离子结合模式以及选择性性能进行研究，结果发现，该类化合物均能与 Li^+、Na^+、K^+ 和 Mg^{2+} 形成稳定络合物。电化学识别性能研究表明，对结合单元——冠醚基团能与二茂铁形成良好的共轭体系的化合物 20、22 和 23，与测试金属离子作用均给出了较好的电化学响应，使得 Fc/Fc^+ 电对式量电位显著地阳极移动，且电化学竞争试验结果也显示对 K^+ 的选择性；而对化合物 19、21 及 26，体系共轭性能差，且结合位点中心距二茂铁基较远，这对二茂铁中心氧化还原性质影响很弱，随金属离子加入，式量电位变化值均小于 10 mV；化合物 24 和 25 与化合物 26 相对比，其结合位点中心距二茂铁基较近，考虑到配体与金属离子间空间静电微扰作用，24 和 25 将给出较好的电化学响应，试验结果与理论推断相吻合。Beer 等通过

对这一系列冠醚类配体的综合研究,得出了一些非常有意义的结论,其中电活性中心与结合功能单元间较近的空间距离,以及良好的共轭状态有利于给出氧化还原中心式量电位较大的电位值移动;而大的金属离子极化度也部分利于给出大的电位值移动幅度。

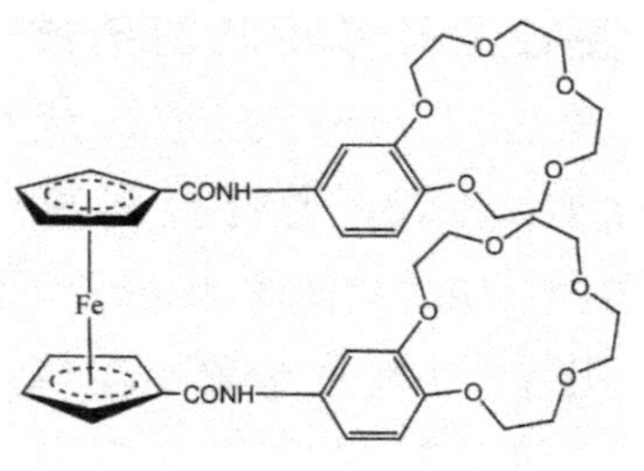

19

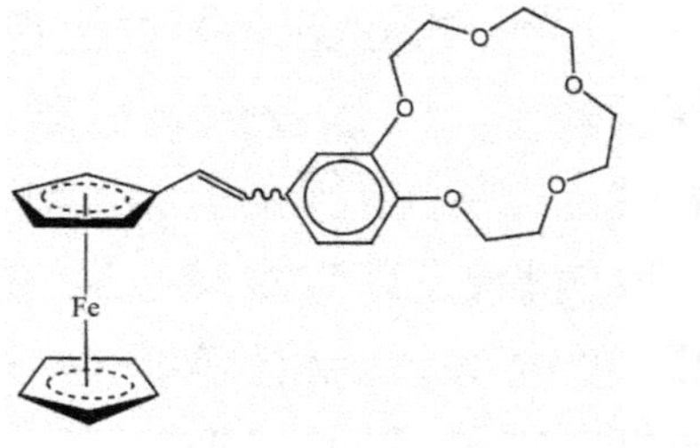

20

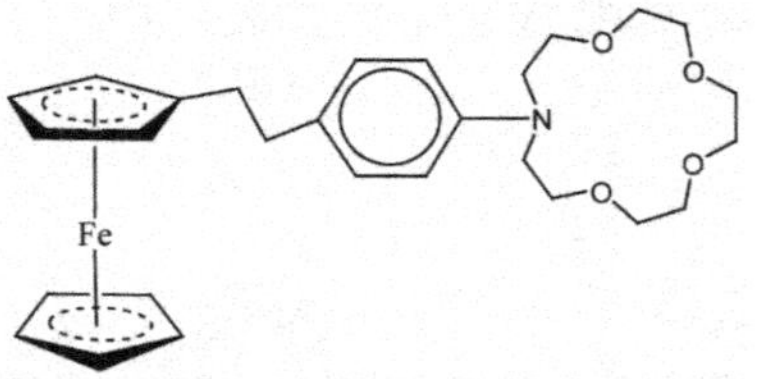

21

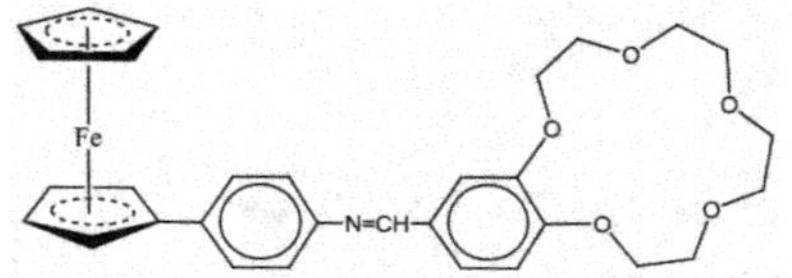

22

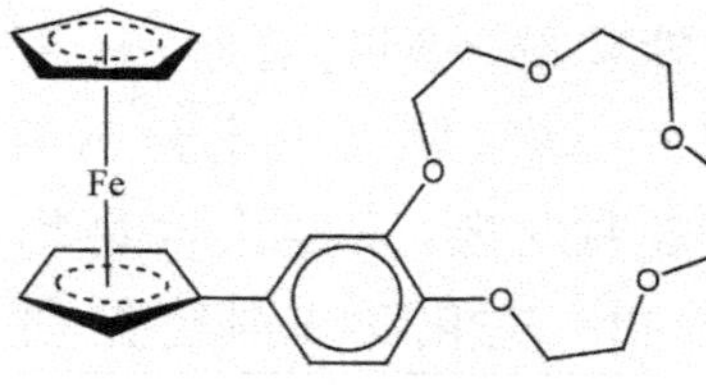

23

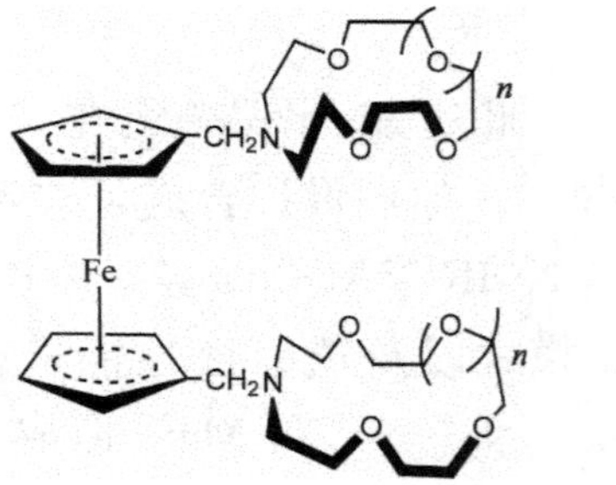

24

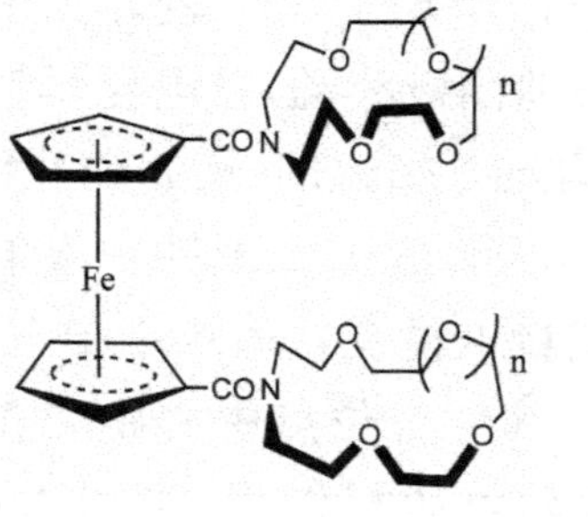

25

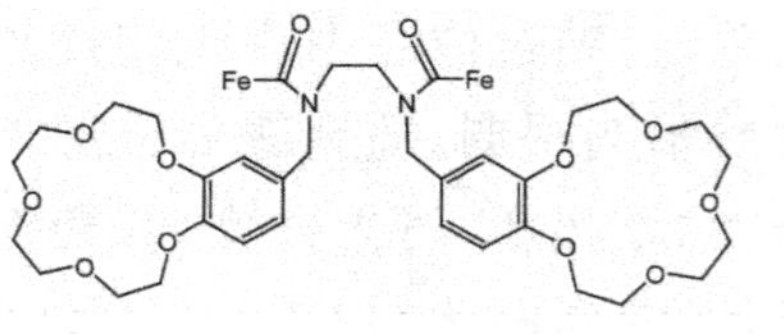

26

同时期，Hall 等设计合成了系列二茂铁基以酰基或亚甲基与冠醚相连配体[23]，通过 NMR 技术对这类化合物与金属离子 Na^+、K^+、Mg^{2+}、Ca^{2+} 及 Y^{3+} 离子结合形态进行了研究，给出刚性较强的酰基取代化合物以(A)所示状态与金属离子结合，而体系较柔性的化合物 27 中则以(B)所示形式与金属离子结合，通过客体金属中心与二茂铁中心距离对配体 26～29 与金属离子结合后二茂铁氧化还原式量电位变化值 ΔE 进行了理论模型计算，通过电化学循环伏安法对金属离子存在下 Fc/Fc^+ 电对电位值改变 ΔE 进行测定显示，实验结果与理论计算结果吻合。该研究结果对电化学识别机理理论有着重要意义。

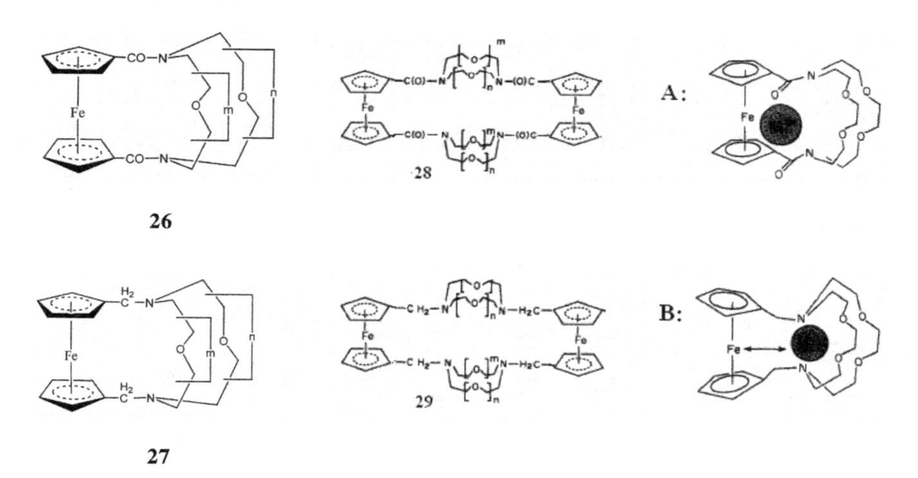

近年来，杯芳烃作为新一代主体化合物得到了很好的发展，将杯芳烃衍生物作为客体结合单元的二茂铁基氧化还原型配体研究也取得了一定成功。

Hall 等利用化合物 30～31[24]用于碱土金属离子 Ca^{2+}、Mg^{2+} 和 Sr^{2+} 识别，虽然金属离子的加入造成了二茂铁中心氧化峰电位的阳极移动，但整个氧化还原过程不可逆，这在一定程度上限制了配体的应用。Beer 等对化合物 32[25] 与 La^{3+}、Gd^{3+} 和 Lu^{3+} 识别性能进行研究，结果显示配体氧化还原式量电位受金属离子作用，阳极移动了 120～205 mV，得到了较为满意的结果。

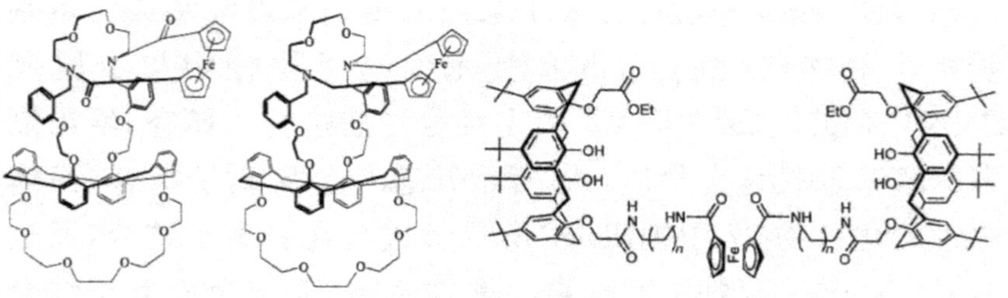

30　　31　　32

Beer 考察了硫杂大环 33[26]，与 Cu^{2+} 络合性能进行了研究，电化学研究表明，33 与 Cu^{2+} 作用引起了二茂铁基式量电位大于 60 mV 的阳极移动；并且结果显示，配体 33 对 Cu^{2+} / Cu^{+} 电对有良好稳定作用。Sato 等以 34[27] 为配体对金属离子响应性能进行了研究，结果表明其对碱金属离子配位作用较弱，对 Ag^{+} 具有较强结合作用。程津培课题组则以一系列二茂铁含硫环肽类化合物 35[28] 等，对碱金属及碱土金属识别性能进行了多种方法的研究，电化学研究表明，该类配体对碱土金属 Ca^{2+} 及 Mg^{2+} 具有良好的结合与识别性能。

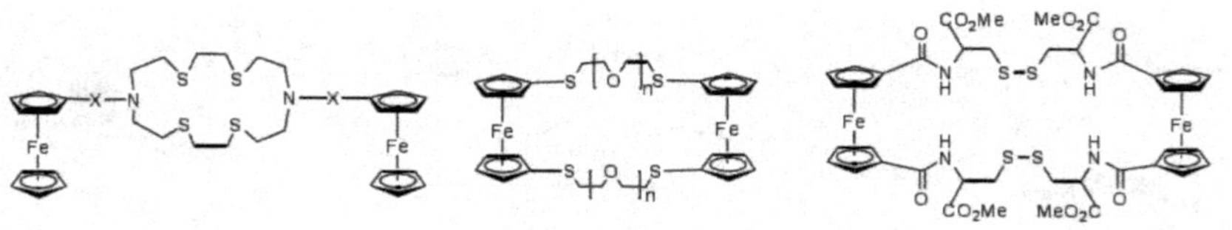

33　　34　　35

1.1.1.3　其他含杂原子非环二茂铁基配体

随着研究的深入，大环多胺与冠醚穴醚类化合物已不再满足研究需要，近年来，报道了许多结构相对简单，但性质表现优良的新型配体。

2002 年，Delavaux-Nicot 报道了共轭体系化合物 36 和 37[29]，其可作为荧光和电化学双重功能传感器用于 Ca^{2+} 识别，对化合物 37 与 2 mol/L Ca^{2+} 作用可导致二茂铁式量电位阴极移动 120 mV，这与加入金属离子将导致配体式量电位正移的经典电化学识别理论似乎有所矛盾，这可从配体与 Ca^{2+} 作用后导致了整个共轭体系电子重排来解释，电子光谱测试数据也提供了有力支持。

Tárraga 小组近年来合成了一系列结构简单、性质独特的新型配体[30]。化合物 38 对 Mg^{2+} 具有良好的电化学识别性能，且由于加入镁离子可导致溶液颜色的明显改变，可实现裸眼可视检测。受体化合物 39 和 40 则对 Zn^{2+}、Hg^{2+} 和 Pb^{2+} 具有良好电化学识别性能，且化合物 40 对 Zn^{2+}、Hg^{2+} 和 Pb^{2+} 表现出颜色的变化。2008 年，他们又报道了化合物 41[31]，当加入客体 Pb^{2+} 时可使二茂铁中心式量电位 150 mV 的阳极移动，且随着 Pb^{2+} 的加入，溶液体系表现出了明显的荧光增强，也具有双重识别能力。

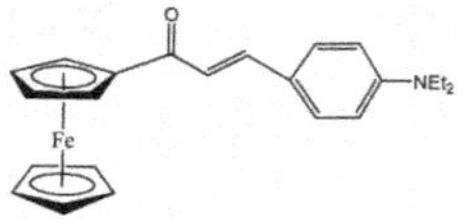

36 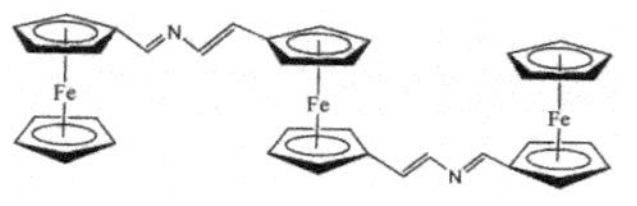　　38 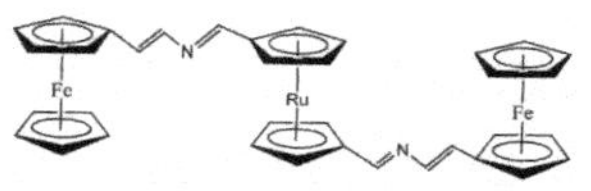　　40

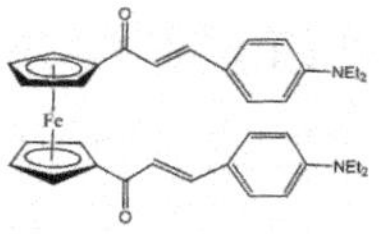

37 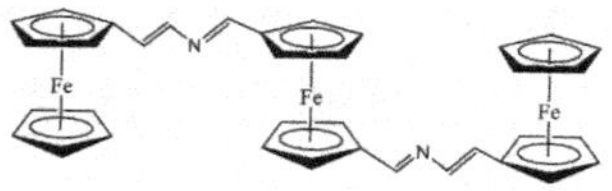　　39 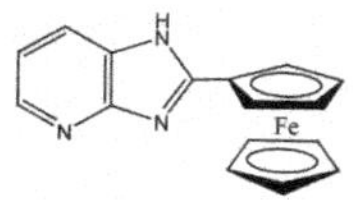　　41 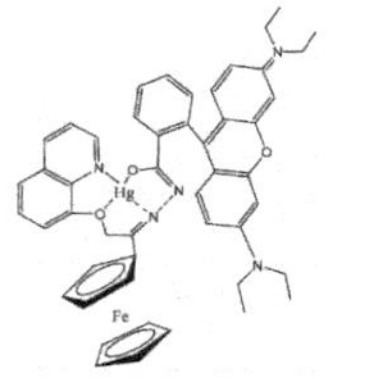　　42

2007 年，黄春辉等报道了化合物 42[32]，可实现对 Hg^{2+} 的双重识别，加入 Hg^{2+} 可导致二茂铁基式量电位 250 mV 的阴极移动，并可同时使体系荧光显著增强，这明显区别于其他所测试金属离子。

综上所述，随着人们对含二茂铁基电活性配体研究的逐步深入，识别理论也逐渐成熟，对具有金属离子识别能力的配体的研究表明，氧化还原中心与客体结合单元间空间距离、氧化还原中心与客体结合单元间键接方式等对配体的电化学响应结果有着重要影响。此外对金属离子的选择性则受结合单元空穴大小与客体离子匹配性和结合单元所含杂原子性质对阳离子络合性能等的控制。这些结论对发展新型对特定客体离子选择性识别配体有着重要指导意义。

1.1.2　识别阴离子的二茂铁基配体

由于阴离子在生命科学和化学过程中的重要作用，设计合成选择性地键合阴离子物种的人工受体，越来越受到人们的广泛关注，并成为当前超分子化学研究领域的重要课题。对二茂铁功能化的阴离子受体近年来也得到了较大的发展，一些基于酰胺、脲、硫脲、多胺、质子化的胺及一定结构的铵盐等官能结构单元，均在二茂铁基阴离子受体发展中得到了很好的应用。Beer 等在这方面做了大量开创性工作，并在多个杂志上发表综述[33]。这里我们仅对 2000 年以来所取得的部分进展按客体结合单元功能基团的不同做简要介绍。

1.1.2.1　二茂铁基酰胺型配体

二茂铁基酰胺类配体，在配体中二茂铁基处于中性状态时，其与阴离子主要靠酰胺基团通过与阴离子间的氢键相互作用进行结合；当二茂铁基失去一个电子而处于氧化状态时，由于 Fc^+ 与阴离子间的强静电相互作用，将大大增强配体对阴离子的结合能力，表现为阴离子的引入可部分地稳定二茂铁基团的氧化状态，使得二茂铁基易于氧化，Fc/Fc^+ 通常表现式量电位的阴极移动。由于配体与不同阴离子间结合性能的不同，其电位改变值也有所不同，从而实现阴离子的电化学识别。

Beer 以简单酰胺化合物 43[34]在金属电极表面进行自组装制得单层膜电极，用它可以成功进行 Cl^-、Br^- 和 $H_2PO_4^-$ 的识别，并且与 $H_2PO_4^-$ 作用可得到二茂铁式量电位 300 mV 的阴极移动。

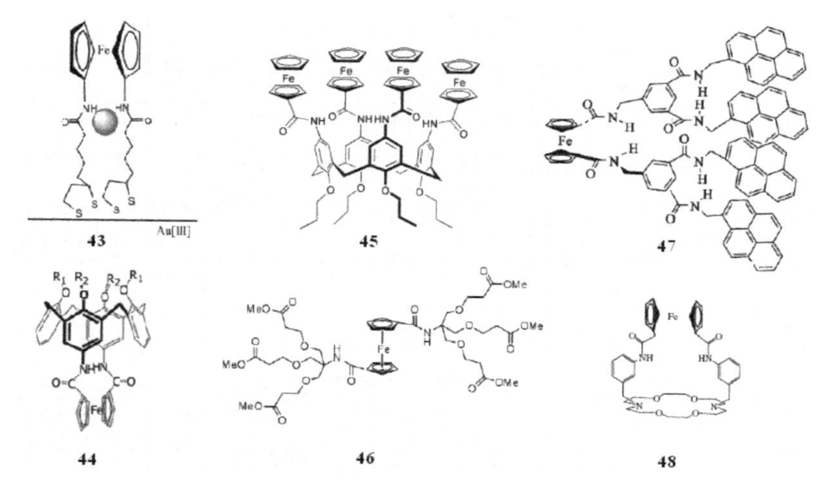

2003 年，Tuntulani 与 Beer 分别报道了杯芳烃酰胺化合物 44[35] 和 45[36]，均可作为苯甲酸根与磷酸二氢根离子的识别。同一时期，Smith 和 Fang 分别得到了枝化酰胺型配体 46[37] 和 47[38]，电化学识别性能研究表明，这类化合物均可作为阴离子化学传感器。对化合物 47，分子中荧光基团的引入使得配体与 $H_2PO_4^-$ 的结合导致了体系荧光发射强度大大加强，可作为光电双重功能基阴离子传感器。

对具有复合官能团的化合物 48[39]，体系中加入 Na^+ 后形成的复合物[48 · Na^+]表现出与配体本身性质不同的识别性能，复合物表现出了对 Br^- 的良好选择性，这对发展 Br^- 传感器有着重要意义。

1.1.2.2 二茂铁基脲、硫脲型配体

脲及硫脲基团由于氢相对活泼表现出对阴离子较强的结合性能，此外，脲基化合物在生命体系中有着重要地位，因此近年来对脲及硫脲基配体研究是一热点。硫脲基与荧光基团的键连往往使配体在主客体作用中产生荧光性能的改变，适当的位点引入荧光基团对于研发新型具有多重响应功能传感器有重要意义。

2003 年，Beer 课题组首次报道了具有不同取代基的单、双臂脲基化合物 49 和 50[40]，脲基取代基的不同对配体阴离子选择性

有很大影响，对于取代基体积较大的化合物50表现出对 Cl^- 的较强结合作用，而化合物49对 $H_2PO_4^-$ 有良好的选择性，电化学研究显示，化合物49、50与阴离子 $H_2PO_4^-$ 作用给出了相对 Cl^- 较大的电位阴极移动值。具有杯芳烃结构化合物51[41]也表现出对阴离子良好的响应性能，且对苯甲酸根阴离子有着较强的结合能力。该类配体阴离子核磁滴定实验显示，脲基上活泼氢对阴离子结合有着重要作用。

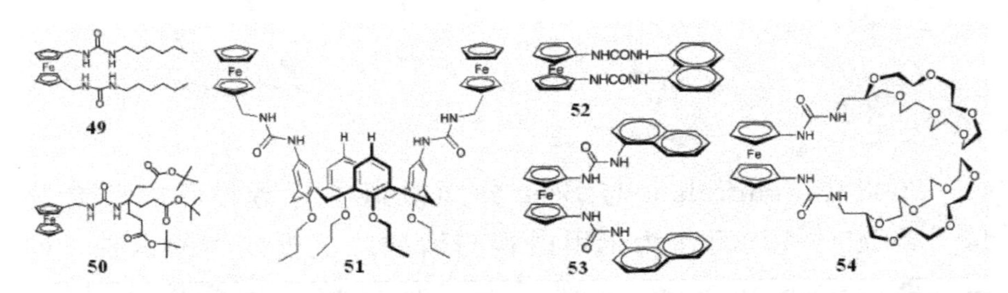

Tárraga等研发了具多重功能基配体52、53[42]，由于荧光基团的引入，化合物52、53除可通过二茂铁基对阴离子实现电化学响应外，还可通过荧光实现光学传感。对具有冠醚官能团的配体54[43]，可同时实现 $H_2PO_4^-$ 和 K^+ 的识别。

Beer对所合成的含硫脲基团化合物研究表明[34]，该类配体对 $H_2PO_4^-$ 具有较大于脲基化合物的结合能力，但配体氧化还原过程不可逆，表现较差的电化学识别性能。

1.1.2.3 二茂铁铵盐型配体

Beer等在对多胺及大环多胺类化合物识别性能测试中发现，这类配体均能在一定pH范围里发生质子化，对应质子化配体由于与阴离子间的静电相互作用表现出对阴离子强的结合作用与识别性能[12~14]。

近年来，Moutet等合成了一系列结构非常简单的二茂铁基铵盐化合物55～57[44]，其中55在 CH_2Cl_2 和 CH_3CN 溶剂中能电化学识别 $H_2PO_4^-$ 和ATP离子；在 CH_2Cl_2 中，加入 $H_2PO_4^-$ 可使55的 Fc/Fc^+ 电对式量电位负移高达470 mV。但在强极性溶

剂 H_2O 和 CH_3OH 中，失去了识别这些离子的能力，其原因主要是由于溶剂分子与阴离子形成氢键。分别利用端基含吡咯和巯基的配体 56、57 对电极表面通过电化学手段进行电极表面修饰，利用得到的电极用于阴离子识别，表现出与在溶液中相似的性质。

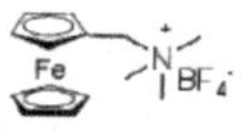

55 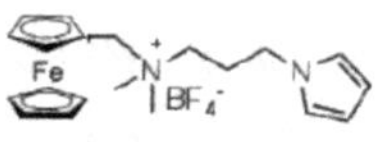　56 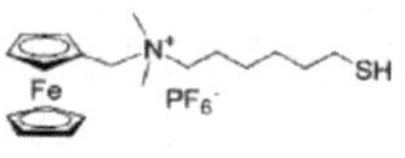　57 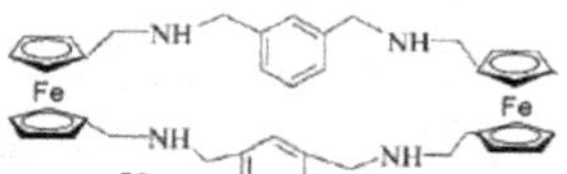　58

Delgado 利用质子化的大环 58[45] 对邻苯二甲酸根、异酞酸根、2,6-吡啶二羧酸根及对硝基苯甲酸根阴离子识别性能进行了考察，与邻苯二甲酸根作用导致了 275 mV 的电位移动。单晶解析表明配体 58 靠空间的电荷静电作用与 N—H…O ═ C 氢键及阴离子相互作用。

1.1.2.4　含五元 N 杂环二茂铁配体

吡咯作为一种重要的氢键给体基团之一，在构建阴离子受体中也得到了一定的发展。Gale 等[46] 报道了一系列含吡咯的二茂铁配体 59 和 60，可电化学识别 F^-、$H_2PO_4^-$ 等阴离子，其中与 F^- 表现出强的结合性能，这与 F^- 强的氢键作用能力一致。对配体 60，^1H NMR 阴离子滴定实验表明，取代茂环中氢原子以 C—H…阴离子的氢键形式参与了阴离子结合过程，附加了体系的稳定性。

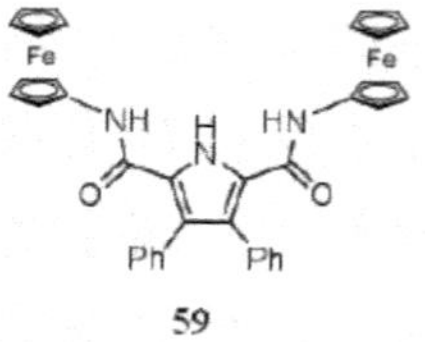

59 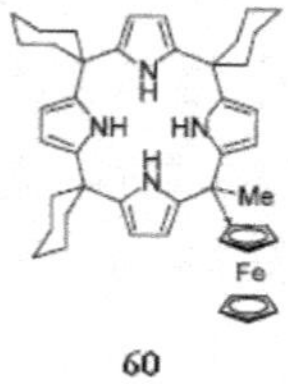　60 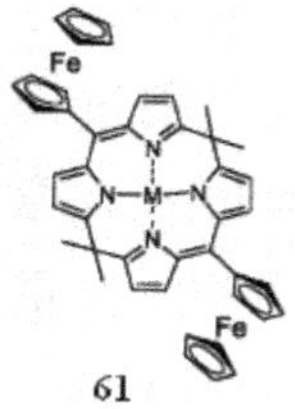　61 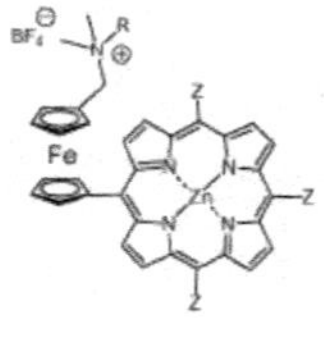　62

Moutet 对化合物 61、62[47] 阴离子识别结果显示，该类配体对 Cl^- 具有较好的识别性能。对比化合物 61、62 中引入的季铵正离子对配体与阴离子的结合提供了附加的作用。

1.1.2.5 其他类型二茂铁阴离子识别配体

其他一些新颖结构配体也相继有所报道。2005年，Beer等报道了以系列锌配合物作为阴离子受体可用作苯甲酸根和异烟酸根的识别[48]，如63随阴离子苯甲酸根的加入导致了二茂铁电对式量电位130 mV的阴极移动。

Tárraga以环番64[49]用于阴离子F^-及$H_2PO_4^-$的识别。核磁滴定实验显示，阴离子结合过程中存在着广泛的N—H…阴离子和C—H…阴离子氢键作用。他们随后报道的具有胍基化合物65[50]，不仅在较强极性溶剂中可以电化学识别$H_2PO_4^-$与$HP_2O_7^{3-}$，还可以对生命过程重要的氨基酸L-Glu、L-Trp、L-Leu和L-Phe具有一定的识别作用。

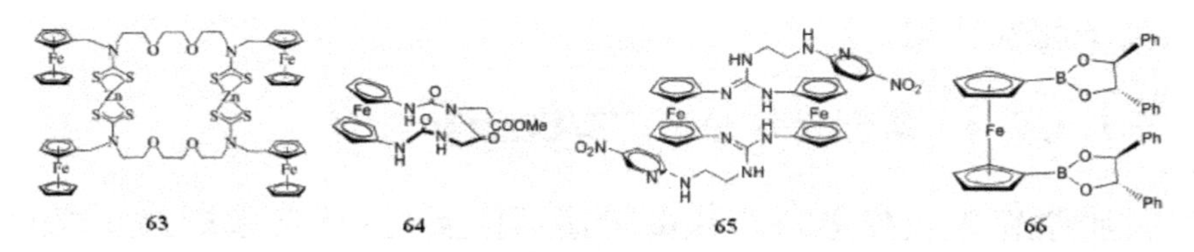

Fallis设计合成了系列硼酸酯型化合物[51]，研究表明此类配体中B原子作为Lewis酸可与阴离子F^-形成稳定络合物，受体66表现出对F^-离子146 mV的阴极电位移动。

此外，对一些具有复合功能基团的新颖结构配体也有不少报道[52]，均对阴离子受体的发展起到了重要的推动作用。

综上所述，可以看出，在阴离子识别过程中，为了达到高选择性识别效果，配体与底物应有大的接触面积；配体设计必须遵循刚性与柔性的平衡，识别过程配体中结合单元与阴离子客体结合的调控、协同及变构过程需要一定的柔性；氢键的形成在识别过程中起非常重要的作用，多重氢键的形成对实现复杂阴离子的选择性识别提供了可能。此外，手性基团的引入可给出结合空腔以手性微环境，为实现生命过程中重要手性阴离子识别提供了立体选择性。这些重要结论在发展新型阴离子传感器，揭示生命过程重要阴离子作用机制等方面有着重要意义。

1.1.3 识别中性分子的二茂铁基配体

在主客体化学中，利用主体分子与客体中性分子间以多重互补氢键或主体分子空腔大小与客体分子体积间的匹配等作用，可以实现与客体间的识别作用。这种作用行为可通过主客体分子中对应质子化学位移的移动、电子光谱的吸收变化以及体系构型的改变导致的分子荧光性质的改变来实现识别信息的表达[11]。对于电化学识别体系，由于中性分子本身不带电荷，与配体的结合作用对氧化还原中心电位值影响较小，所以电化学识别中性分子变得较为困难，其相关报道较少。

近来，Tucker 以单、双臂具有吡啶酰胺化合物[53]用于脲基巴比妥类化合物的识别，揭示了在识别过程中，主客体间以多种氢键作用。配体 67 和 68 分别与下图中所示客体小分子作用导致了二茂铁基式量电位的阴极移动，分别为 60 mV 和 20 mV。

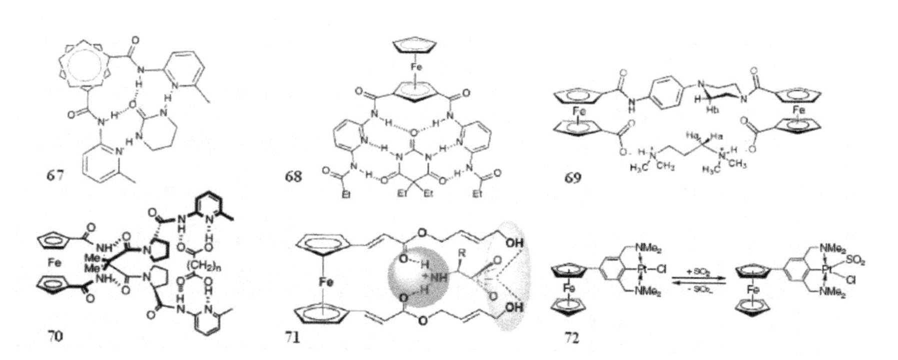

Gokel 以系列“U”形二茂铁配体用于小分子二胺的识别，并提出了结合模型，配体 69[54] 与相应二胺结合常数达到 3.2×10^{3} mol/L。Hirao 利用易得的二茂铁单或双取代二肽类化合物识别二酸类化合物取得了较好的结果，化合物 70[55] 可通过上下双臂分子内氢键的预组装，给出一个手性空穴，利用这种形式成功地用于选择性识别不同手性酸类化合物。

Roy 以共轭型配体 71[56] 用于氨基酸化合物识别，研究显示，酯羰基与质子化的胺基相互作用，而处于分子端基位置的醇羟基与氨基酸中羧酸基团作用，分子中这两个重要的结合位点对配体与氨基酸的识别过程具有重要意义。配体 71 与测试的小分子氨基酸作用使得 Fc/Fc^+ 式量电位阴极移动 69～98 mV，给出了理想的结果。

Lang 利用环铂化合物 72[57] 用于二氧化硫的电化学检测，二氧化硫的引入可导致二茂铁基式量电位 20 mV 的阴极移动，且随气体的通入可使溶液体系颜色改变，这对于发展气体传感具有一定意义。

1.2 配体电化学识别的检测及原理

在各种类型人工受体中，二茂铁基化合物最显著的特点是其良好的电化学性质。在与各种底物识别检测方法之中，电化学方法是最方便有效的检测手段之一，因而以二茂铁基为信号给予人工受体的研究受到了广泛的关注。

如 Fig. 1. 1 所示，当客体与主体分子结合时，造成了主体化合物分子微环境的改变，引发电化学响应基团的电化学响应，通常用以响应基团电位或电流值的改变。Beer[58] 等人研究表明，键合的客体对主体分子氧化还原活性中心的影响主要通过以下方式起作用：(1)空间的静电微扰；(2)通过联结氧化还原活性中心和键合部位的共轭基团传递；(3)被络合的客体与属于环结构组成部分的氧化还原活性中心的金属离子间直接的相互作用。这些结合信息可以通过二茂铁基的表达，利用电化学仪器、技术进行宏观的检测，从而达到识别的目的。常用的电化学监测方法有循环伏安法(CV)、微分脉冲伏安法(DPV)、方波伏安法(SWV)、电阻抗法等。

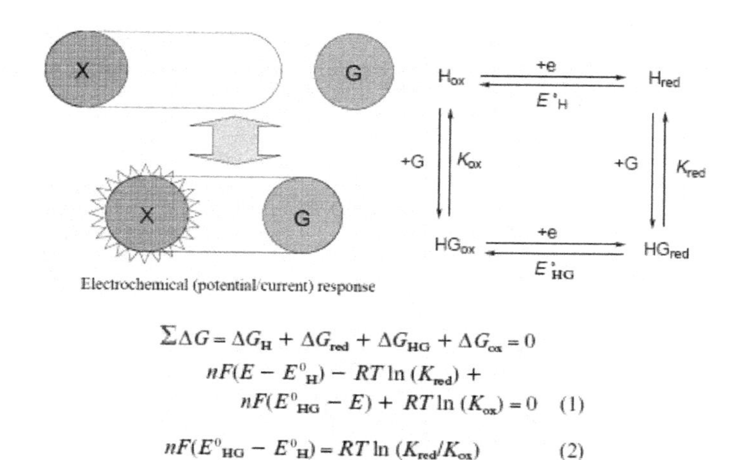

Fig. 1. 1[58] The presence of a guests species G triggers an electrochemical response in a host molecule, and the scheme of one square for guest binding and electron transfer

Fig. 1. 1 给出了在主客化合物中加入客体前后氧化还原过程和主客体间结合解离过程示意图。图中 K_{red} 为中性配体与客体间的结合稳定常数，K_{ox} 为处于氧化状态的主体分子与客体间的络合稳定常数，E_H^0、E_{HG}^0 分别为自由主体分子和主客体结合物的氧化还原峰电位。由图中公式(1)、(2)可得：

$$\Delta E^0 = E_{HG}^0 - E_H^0 = (RT/nF) \times \ln(K_{red}/K_{ox}) \quad (3)$$

可以预料：当加入阳离子客体时，由于主客体间的空间静电排斥作用，K_{ox} 应小于 K_{red}，这即是配体与阳离子作用导致二茂铁基配体 Fc^+/Fc 电对式量电位阳极移动的原因；当加入阴离子客体时，可知 K_{ox} 应大于 K_{red}，这导致了电位的阴极移动。对中性客体的识别过程，由于中性分子不带电荷，故而氧化状态的主体分子和处于自由状态的主体分子与客体结合能力变化值较小，故而对电化学识别过程不利，其氧化还原中心电位的改变，部分表达了主客体作用后二茂铁基团受客体影响电子排布状态的改变。这里 ΔE^0 值的大小直接反映了二茂铁中心氧化前后主体分子与客体分子间结合能力的改变，这对发展分子开关器件有着重要意义。如果我们知道了处于还原状态下主客体间的结合常数，通过公式(3)很容易得出处于氧化状态下主客体间的作用常数。

在主客体作用循环伏安(CV)曲线中,较大的 ΔE^0(通常大于 100 mV)值往往给出 CV 曲线的双波行为,以本章介绍的配体 18b[21c]为例,如 Fig. 1.2 所示。

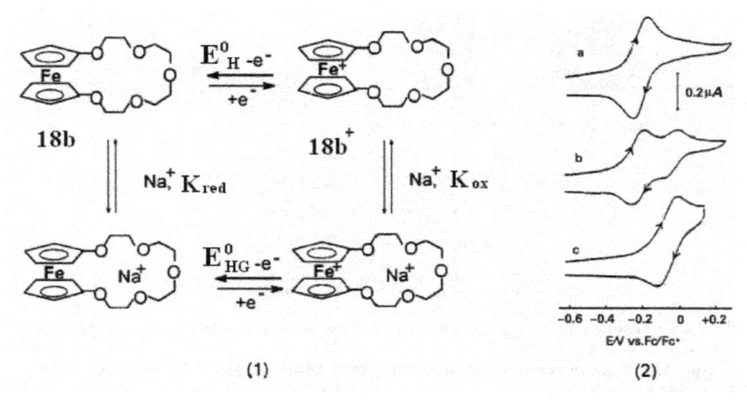

Fig. 1.2 [21c]　**(1) 二茂铁冠醚 18b 结合 Na^+ 前后二茂铁部分氧化还原过程和络合解离过程;(2) $NaClO_4$ 存在下 18b 在二氯甲烷溶液中的循环伏安图 a. 无 Na^+; b. 0.5 mol/L Na^+; c. 1.0 mol/L Na^+**

从图中可以看到,随着 Na^+ 的加入,在较高电位区出现一新峰且伴随着原氧化还原峰的消退;当加入 1 当量 Na^+ 后导致了原峰的消失,阳极方向的新峰得到完全的发展。

Kaifer 等[59]对氧化还原型配体加入金属离子前后的循环伏安曲线进行计算机数字模拟,表明:只有当 K_{red} 足够大(如大于 10^4)时,才能观察到两对清晰的氧化还原峰对,而当 K_{red} 较小(如小于 1)时,无论金属离子的浓度是多少,都只能观察到一个向阳极方向移动的 CV 氧化还原峰对。

近年来,随着超分子识别领域的快速发展,多重相应功能基配体不断涌现,综合利用多种检测技术,如核磁共振技术、紫外—可见及荧光光谱技术,以及 X-射线晶体衍射技术来研究配体与底物间的作用机制,实现检测手段的互补,发展新型多功能化学传感器已成为发展的重要方向。

1.3 本书研究的目的和意义

综上所述，二茂铁及衍生物以其独特的结构及良好的电化学性能，已成为当代化学发展中一个重要组成部分。近十多年来，对超分子二茂铁基氧化还原型配体的研究越来越受到关注，并逐渐成为研究热点，各种新型二茂铁基化合物相继开发出来。然而在二茂铁基配体的设计合成及离子识别领域还有很多问题有待我们去研究和探讨，有更多的新规律有待发现和验证。通过巧妙设计以期达到特定目的离子的高度选择性、新型配体合成方法学的探究、配体电化学行为与配体结构间、配体结构与离子识别性质之间的关系等方面仍需进一步考察。综合以上分析，本书开展了以下几个方面的研究。

(1)二茂铁缩氨基硫脲化合物的合成及金属离子识别性能研究

设计合成了系列二茂铁缩氨基硫脲化合物，比较了分子结构对电化学性质及金属离子识别性质的影响，通过引入荧光基团考察了配体对测试离子的荧光识别性能。

(2)二茂铁双色氨酸甲酯基化合物的合成及金属离子识别性能研究

通过对二茂铁修饰得到了具有双臂结构的 *L*-色氨酸甲酯基二茂铁配体，通过对它金属离子识别性能的考察，为其在发展电化学传感器方面的应用提供了有用信息，也为生命过程中生命分子与金属离子作用机制的研究提供了一些依据。

(3)吡啶基烯烃型二茂铁基化合物的合成及金属离子识别性能研究

以二茂铁为原料，发展了一种制备 1,1′-双取代二茂铁烯烃类化合物的简便方法；制备了一系列具芳香杂环烯烃型配体，研究了杂原子的不同及杂原子所处位置的不同对配体金属离子识别性能的影响。

(4)N-5-二茂铁基异酞酰氨基酸甲酯类化合物的合成及阴离子识别性能研究

设计合成了系列N-5-二茂铁基异酞酰氨基酸甲酯化合物，首次报道了利用以苯环为间隔基二茂铁生物金属有机化合物为配体进行阴离子识别性能的研究，考察了氨基酸基团的不同对配体电极反应扩散系数以及阴离子识别性能的影响。

(5)喹啉氧基酰腙类二茂铁化合物的设计合成及阴离子识别性能研究

设计合成了单、双臂含喹啉氧基的酰腙类磷酸二氢根受体，对它们电化学性质及阴离子识别性能进行了考察，为发展新型具有复合功能型的磷酸二氢根化学传感器方面的应用提供了有用信息。

(6)二茂铁基大环化合物的合成、表征及阴离子识别性能研究

设计合成了几种以二茂铁基为环组成部分或在环外的大环配体，对它们功能结合单元的不同、二茂铁基所在位置的不同以及环的大小和二茂铁基团个数对阴离子识别性能影响进行了考察，得到了一些有意义的结论。

(7)二茂铁基酰腙类化合物的合成及性质研究

设计合成了3种N-5-二茂铁基异酞酰腙类配体，通过单晶培养，确证了N-5-二茂铁基异酞骨架构筑的分子体系确实可以以钳形结构存在，在小分子钳合方面有着一定的应用前景，通过阴离子识别性能评价，给出了N-5-二茂铁基异酞骨架确实可以通过二茂铁探针实现客体粒子的电化学识别，得到了一些有意义的结论。

(8)以二茂铁基大环化合物为载体的PVC膜磷酸氢根离子选择电极的研究

利用所合成的大环酰胺化合物为载体，通过对膜组分优化发展了一种对磷酸氢根具较好选择性能的PVC膜离子选择电极。

参考文献

[1] T. J. Kealy, P. L. Pauson, Nature, 168 (1951) 1039.

[2] G. Wilkison, M. Rosenblum, M. C. Whting, R. B. Woodward, J. Am. Chem. Soc., 74 (1952) 2125.

[3] (a) W. H. Zheng, N. Sun, X. L. Hou, Org. Lett., 7 (2005) 5151; (b) X. L. Hou, N. Sun, Org. Lett., 6 (2004) 4399; (c) M. Li, X. Z. Zhu, K. Yuan, B. X. Cao, X. L. Hou, Tetrahedron: Asymmetry, 15 (2004) 219—222; (d) S. L. You, X. L. Hou, L. X. Dai, J. Organomet. Chem., 637—639 (2001) 762; (e) M. C. Wang, X. H. Hou, C. L. Xu, L. T. Liu, G. L. Li, D. K. Wang, Synthesis, 20 (2005) 3620; (f) C. L. Xu, M. C. Wang, X. H. Hou, H. M. Liu, D. K. Wang, Chin. J. Chem., 23 (2005) 1443—1448.

[4] (a) J. M. Birmingham, Chem. Eng. Prog., 58 (1962) 74; (b) K. Kishore, P. Rajalingan, J. Polym. Sci., Part, C: Polym. Lett., 24 (1986) 471; (c) I. P. Cherenyuk, V. P. Tverlokhlebov, I. V. Tselinskii, A. V. Sachivko, S. L. Levehenko, USSR Pat., 1982,907030; (d)B. O. Polishchuk, L. B. Polishchuk, L. A. Volf, K. Lazaridi, A. K. Spudulis, USSR Pat., 1980, 763386.

[5] (a) A. E. G. Gass, G. F. Gavis, G. D. Rancis, et al., Anal. Chem., 56 (1984) 6673; (b) L. Gorton, H. I. Karan, R. D. Hale,et al., Anal. Chim. Acat., 228 (1990) 234; (c) G. Jonsson, L. Gorton, L. Petteron, Electroanalysis, 1 (1989) 49.

[6] (a) M. L. H. Green, S. R. Marder, M. E. Thompson, J. A. Bandy, D. Bloor, P. V. Kolinsky, R. J. Jones, Nature, 330 (1987) 360; (b) N. J. Long, Angew. Chem. Int. Ed., 34

(1995) 21; (c) S. Di Bella, Chem. Soc. Rev., 30 (2001) 355; (d) J. A. Mata, E. Peris, R. Llusar, S. Uriel, M. P. Cifuentes, M. G. Humphrey, M. Samoc, B. Luther-Davies, Eur. J. Inorg. Chem., (2001) 2113; (e) E. Peris, Coordin. Chem. Rev., 248 (2004) 279; (f) C. Arbez-Gindre, B. R. Steele, G. A. Heropoulos, C. G. Screttas, J. E. Communal, W. J. Blau, I. Ledoux-Rak, J. Organomet. Chem., 690 (2005) 1620; (g) F. Yang, X. L. Xu, H. Y. Gong, W. W. Qiu, Z. R. Sun, J. W. Zhou, P. Audebert, J. Tang, Tetrahedron, 63 (2007) 9188.

[7] (a) J. Huo, L. Wang, T. Chen, L. B. Deng, H. J. Yu, Q. H. Tan, Designed Monomers and Polymers, 10 (2007) 389—404; (b) T. L. Choi, K. H. Lee, S. K. Lee, W. J. Joo, U. S. Pat., US 2007197768; (c) X. H. Chen, H. H. Song, J. Mater. Sci., 42 (2007) 8738; (d) P. Chaumpluk, K. Kerman, Y. Takamura, E. Tamiya, Sci. Tech. Adv. Mater., 8 (2007), 323; (e) H. Y. Yang, W. Jiang, Y. Lu, Mater. Lett., 61 (2007) 1439.

[8] (a) F. P. Schmidtchen, M. Berger, Chem. Rev., 97 (1997) 1609; (b) R. Martínez-Máñez, F. Sancenón, Chem. Rev., 103 (2003) 4419; (c) P. D. Beer, J. E. Nation, S. L. W. McWhinnie, M. E. Harman, M. B. Hursthouse, M. I. Ogden, A. H. White, J. Chem. Soc., Dalton Trans., (1991) 2485; (d) P. D. Beer, P. A. Gale, G. Z. Chen, J. Chem. Soc., Dalton Trans., (1999) 1897; (e) P. D. Beer, P. A. Gale, Angew. Chem. Int. Ed., 40 (2001) 486; (f) X. L. Cui, H. M. Carapuca, R. Delgado, M. G. B. Drew, V. Félix, Dalton Trans., (2004) 1743; (g) W. Liu, X. Li, Z. Y. Li, M. L. Zhang, M. P. Song, Inorg. Chem. Commun., 10 (2007) 1485; (h) J. M. Lloris, R. Martínez-Máñez, J. Soto, T. Pardo, J. Organomet. Chem., (2001) 637—639.

[9] (a)P. N. Bartlett, R. G. Whitaker, M. J. Green, J. Frew, J. Chem. Soc., Chem. Comm., (1987) 1603; (b) C. R. Simionescu, T. Lixandru, L. Tatasru, J. Mazilu, M. Vata, S. P. Luca, J. Organomet. Chem., 252 (1983) C43.

[10] (a)Y. J. WU, Q. Huo, J. F. Gong, X. L. Cui, L. Ding, K. L. Ding, C. X. Du, Y. H. Liu, M. P. Song, J. Organomet. Chem., 637—639 (2001) 27; (b) X. L. Hou, X. L. Cui, M. P. Song, X. Q. Hao, Y. J. Wu, Polyhedron, 22 (2003) 1249; (c) X. M. Zhao, X. Q. Hao, B. Liu, M. L. Zhang, M. P. Song, Y. J. Wu, J. Organomet. Chem., 691 (2006) 255; (d) Y. J. Wu, X. L. Cui, J. J. Hou, et al., Acta Chim. Sinica., 8 (2000) 871; (e) Y. J. Wu, L. R. Yang, J. L. Zhang, M. Wang, L. Zhao, M. P. Song, J. F. Gong, Arkivoc, 9 (2004) 111; (f) J. F. Gong, G. Y. Liu, C. X. Du, Y. Zhu, Y. J. Wu, J. Organomet. Chem., 690 (2005) 3963; (g) Y. J. Wu, J. J. Hou, X. L. Cui, Y. H. Ying, J. Organomet. Chem., 637—639 (2001) 637; (h) J. J. Hou, Y. J. Wu, L. R. Yang, X. L. Cui, Chin. J. Chem., 21 (2003) 717; (i) F. Yang, X. L. Cui, Y. N. Li, J. L. Zhang, G. R. Ren, Y. J. Wu, Tetrahedron, 63 (2007) 1963; (j) C. Xu, J. F. Gong, Y. J. Wu, Tetrahedron Lett., 48 (2007) 1619.

[11] (a) J. M. Lehn, Angew. Chem., Int. Ed. Engl., 27 (1988) 89; (b) J. M. Lehn, Angew. Chem., Int. Ed. Engl., 29 (1990) 1304; (c) Y. Liu, C. H. You, H. Y. Zhang, Supramolecular Chemitry Molecular Recognition And Assembly Of Synthetic Receptors, Nan Kai University Press 2001; (d) C. H. Chen, H. Ye, H. Li, Chemical Industry Times, 18 (2004), (10) 1; (e) 傅恩琴,王国超,薛 鹏,高翠琴,吴成泰. 二茂铁大环化合物研究进展. 化学通报. (1999),(5)20;(f) 李敏,杨秉勤,袁宏安,赵炜,史真. 二茂铁环蕃化合物研究进展. 有机化学. 26 (2006)(2)

189；(g) 高永宏，张莉莉，刘志鹏，郭佃顺. 杯芳烃电化学识别受体研究进展. 有机化学. 27 (2007) (8)937；(h) 邓立波. 新型二茂铁基化合物的合成及其在阴离子识别中的应用. 浙江大学硕士学位论文，2007；(i) 张莉莉. 基于二茂铁的多位点受体的合成、表征及超分子电化学识别研究. 山东师范大学硕士学位论文，2006；(j) 高永宏. 新型二茂铁杯芳冠醚受体的合成、表征和识别性质研究. 山东师范大学硕士学位论文，2006.

[12] (a) P. D. Beer, Z. Chen, M. G. B. Drew, A. O. M. Johnson, D. K. Smith, P. Spencer, Inorg. Chim. Acta., 246 (1996) 143; (b) P. D. Beer, Z. Chen, M. G. B. Drew, J. Kingston, M. Ogden, P. Spencer, J. Chem. Soc., Chem. Commun., 13 (1993) 1046－1048.

[13] M. E. Padilla-Tosta, R. Martínez-Máñez, T. Pardo, J. Soto, M. J. L. Tendero, Chem. Commun., (1997) 887.

[14] H. Plenio, C. Aberle, Y. A. Shihadeh, J. M. Lloris, R. Martínez-Máñez, T. Pardo, J. Soto, Chem. Eur. J., 7 (2001) 2848.

[15] J. Costa, R. Delgado, M. G. B. Drew, V. Félix, A. Saint-Maurice, J. Chem. Soc., Dalton Trans., (2000) 1907.

[16] K. R. Krishnapriya, N. Sampath, M. N. Ponnuswamy, M. Kandaswamy, Appl. Organomet. Chem., 21 (2007) 311.

[17] (a) P. Xue, E. Fu, M. Fang, C. Gao, C. Wu, J. Organomet. Chem., 598 (2000) 42; (b) P. Xue, Q. Yuan, E. Fu, C. Wu, J. Organomet. Chem., 327(2001)637－639.

[18] (a) J. M. Lloris, R. Martínez-Máñez, M. Padilla-Tosta, T. Pardo, J. Soto, M. J. L. Tendero, J. Chem. Soc., Dalton Trans., (1998) 3657; (b) J. M. Lloris, R. Martínez-Máñez, J. Soto, T. Pardo, J. Organomet. Chem., 151(2001) 637－639.

[19] X. L. Cui, H. M. Carapuça, R. Delgado, M. G. B. Drew, V. Félixe, J. Chem. Soc., Dalton Trans., (2004) 1743.

[20] (a) G. Oepen, F. Vögtle, Ann. Chem., 1979, 1094; (b) T. Izumi, T. Tezuka, S. Yusa, A. Kasahara, Bull. Chem. Soc. Jpn., 57(1984) 2435.

[21] (a) J. F. Biernat, T. Wilczewski, Tetrahedron, 36 (1980) 2521; (b) S. Akabori, Y. Habata, Y. Sakamoto, M. Sato, S. Ebine, Bull. Chem. Soc. Jpn., 56 (1983) 537; (c) S. Akabori, Y. Habata, M. Sato, S. Ebine, Bull. Chem. Soc. Jpn., 56 (1983) 1459; (d) T. Saji, J. Kinoshita, J. Chem. Soc., Chem. Commun., 1986, 716.

[22] (a) P. D. Beer, J. Organomet. Chem., 297 (1985) 313—317; (b) P. D. Beer, J. Chem. Soc., Chem. Commun., (1985) 1115; (c) P. D. Beer, H. Sikanyika, A. M. Z. Slawin, D. J. Williams, Polyhedron, 8 (1989) 879; (d) P. D. Beer, H. Sikanyika, C. Blackburn, J. F. McAleer, M. G. B. Drew, J. Chem. Soc., Dalton Trans., Inorg. Chem., (1990) 3295; (e) P. D. Beer, C. Blackburn, J. F. McAleer, H. Sikanyika, Inorg. Chem., 29 (1990) 378; (f) P. D. Beer, H. Sikanyika, Polyhedron, 9 (1990) 1091; (g) P. D. Beer, A. D. Keefe, H. Sikanyika, C. Blackburn, J. F. McAleer, J. Chem. Soc., Dalton Trans. Inorg. Chem., (1990) 3289; (h) P. D. Beer, Adv. Mater. 6 (1994) 607; (i) P. D. Beer, Z. Chen, M. G. B. Drew, A. J. Pilgrim, Inorg. Chim. Acta, 225 (1994) 137; (j) P. D. Beer, C. G. Crane, J. P. Danks, P. A. Gale, J. F. McAleer, J. Organomet. Chem. 490 (1995) 143; (k) P. D. Beer, D. B. Crowe, M. I. Ogden, M. G. B. Drew, B. Main, J. Chem. Soc., Dalton Trans. Inorg. Chem., (1993) 2107.

[23] (a) C. D. Hall, S. Y. F. Chu, J. Organomet. Chem., 498 (1995) 221; (b) C. D. Hall, J. H. R. Tucker, S. Y. F. Chu,

J. Organomet. Chem., 448 (1993) 175; (c) C. D. Hall, N. W. Sharpe, I. P. Danks, Y. P. Sang, J. Chem. Soc., Chem. Commun., (1989) 419—421; (d) C. D. Hall, J. H. R. Tucker, N. W. Sharpe, Organometallics, 10 (1991) 1727; (e) C. D. Hall, Macrocycles and cryptands containing the ferrocene unit. Ferrocenes; (1995) 279—316; (f) G. J. Kirkovits, C. D. Hall, Advances in Supramolecular Chemistry, 7 (2000) 1—47; (g) C. D. Hall, T. K. U. Truong, S. C. Nyburg, J. Organomet. Chem., 547 (1997) 281.

[24] C. D. Hall, N. Djedovic, Z. Asfari, B. Pulpoka, J. Vicens, J. Organomet. Chem., 571 (1998) 103—106.

[25] (a) G. D. Brindley, O. D. Fox, P. D. Beer, Dalton, (2000) 4354; (b) J. B. Cooper, M. G. B. Drew, P. D. Beer, Dalton, (2000) 2721—2728.

[26] M. Sato, M. Kubo, S. Ebine, S. Akabori, Chem. Lett., 23 (1982) 185.

[27] P. D. Beer, J. E. Nation, S. L. W. McWhinnie, M. E. Harman, M. B. Hursthouse, M. I. Ogden, A. H. White, J. Chem. Soc., Dalton Trans., (1991) 2485.

[28] (a) Q. W. Han, X. Q. Zhu, X. B. Hu, J. P. Cheng, Chem. J. Chin. Univ., 23 (2002) 2076; (b) H. Huang, L. Mu, J. He, J. P. Cheng, J. Org. Chem., 68 (2003) 7605.

[29] (a) J. Maynadié, D. Delavaux-Nicot, S. Fery-Forgues, D. Lavabre, R. Mathieu, Inorg. Chem., 41(2002) 5002; (b) J. Maynadié, B. Delavaux-Nicot, D. Lavabre, B. Donnadieu, J. C. Daran, A. Sournia-Saquet, Inorg. Chem., 43 (2004) 2064.

[30] (a) A. Caballero, A. Tárraga, M. D. Velasco, A. Espinosa, P. Molina, Org. Lett., 7 (2005) 3171; (b) A. Caballero, A. Espinosa, A. Tárraga, P. Molina, J. Org. Chem.,

72 (2007) 6924.

[31] F. Zapata, A. Caballero, A. Espinosa, A. Tárraga, P. Molina, Org. Lett., 10 (2007) 41.

[32] H. Yang, Z. G. Zhou, K. W. Huang, M. X. Yu, F. Y. Li, T. Yi, C. H. Huang, Org. Lett., 9 (2007) 4729.

[33] (a) P. D. Beer, J. Cadman, Coordin. Chem. Rev., 205 (2000) 131; (b) P. D. Beer, P. A. Gale, Z. C. George, J. Chem. Soc., Dalton Trans., (1999) 1897; (c) P. L. Boulas, M. GoÂmez-Kaifer, L. Echegoyen, Angew. Chem. Int. Ed., 37 (1998) 216; (d) C. R. Bondy, S. J. Loeb, Coordin. Chem. Rev. 240 (2003) 77; (e) P. D. Beer, Gale, A. Philip, Angew. Chem. Int. Ed., 40 (2001) 486; (f) P. D. Beer, S. R. Bayly, Topics in Current Chemistry, 255 (2005) 125; (g) P. D. Beer, E. J. Hayes, Coordin. Chem. Rev., 240 (2003) 167; (h) P. D. Beer, Accounts Chem. Res., 31 (1998) 71—80; (i) P. D. Beer, Chem. Commun., (1996) 689.

[34] P. D. Beer, J. J. Davis, D. A. Drillsma-Milgrom, F. Szemes, Chem. Commun., (2002) 1716.

[35] B. Tomapatanaget, T. Tuntulani, O. Chailapakul, Org. Lett., 5 (2003) 1539.

[36] A. J. Evans, S. E. Matthews, A. R. Cowley, P. D. Beer, Dalton Trans., (2003) 4644.

[37](a) D. L. Stone, D. K. Smith, P. T. McGrail, J. Am. Chem. Soc., 124 (2002) 856; (b) D. L. Stone, D. K. Smith, Polyhedron, 22 (2003) 763.

[38] L. J. Kuo, J. H. Liao, C. T. Chen, C. H. Huang, C. S. Chen, J. M. Fang, Org. Lett., 5 (2003) 1821.

[39] C. Suksai, P. Leeladee, D. Jainuknan, T. Tuntulani, N. Muangsin, O. Chailapakul, P. Kongsaeree, C. Pakavatchai, Tetrahedron Lett., 46 (2005) 2765.

[40] M. D. Pratt, P. D. Beer, Polyhedron, 22 (2003) 649.

[41] A. J. Evans, S. E. Matthews, A. R. Cowley, P. D. Beer, Dalton Trans., (2003) 4645.

[42] F. Otón, A. Tárraga, A. Espinosa, M. D. Velasco, P. Molina, J. Org. Chem., 71(2006) 4590.

[43] (a) F. Otón, A. Tárraga, A. Espinosa, M. D. Velasco, P. Molina, Dalton Trans., (2005) 1159; (b) F. Otón, A. Tárraga, A. Espinosa, M. D. Velasco, P. Molina, Dalton Trans., (2006) 3385.

[44] (a) O. Reynes, J. C. Moutet, J. Pecaut, G. Royal, E. Saint-Aman, New J. Chem., 26 (2002) 9; (b) O. Reynes, G. Royal, E. Chaínet, J. C. Moutet, E. Saint-Aman, Electroanalysis, 15(2003) 65; (c) O. Reynes, J. C. Moutet, G. Royal, E. Saint-Aman, Electrochimica Acta, 49(2004) 3727; (d) A. Berduque, G. Herzog, Y. E. Watson, D. W. M. Arrigan, J. C. Moutet, O. Reynes, G. Royal, E. Saint-Aman, Electroanalysis, 17 (2005) 392.

[45] X. L. Cui, R. Delgado, H. M. Carapuca, M. G. B. Drewd, V. Félixe, Dalton Trans., (2005) 3297.

[46] (a) G. Denuault, P. A. Gale, M. B. Hursthouse, M. E. Light, J. L. Sessler, C. N. Warriner, New J. Chem., 26 (2002) 811; (b) S. J. Coles, G. Denuault, P. A. Gale, P. N. Horton, M. B. Hursthouse, M. E. Light, C. N. Warriner, Polyhedron, 22(2003) 699; (c) P. A. Gale, M. B. Hursthouse, M. E. Light, J. L. Sessler, C. N. Warrinera, R. S. Zimmermanb, Tetrahedron Lett., 42 (2001) 6759.

[47] (a) C. Bucher, C. H. Devillers, J. C. Moutet, G. Royal, E. Saint-Amana, New J. Chem., 28 (2004) 1584; (b) C. Bucher, C. H. Devillers, J. C. Moutet, J. Pécaut, G. Royal, E. Saint-Amana, F. Thomasc, Dalton Trans., (2005) 3620.

[48] W. H. W. Wong, D. Curiel, S. W. Lai, M. G. B. Drewc, P. D. Beer, Dalton Trans., (2005) 774.

[49] F. Otón, A. Tárraga, A. Espinosa, M. D. Velasco, D. Bautista, P. Molina, J. Org. Chem., 70 (2005) 6603.

[50] F. Otón, A. Espinosa, A. Tárraga, C. R. de Arellano, P. Molina, Chem. Eur. J., 13 (2007) 5742.

[51] (a) J. K. Day, C. Bresner, N. D. Coombs, I. A. Fallis, L. L. Ooi, S. Aldridge, Inorg. Chem., 47(2008) 793; (b) S. Aldridge, C. Bresner, I. A. Fallis, S. J. Colesb, M. B. Hursthouseb, J. Chem. Soc., Chem. Commun., (2002) 740.

[52] (a) H. Tsukube, H. Fukui, S. Shinoda, Tetrahedron Lett., 42 (2001) 7583; (b) M. Debroy, M. Banerjee, M. Prasad, S. P. Moulik, S. Roy, Org. Lett., 7(2005) 403; (c) C. Miranda, F. Escarti, L. Lamarque, M. J. R. Yunta, P. Navarro, E. Garci-a-Espana, M. L. Jimeno, J. Am. Chem. Soc., 126 (2004) 823.

[53] (a) J. D. Carr, L. Lambert, D. E. Hibbs, M. B. Hursthouse, K. M. A. Malik, J. H. R. Tucker, Chem. Commun., (1997) 1649; (b) S. R. Collinson, T. Gelbrich, M. B. Hursthouse, J. H. R. Tucker, Chem. Commun., (2001) 555; (c) J. Westwood, S. J. Coles, S. R. Collinson, G. Gasser, S. J. Green, M. B. Hursthouse, M. E. Light, J. H. R. Tucker, Organometallics, 23 (2004) 946.

[54] C. Li, J. C. Medina, G. E. M. Maguire, E. Abel, J. L. Atwood, G. W. Gokel, J. Am. Chem. Soc., 119(1997) 1609.

[55] T. Moriuchi, K. Yoshida, T. Hirao, Org. Lett., 5 (2003) 4285.

[56] P. Debroy, M. Banerjee, M. Prasad, S. P. Moulik, S. Roy, Org. Lett., 7 (2005) 403.

[57] S. Köcher, M. Lutz, A. L. Spek, R. Prasad, G. P. M. van Klink, G. van Koten, H. Lang, Inorg. Chim. Acta, 359 (2006) 4454.

[58] P. D. Beer, P. A. Gale, G. Z. Chen, J. Chem. Soc., Dalton Trans., (1999) 1897.

[59] S. R. Miller, D. A. Gustowski, Z. H. Chen, G. W. Gokel, L. Echegoyen, A. E. Kaifer, Anal. Chem., 60 (1988) 2021.

第2章　二茂铁缩氨基硫脲化合物的合成、表征及金属离子识别性能研究

2.1　引言

随着超分子化学的快速发展，分子识别即选择性识别阳离子、阴离子乃至中性分子的研究，由于在环境化学、生物化学等方面的重要地位，已成为超分子化学研究领域一朵奇葩[1]。

研究经验表明，一个好的化学传感器具有两个基本单元：(1)结合位点单元；(2)信号输出单元。在信号输出系统中，具有氧化还原活性基团(如二茂铁、二茂钛等金属茂化合物以及过渡金属配合物等)常被作为信号给予体引入。主客体结合后，通过主客体间空间静电微扰和/或由两个单元间共轭基团的电子信息传输等作用方式，导致信号给予体氧化还原行为的改变，进而利用电化学技术实现结合信息的输出表达[1a~c, 2]。其他生色团、荧光基团等也成功地被引入到光学化学传感器的发展中，这些基团的参与使得主客分子间分子水平上的结合信息，通过信号基团的表达转变成为宏观可观、可测的信号(如荧光、颜色强度等信号的改变等)[3]。另外，一定结构的胺、多胺、亚胺希夫碱、酰胺、硫脲、胍盐以及冠醚等功能基团作为良好结合位点单元，利用多种不同的相互作用方式，如与金属离子间的络合作用、包结作用，与阴离子或中性分子间的范德华力(包括离子-偶极、偶极-偶极和偶极-诱导偶极相互作用)、疏水相互作用、氢键和静电相互作用以及分子间 π-π 作用等与底物分子进行结合，这些优良功能基团在发展

新型化学传感器方面取得了很大成功[1a, 1c]。通常，通过对结合单元与信号输出单元的合理巧妙设计可实现对特定客体的识别。

缩氨基硫脲类化合物作为一种常见化合物，良好的生物活性使它在发展新型植物生长调节剂以及发展低毒农药方面有着重要的应用；另外，基于 C═N 以及 C═S 功能基良好的金属离子配位性能，也使得该类化合物广泛地应用于 MOFs 的构筑中[4]。尽管有二茂铁缩胺基硫脲配合物晶体结构的报道，但令人惊讶的是对此类化合物的金属离子传感性能研究却始终未见报道，为此我们以甲酰二茂铁为原料经简单反应制得了目标化合物 3a～3d，对其金属离子识别性能进行了研究。并利用多种电化学手段测定了它们在乙腈中的电化学动力学常数。同时鉴于荧光检测技术具有方便快捷、灵敏度高、选择性好等优点，本章中设计合成了化合物 3d，由于分子中具有荧光响应基团——萘基，设想通过电化学与荧光光谱两种不同检测方法，可以实现主客体间结合的电化学、光学的双重传感。

2.2　结果与讨论

2.2.1　配体 3a～3d 的合成与表征

2.2.1.1　配体 3a～3d 的合成

本章以二茂铁和芳胺为起始原料，设计合成了一系列二茂铁缩氨基硫脲化合物 3a～3d(合成路线见 Scheme 2.1)。

在甲酰二茂铁与所合成芳基取代氨基硫脲 2a～2d 缩合步骤中，由于芳基取代氨基硫脲中氨基反应活性较高，故而可采用在甲醇中回流反应的较温和条件下顺利进行，为缩短反应时间，采用添加催化量冰醋酸来促进反应速度，使得反应时间大大缩短，各反应均可在 3 h 内得以完全进行。反应后处理简单，利用

CH_2Cl_2/ CH_3OH(V/V：1/ 3)重结晶均可得到较高纯度的化合物 3a～3d。

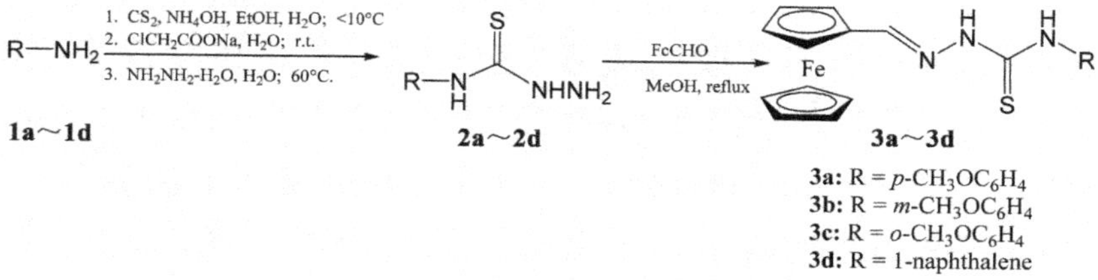

1. CS_2, NH_4OH, EtOH, H_2O; <10°C
2. $ClCH_2COONa$, H_2O; r.t.
3. NH_2NH_2-H_2O, H_2O; 60°C.

FcCHO, MeOH, reflux

1a～1d **2a～2d** **3a～3d**

3a: R = p-$CH_3OC_6H_4$
3b: R = m-$CH_3OC_6H_4$
3c: R = o-$CH_3OC_6H_4$
3d: R = 1-naphthalene

Scheme 2.1 Synthesis of the ferrocenylthiosemicarbazone 3a～3d

2.2.1.2 配体 3a～3d 的谱学表征

目标化合物通过 IR、NMR、ESI-MS、HRMS 等进行了结构的表征，因为化合物 3a～3d 结构相似，其波谱行为也较相近，在 ESI-MS 谱中，3a～3d 均表现为结合一个质子而给出 [M + H]$^+$ 峰。以 3c 为例，在 3c 的^{1}H NMR 谱图中(Fig. 2.1)，在 3.94 mg/kg(3H)处单峰为苯环上取代的甲氧基质子信号；4.22 mg/kg(5H)单峰为二茂铁基团上未取代茂环质子信号；4.44 mg/kg(2H)单峰以及 4.63 mg/kg (2H)单峰为取代茂环。

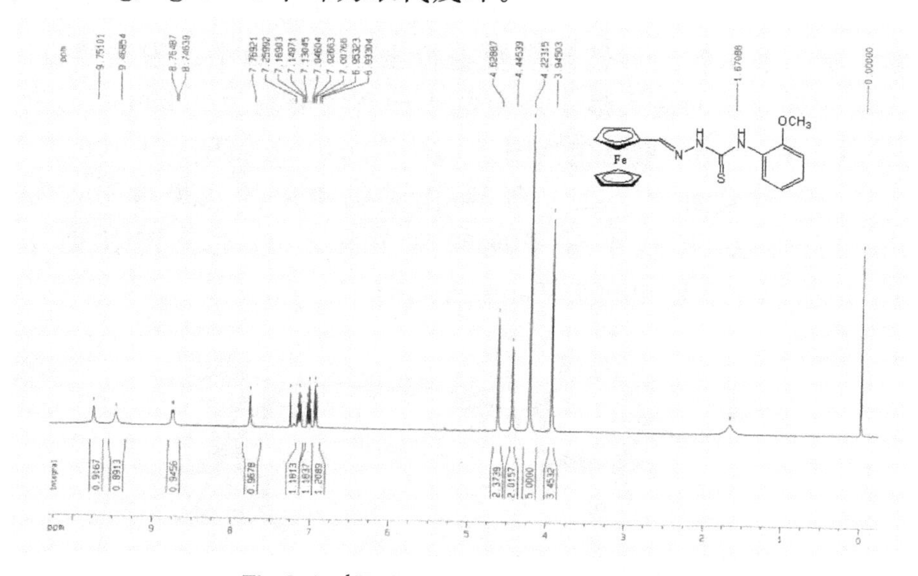

Fig. 2.1 ^{1}H NMR spectra of compound 3c

取代基间位和邻位质子信号，由于亚胺取代基团的诱导效应使得取代基邻位质子信号处在较低场；6.94 mg/kg（1H）、7.02 mg/kg（1H）、7.15 mg/kg（1H）及 8.75 mg/kg（1H）处复杂裂分行为，完全与不同取代基邻二取代苯环特征谱学行为相符；7.77 mg/kg（1H）可归属于亚胺基团碳原子上质子信号；在 9.47 mg/kg（1H）和 9.75 mg/kg（1H）处质子信号为硫脲基团上活泼质子信号，由于与芳环相连的 N 原子上质子受 C ═ N 基团 N 原子间分子内氢键的作用和芳环大共轭体系的影响，其质子活性要比与亚胺基团相连 N 原子上质子活性要高，故而处于较低场 9.75 mg/kg。

2.2.1.3　化合物 3a 单晶结构

为进一步确证化合物结构，并对其固态状态下分子间相互作用方式进行考察，我们对化合物 3a 单晶结构进行了研究。

晶体参数：分子式 $C_{19}H_{19}FeN_3OS$，Mr = 393.28，单斜晶系，空间群 $P2(1)/n$；晶胞参数 a = 12.763(3) Å，b = 9.0043(18) Å，c = 15.998(3) Å，β = 95.12(3) deg，V = 1831.2(6) $Å^3$，Z = 4，D = 1.427 g/cm^3，F(000) = 816。

结构分析：在 teXsan[5] 软件包上用直接法[6] 进行结构解析，非氢原子采用各向异性热参数进行全矩阵的最小二乘法修正。技术计算得到的最大最小残余电子云密度分别为 0.2305 e/ $Å^3$ 和 −0.440 e/ $Å^3$，最终偏离因子 ωR_1 = 0.0452（ωR_2 = 0.1061）。

分子结构如 Fig. 2.2 所示；固态结构中的二聚体形态如 Fig. 2.3 所示；晶胞中分子堆积见 Fig. 2.4，主要键长列于 Table 2.1，主要键角列于 Table 2.2。

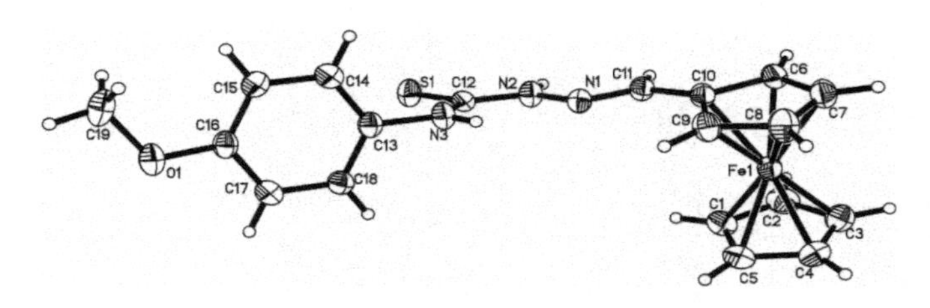

Fig. 2.2　Crystal structure of compound 3a

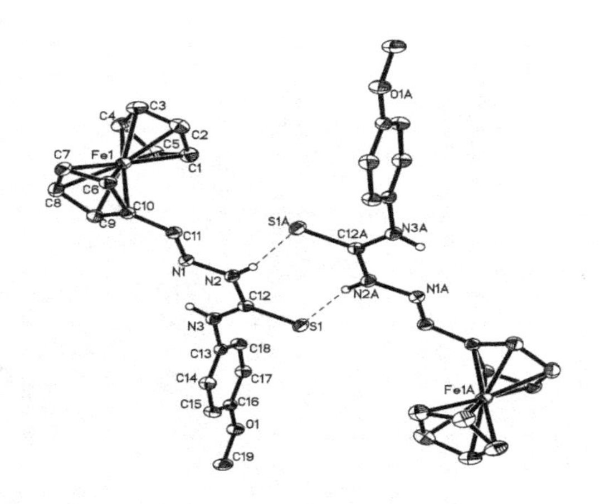

Fig. 2. 3 The dimer form in the solid state of 3a *via* hydrogen bonds

Table 2. 1 Selected Bond lengths(Å) for 3a

S(1)—C(12)	1.686(3)	N(3)—C(12)	1.334(4)
N(1)—C(11)	1.276(4)	N(3)—C(13)	1.438(4)
N(1)—N(2)	1.386(3)	O(1)—C(16)	1.367(3)
N(2)—C(12)	1.340(4)	O(1)—C(19)	1.439(4)

Table 2. 2 Selected Bond angles(°) for 3a

C(11)—N(1)—N(2)	116.1(3)	N(3)—C(12)—S(1)	123.1(2)
C(12)—N(2)—N(1)	120.3(3)	N(2)—C(12)—S(1)	120.7(2)
C(12)—N(3)—C(13)	124.7(3)	C(14)—C(13)—N(3)	120.3(3)
C(16)—O(1)—C(19)	117.1(3)	C(18)—C(13)—N(3)	119.6(3)
N(1)—C(11)—C(10)	122.0(3)	O(1)—C(16)—C(17)	116.1(3)
N(3)—C(12)—N(2)	116.2(3)	O(1)—C(16)—C(15)	124.4(3)

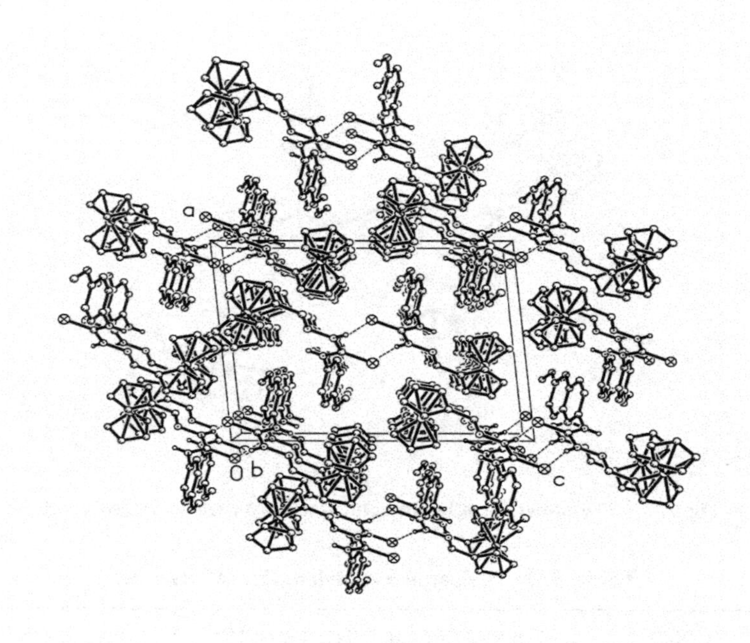

Fig. 2. 4　Crystal packing of the compound 3a

在化合物 3a 中，二茂铁部分 C—C 及 C—Fe 相关键长键角均在正常范围，与简单二茂铁化合物相比并无明显差异。C12—S1 1.686(3) Å，C11—N1 1.276(4) Å，C12—N2 1.340(4) Å，C12—N3 1.334(4) Å，C13—N3 1.438(4) Å，N1—N2 1.386(3) Å，表明 3a 的固态结构中，C11—N1 与 C12—S1 间以双键相连，而 N1—N2、C12—N2 与 C12—N3 间同为单键相连，这证实了 3a 以“酮式构型”存在。而 C11—N1—N2—C12—S1—N3 中各原子几乎在同一平面上，其平均偏差为 0.0227 Å，与之相连的取代茂环形成的二面角为 165.2°，接近共面；C11—N1—N2—C12—S1—N3 平面与分子中苯环几乎垂直，其二面角为 91.2°。化合物 3a 存在着 N3—H⋯N1 的分子内氢键，其 N⋯N1 间距为 2.628(4) Å；此外还存在着分子间 N—H⋯S═C 的氢键([N2⋯S1$^{\#1}$，#1 ＝ −x+1，−y，−z+1])，其 N⋯S 间距为 3.389(3) Å，正是由于这种分子间氢键的作用使得化合物 3a 在固态中以二聚体形式存在。

2.2.2　配体 3a～3d 的电化学性质研究

2.2.2.1　配体 3a～3d 的循环伏安行为

电化学性质用 CHI-650A 型电化学工作站测定，电解池采用常规三电极体系，工作电极为 GC 电极（直径为 3.0 mm），参比电极为饱和甘汞电极（SCE），辅助电极为铂电极，实验以 $(n\text{-Bu})_4NClO_4$（TBAP）为支持电解质，在饱和氩气的无水乙腈中进行[7]。

首先在室温下，以 0.1 mol/L 的 TBAP 乙腈作为底液，在 1×10^{-3} mol/L 浓度范围内，用循环伏安法对 3a～3d 的电化学性质进行了研究（Table 2.3），化合物 3 在 0～1.0 V 电位范围内，均只得到一对稳定的氧化还原峰，根据相关的文献报道，此峰应归属于二茂铁基在溶液中的氧化还原峰。

Table 2.3　Electrochemical parameters of 3a～3d and ferrocene（ca 1.0×10^{-3} mol/L）

Compounds	E_{pa}(mV)	E_{pc}(mV)	ΔE_p(mV)	$E^{0'}$(mV)	i_{pa}/i_{pc}
3a	569	493	76	533	1.16
3b	569	497	72	533	1.13
3c	581	506	75	543	1.17
3d	582	510	72	546	1.19

1. All potentials Data are referred to the saturated calomel electrode (SCE) at a scan rate of 100 mV/s in acetonitrile solution using TBAP (0.1 mol/L) as the supporting electrolyte on a GC working electrode, CV recorded from 0.0 to 1.0V.

2. $\Delta E_p=(E_{pa}-E_{pc})$, $E^{0'}=(E_{pa}+E_{pc})/2$.

在相同的电位范围内，保持测试液组成不变，改变电位扫描速度，进一步考察扫描速度对峰电流和峰电位的影响，Fig. 2.5 为化合物 3d 在不同的电位扫描速度下 CV 曲线。从图中可以看出，随电位扫描速度的增大，氧化峰电位发生微弱的正移，而还原峰电位则几乎不变。将 Fig. 2.5 中的峰电流和峰电位值取出，考察

电位差 ΔE_p($\Delta E_p = E_{pa} - E_{pc}$)和 i_{pa}/i_{pc}的值。根据 ΔE_p(<95 mV)与 i_{pa}/i_{pc}(≈ 1.2)的值可以判定，Fc^+/Fc 电对发生的仍为可逆过程。将数据做进一步处理，考察 i_p 与 $\upsilon^{1/2}$ 的关系。由图 Fig. 2. 6 可知 $i_p \sim \upsilon^{1/2}$ 呈线性关系，这表明 Fc^+/Fc 电对在电极上的电极反应过程是受扩散控制的。

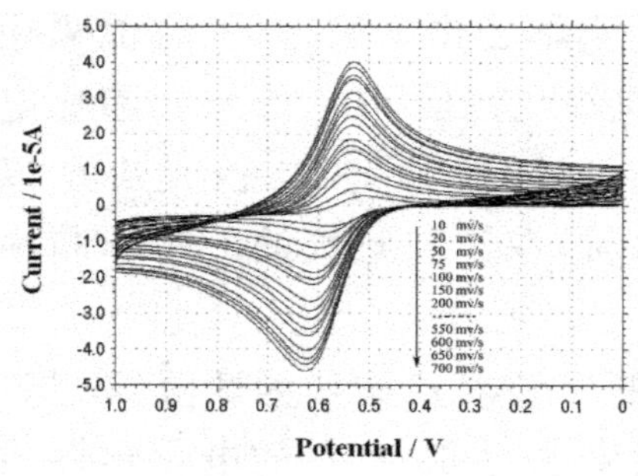

Fig. 2. 5　CVs of compound 3d in acetonitrile at different scan rates. $c=1\times10^{-3}$ mol/L

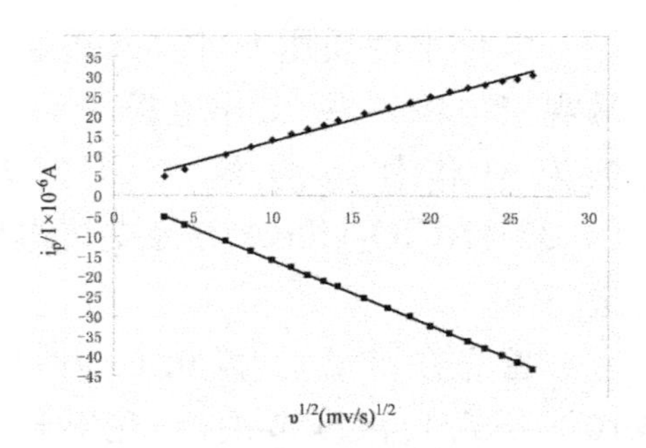

Fig. 2. 6　The relation between i_p and $\upsilon^{1/2}$ of 3d. $c=1\times10^{-3}$ mol/L

2. 2. 2. 2　配体 3a～3d 电极过程动力学参数的测定

(1)电子转移数 n 的测定

电子转移数是电极反应动力学参数之一，对化合物 3a～3d 在 0～0. 9 V 电位范围内，其稳定的氧化还原峰应归属于 Fc/Fc^+ 的氧化还原峰，即发生的是 $Fc - e^- \rightleftharpoons Fc^+$ 过程，所以可预测其电子转移数应为 $n=1$。为证实此电化学过程，对于可逆反应，采用常规脉冲伏安法(NPV) 对化合物 3d 在玻碳电极上的电子转移数 n 进行了测定。在 NPV 曲线上(Fig. 2. 7)得到 i_1，并取数个 i 值，做 $E \sim \log[(i_1-i)/i]$关系曲线(Fig. 2. 8)得到一直线，其斜率为 0. 0562，根据常规脉冲伏安法的波方程：

$$E = E_{1/2} + 2.303\frac{RT}{nF}\log\frac{i_1 - i}{i}$$

由直线斜率可求得 $n = 0.95 \approx 1$。这一结果证明了在 0～0. 90 V电位范围内，化合物 3d 的氧化还原过程的确对应于 $Fc - e^- \rightleftharpoons Fc^+$。

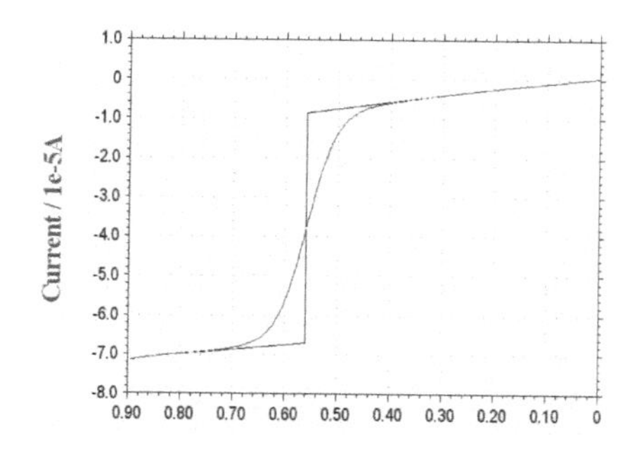

Fig. 2. 7 The NPV curve of compound 3d in acetonitrile. $c = 1 \times 10^{-3}$ mol/L

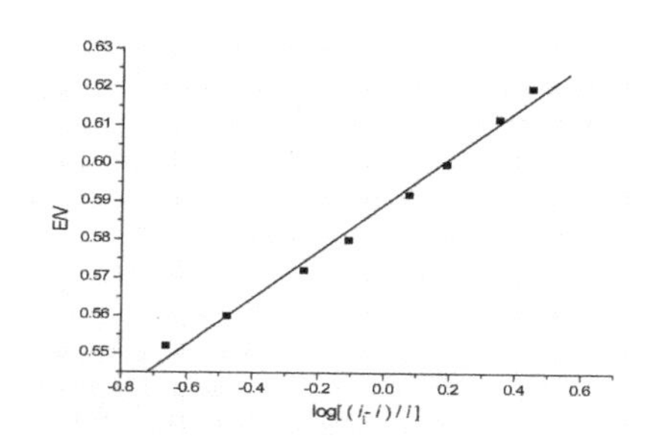

Fig. 2. 8 The linear relation between E and log[$(i_l - i)/i$] of 3d

(2)配体 3a～3d 在电极表面的扩散系数 D 的测定

由 i_p-$\upsilon^{1/2}$ 呈线性关系，知道了化合物 3a～3d 中二茂铁基团氧化还原电对在电极上的反应过程是受扩散控制的。对于可逆反应，我们分别用瞬态技术的计时电流法(CA)和计时电量法(CC)考察了化合物 3a～3d 在工作电极表面的扩散系数，即施加一阶跃电位(0～0.9 V)于电极上，并在 0.9 V 电位下保持 5 s，记下 i-t 关系曲线和 Q-t 关系曲线，由 Cottrell 方程：

$$i(t) = \frac{nFAD_0^{\frac{1}{2}} C_0}{(\pi t)^{\frac{1}{2}}} + i_c, Q(t) = \frac{2nFAD_0^{\frac{1}{2}} C_0 t^{\frac{1}{2}}}{\pi^{\frac{1}{2}}} + Q_{dl}$$

分别做 i-$t^{-1/2}$ 和 Q-$t^{1/2}$ 关系曲线，从曲线斜率即可分别求得二茂铁及衍生物的扩散系数，Fig. 2. 9 是化合物 3d 的计时电流曲线，Fig. 2. 10 则是其对应的 i-t 关系曲线，Fig. 2. 11 是化合物 3d 的计时电量曲线，Fig. 2. 12 则是其对应的 Q-t 关系曲线，由关系曲线斜率可以计算得到 D_0，所有衍生物结果见 Table 2. 4。从表中数据可以看出：对甲氧基取代苯基化合物，其取代基位置对配体在电极表面扩散系数并不明显影响；对化合物 3d，由于萘环取代基体积较大，使得扩散系数相对 3a～3c 值较小。

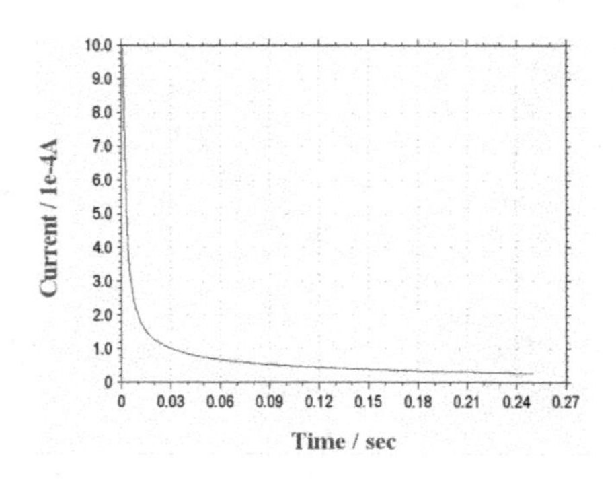

Fig. 2.9　CA curve of 1×10^{-3} mol/L 3d

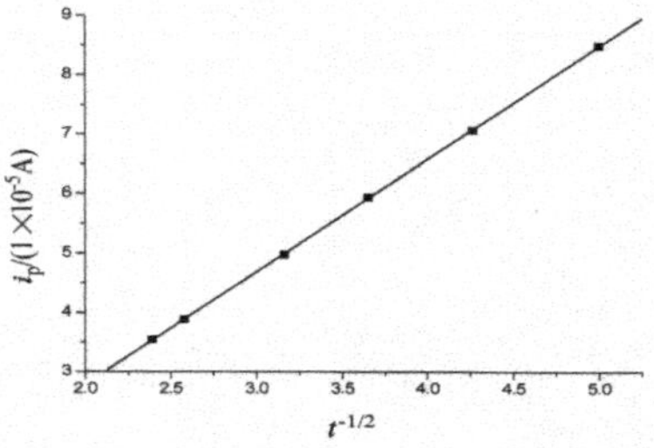

Fig. 2.10　The linear relation between Q and $t^{-1/2}$

Table 2.4　Electrochemical kinetics data of ferrocene derivatives 3a～3d

Compound	$D_0\times10^{-5}$/(cm²/s)	
	CA	CC
3a	1.41	1.18
3b	1.44	1.20
3c	1.35	1.16
3d	1.27	1.04

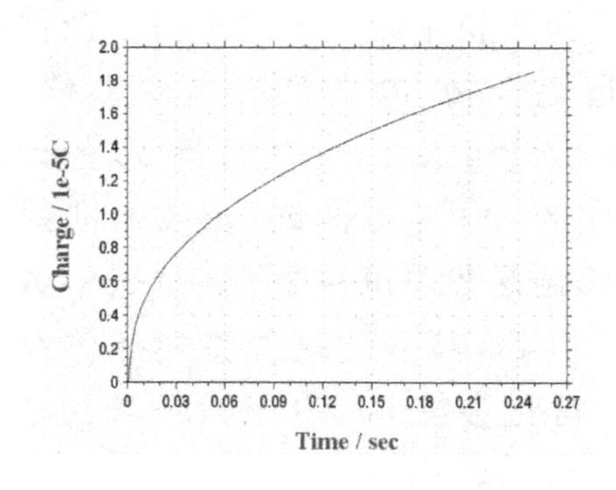

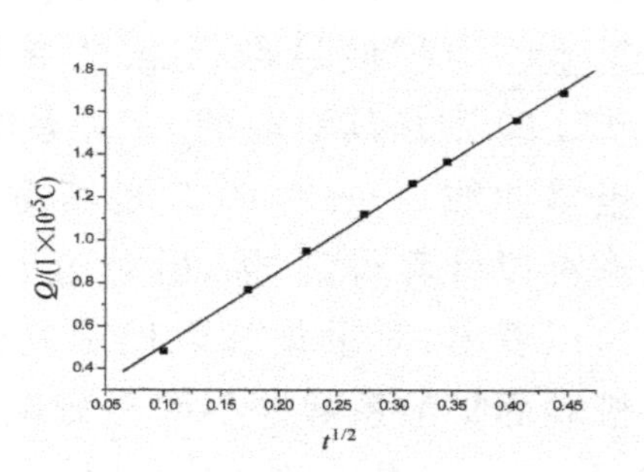

Fig. 2.11　CC curve of 1×10^{-3} mol/L 3d

Fig. 2.12　The relation between Q and $t^{1/2}$

2.2.2.3　配体 3a～3d 对金属离子的电化学响应

化合物 3a～3d 中配位能力较强的亚胺 N 原子和硫脲基 S 原

子与二茂铁中心较近，可以预见配体化合物 3 与金属离子配合后将会引起二茂铁氧化还原式量电位的阳极移动。在 0～0.9 V 的电位范围，配体浓度 1×10^{-3}mol/L，以 100 mV/s 的电位扫描速率，用循环伏安法考察了 3a～3d 在乙腈溶液中对金属离子的电化学响应。

为了克服阴离子的加入对主体分子氧化还原行为的影响，所有金属盐均以高氯酸盐的形式加入。空白试验表明，所用金属离子在测试电位范围内并无氧化还原行为。当向化合物 3a～3d 的乙腈溶液中加入 Ca^{2+}、Mg^{2+} 离子后，二茂铁电对氧化与还原峰电流及峰电位均无明显变化，这表明 3a～3d 对碱土金属离子 Ca^{2+}、Mg^{2+} 无电化学响应，此结果与经典配位理论一致；当加入 Mn^{2+}、Zn^{2+} 离子后，导致了循环伏安曲线中 Fc/Fc^{+} 电对氧化及还原峰电流的减小，Fc/Fc^{+} 电对式量电位小于 20 mV 的阳极移动，表明 3a～3d 与 Mn^{2+}、Zn^{2+} 离子有着较弱的络合；而当加入 Ni^{2+}、Cu^{2+}、Hg^{2+}、Pb^{2+} 和 Co^{2+} 时均导致了化合物 Fc/Fc^{+} 电对式量电位 $E^{0'}$ 的明显正移，这暗示了化合物 3a～3d 对这几种金属离子有着较强的结合作用。3a～3d 与不同金属离子 Fc/Fc^{+} 电对的氧化还原式量电位的变化数据列于 Table 2.5。

Table 2.5 Electrochemical response for 3a～3d vs selected metal cations in acetonitrile in 0.1 mol/L tetrabutylammonium perchlorate

Receptor	ΔE (mV)								
	Ca^{2+}	Mg^{2+}	Mn^{2+}	Zn^{2+}	Cu^{2+}	Co^{2+}	Hg^{2+}	Pb^{2+}	Ni^{2+}
3a	<10	<10	<10	17	155	45	102	40	181
3b	<10	<10	<10	13	157	40	99	39	182
3c	<10	<10	<10	<10	155	45	103	38	182
3d	<10	<10	<10	<10	157	42	103	39	190

ΔE is define as $E^{0'}$(receptor + cation) − $E^{0'}$(free receptor). Scan rate: 100 mV/s. All potentials Data are referred to the saturated calomel electrode (SCE) at a scan rate of 100 mV/s in acetonitrile solution using TBAP (0.1 mol/L) as the supporting electrolyte on a GC working electrode, CV recorded from 0 to 0.9V.

由于在化合物 3a～3d 中硫脲基团上芳环基团取代对结合位点杂原子环境影响不大，于是化合物 3a～3d 各配体与相同金属离子作用循环伏安行为差别不大。这里以化合物 3d 为例，对金属离子 Ni^{2+}、Cu^{2+}、Hg^{2+}、Pb^{2+} 和 Co^{2+} 循环伏安响应行为进行讨论。

逐量加入不同金属离子后循环伏安变化行为表现为两种类型：(1)双峰行为[原受体二茂铁氧化还原中心氧化还原峰的消减与在更高电位处新峰的增长(Ni^{2+} 和 Cu^{2+})]；(2)单峰行为[原氧化还原峰逐渐向高电位移动至达到一定值(Hg^{2+}、Pb^{2+} 和 Co^{2+})]。在单峰行为中：随着金属离子的加入，氧化峰与还原峰差值 ΔE_p 增大，且式量电位表现为逐渐正移，随着金属离子量的饱和 ΔE_p 又减小至 69～85 mV 间，恢复了 Fc/Fc^+ 电对的可逆性，这缘于加入这些金属离子后溶液中多种组分共存，所以表现为 ΔE_p 差值变大。对比两种变化行为，可以看出较大的 ΔE[$\Delta E = E^{0'}$(受体＋阳离子) － $E^{0'}$游离受体]式量电位位移值往往给出双峰的行为，而较小的位移值则表现单峰行为。

实验结果显示：当加入过量金属离子后，循环伏安曲线显示 Fc/Fc^+ 电对为可逆行为，如 Fig. 2. 12，Fig. 2. 13 所示。又如 Table 2. 5 所示，化合物 3d 与不同离子相应的式量电位位移值分别为：Cu^{2+} 为157 mV；Ni^{2+} 为 190 mV；Hg^{2+} 为 103 mV，ΔE 值变化次序为 $Ni^{2+} > Cu^{2+} > Hg^{2+} > Co^{2+} > Pb^{2+}$，以此可以看出化合物 3d 与不同金属离子响应的 ΔE 值相差较大，所以化合物 3a～3d 可用于这几种金属离子的电化学识别。

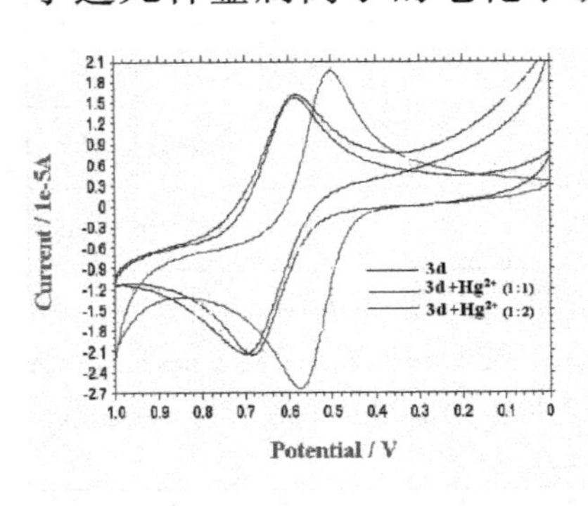

Fig. 2. 13　CVs of 3d upon addition Hg^{2+}

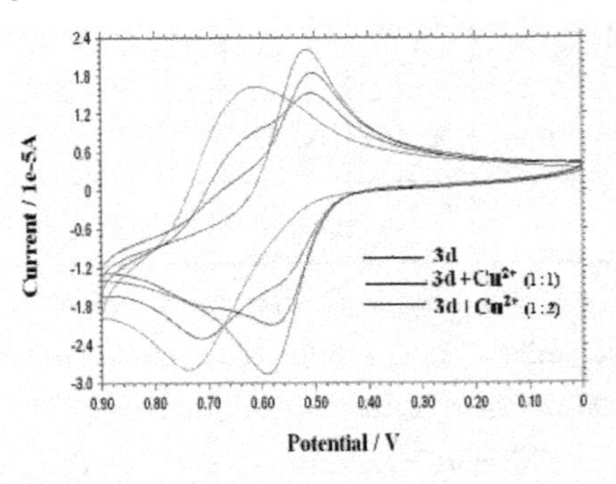

Fig. 2. 14　CVs of 3d upon addition Cu^{2+}

电化学竞争实验表明，同时加入过量且等量的测试金属离子时，各配体 Fc/Fc^+ 电对式量电位位移及循环伏安曲线均表现为与单独加入 Hg^{2+} 相似，这表明配体 3a～3d 选择性识别 Hg^{2+}，这对环境或生物中快速检测有毒的 Hg^{2+} 有着一定意义。

2.2.3 配体 3d 对金属的荧光响应

为实现电化学和荧光双重金属离子识别传感，在化合物 3d 中引入了萘环荧光基团。对化合物 3d 在 2.5×10^{-5} mol/L 浓度下，以 317 nm 激发波长对化合物 3d 与所选金属离子荧光光谱进行了测定。结果显示，当加入金属离子 Cu^{2+}、Co^{2+}、Zn^{2+}、Hg^{2+}、Pb^{2+} 和 Ni^{2+} 时，配体在 413 nm 处发射光谱强度明显增强，从 Fig. 2.15 中可以看出，3d 与 Cu^{2+} 作用造成荧光强度改变最大，并且明显区分于其他金属离子。这与文献报道基于硫脲片断化合物取代 BMPUN 与铜离子识别结果相符[8]，对比不含萘环基团化合物 3a～3c，荧光测定并未观察到类似结果，故我们推测这里与 Cu^{2+} 作用发射荧光强度的巨大增强，可归于 Cu^{2+} 与硫脲基团及萘环间相互作用造成的 MLCT 过程。

配体 3d 与 Cu^{2+} 作用，既可引起体系荧光强度巨大增强，又使配体中氧化还原中心氧化还原电势大幅位移。这是目前所知，可同时成功实现电化学和荧光双重功能识别化学传感器的鲜见报道之一。

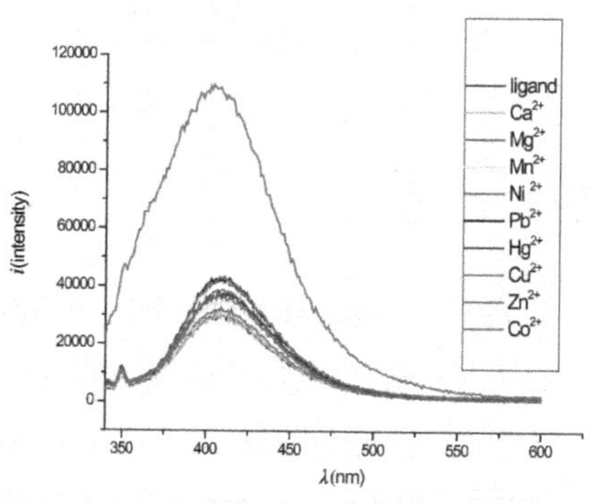

Fig. 2.15 The changes in the fluorescence emission spectra of 3d (ca 2.5×10^{-5}mol/L) upon addition of the perchorate salt of measured cations (2 equive) in acetonitrile

2.2.4　配体 3a～3d 与金属结合模式推测

为研究化合物 3 与金属离子间结合模式，利用红外光谱对 3d 与 Cu^{2+}、Hg^{2+}、Co^{2+}、Ni^{2+} 和 Pb^{2+} 反应所得络合物进行了研究。所有络合物均通过在乙醇溶液中，利用 3d 与相应金属离子高氯酸盐反应沉淀制得，并用二氯甲烷重结晶得到。

对所得络合物红外光谱与配体红外光谱对比分析显示，在络合物中，S 原子以 C ═ S 形式参与配位，在光谱中，配体在 850～810 cm^{-1}的 ν (C ═ S) 在络合物中红移至 800～840 cm^{-1} 区域；此外，配体中 1599～1543 cm^{-1} 区域存在的 ν (C ═ N)，ν (C ═ C) 吸收在络合物中也均给出 5～20 cm^{-1}的移动，这表明在配体中，C ═ S键中 S 原子与 C ═ N 键中 N 原子共同参与了金属离子络合；在络合物红外光谱中，1090～1140 cm^{-1} 处出现了非常强的高氯酸根阴离子特征吸收，这也进一步证实了配体是以“酮式”，而非经烯醇化的“硫醇”进一步失去一个质子，以硫负离子配位的形式参与了金属离子络合过程[9]。这些结果与文献报道的其他缩氨基硫脲化合物金属络合物配位模式及红外测试结果一致[4c～4d, 9]。

2.3　实验部分

2.3.1　仪器与试剂

晶体结构用日本理学 Rigaku RAXIS-IV 面探衍射仪测定；红外光谱由 Burker VECTOR22 型红外光谱仪（KBr 压片，400～4000 cm^{-1}测定）；^1H NMR 采用 Bruker DPX-400 型超导核磁共振谱仪测定，$CDCl_3$ 或 DMSO(d_6)为溶剂，TMS 为内标；电喷雾质谱由 Agilent LC/ MSD Trap XCT 质谱仪测定；高分辨质谱由 Waters Q-Tof Micro™ 质谱仪测定；熔点在 X4 数字显微熔点仪

(温度计未校正)上测定;电化学性质用 CHI-650A 型综合电化学工作站(上海晨华公司)测定,三电极体系,工作电极为 Φ3 mm 的玻碳电极,辅助电极为铂丝,参比电极为 232 型甘汞电极;荧光测试在 Hitacha F-4500 型荧光光谱仪上进行。所用芳胺及其他试剂均为分析纯或化学纯;液体物质均经过干燥、蒸馏。其中乙腈用 CaH_2 处理无水重蒸;二氯甲烷先用 P_2O_5 处理重蒸;无水甲醇先用镁处理无水;四丁基高氯酸铵(TBAP)自制,以乙酸乙酯/石油醚多次重结晶后备用。

柱色谱使用青岛海洋化工厂生产的硅胶 G,在常压或加压下进行分离。

薄层色谱板用青岛海洋化工厂生产的硅胶 GF254。

2.3.2 溶液电化学测试方法

标题二茂铁基化合物溶液浓度为 1×10^{-3} mol/L,以四丁基高氯酸胺(TBAP)为支持电解质,浓度 0.1 mol/L,工作电极在使用前先经 0.05 μm Al_2O_3 抛光粉研磨抛光至镜面,再依次用 0.1 mol/L NaOH、1∶1 HNO_3、无水乙醇、二次蒸馏水超声清洗。实验在饱和氮气的无水乙腈中进行。

2.3.3 过渡金属离子识别测试方法

在电解池中加入配好的二茂铁基化合物的乙腈溶液(1×10^{-3} mol/L),金属离子以其高氯酸盐的乙腈溶液(0.1 mol/L)由微量进样器加入;测试客体金属离子响应式量电位移动值,在扫速为 100 mV/ s 条件下,在一定电位范围内,利用循环伏安法进行测定。

2.3.4 配体 3a～3d 的制备

2.3.4.1 单甲酰二茂铁的制备[10]

将 18.6 g (0.1 mol)二茂铁和 75 mL 无水氯仿加入 250 mL

三颈瓶中，搅拌使之溶解，然后慢慢滴加 7.3 g (0.1 mol)的N，N′-二甲基甲酰胺，在氮气氛围下，用冰盐浴冷却搅拌 10 min，取 15.3 g (0.1 mol)三氯氧磷，逐滴加入此混合液，0.5 h加完。在 55～60 ℃的水浴中搅拌 20 h，减压下蒸去氯仿，把残留物倾入冰水混合物中，抽滤除去沉淀。滤液用碳酸钠饱和溶液进行中和，然后用乙醚反复萃取，萃取液经水洗后，转移到烧瓶中，用无水硫酸钠干燥过夜，过滤浓缩，将其过减压色谱柱，得到棕红色晶体甲酰基二茂铁 14.8 g (0.069 mol)，产率为 69％，m. p. 120～121 ℃。

2.3.4.2　芳基取代氨基硫脲 2a～2d 的制备的一般步骤[11]

分别将 9.45 g (0.1 mol) $ClCH_2COOH$ 和 4.0 g (0.1 mol) NaOH 溶于尽量少的水中，在冰水浴条件下，将 NaOH 的水溶液缓慢滴加到 $ClCH_2COOH$ 水溶液中，滴加完毕继续搅拌 15 min，待用。

将 0.1 mol 芳胺及 20 mL 浓氨水溶于 50 mL 95％乙醇中，冷却至 0～5 ℃，剧烈搅拌下缓慢滴加 8 mL CS_2，反应液低温搅拌反应 1 h，然后剧烈搅拌下分批滴加预先制备的 $ClCH_2COONa$ 水溶液，反应 30 min 后加入 80％水合肼 11.7 mL，继续搅拌至有大量沉淀产生，反应完毕，抽滤，用无水乙醇重结晶得无色晶体，收率 75％～88％，各产物物理数据与文献相符。

2.3.4.3　二茂铁缩氨基硫脲类化合物 3a～3d 的合成

在 50 mL 圆底烧瓶中，加入 2 mmol 芳基取代氨基硫脲、2 mmol单甲酰二茂铁和 20 mL 无水甲醇，以 5 滴冰醋酸作催化剂，搅拌下回流 3 h，有大量橙红色沉淀产生，反应完毕(IR 跟踪反应至 C ═ O 1684 cm^{-1} 处吸收峰消失)，抽滤，得粗产品 3a～3d，以 CH_2Cl_2/CH_3OH(1/ 3) 重结晶得红色/暗红色晶体，收率 82％～95％。

Compound 3a：m. p.：187 ～ 188 ℃；HRMS：Cacld for $C_{19}H_{20}FeN_3OS$ $[M+H]^+$ 394.0677，found 394.0680；IR ν_{max}(KBr)：

3343, 1606, 1541, 1241, 1026, 816 cm^{-1}; ^1H NMR (400 MHz in $CDCl_3$, δ mg/kg): 3.83 (s, 3H,—OCH_3), 4.23 (s, 5H, Cp-H), 4.44 (s, 2H, Cp-H), 4.61 (s, 2H, Cp-H), 6.94 (d, J = 8 Hz, 2H, Ar-H), 7.49 (d, J = 8 Hz, 2H, Ar-H), 7.77 (s, 1H, CH=N), 8.91 (s, 1H, CSN-H), 9.63 (s, 1H, Ar-NH). ESI-MS: $[M + H]^+$: 394.0。

Compound 3b: m. p.: 145 ~ 146 ℃; HRMS: Cacld for $C_{19}H_{20}FeN_3OS$ $[M + H]^+$ 394.0677, found 394.0680; IR ν_{max} (KBr): 3297, 1597, 1549, 1291, 1160, 771 cm^{-1}; ^1H NMR (400 MHz in DMSO(d_6), δ mg/kg): 3.76 (s, 3H, —OCH_3), 4.24 (s, 5H, Cp-H), 4.46 (s, 2H, Cp-H), 4.84 (s, 2H, Cp-H), 6.75 (d, J = 8 Hz, 2H, Ar-H), 7.20~7.27 (m, 2H, Ar-H), 7.35 (s, 1H, CH=N), 8.00 (s, 1H, Ar-H), 9.73 (s, 1H, CSN-H), 11.61 (s, 1H, Ar-NH); ESI-MS: $[M + H]^+$: 394.0。

Compound 3c: m. p.: 198 ~ 199 ℃; HRMS: Cacld for $C_{19}H_{20}FeN_3OS$ $[M + H]^+$ 394.0677, found 394.0680; IR ν_{max} (KBr): 3269, 1600, 1551, 1241, 754 cm^{-1}; ^1H NMR (400 MHz in $CDCl_3$, δ mg/kg): 3.94 (s, 3H, —OCH_3), 4.22 (s, 5H, Cp-H), 4.44 (s, 2H, Cp-H), 4.63 (s, 2H, Cp-H), 6.94 (d, J = 8 Hz, 1H, Ar-H), 7.02 (t, J = 8 Hz, 1H, Ar-H), 7.15 (t, J = 8 Hz, 1H, Ar-H), 7.77 (s, 1H, CH=N), 8.75 (d, J = 8 Hz, 1H, Ar-H), 9.47 (s, 1H, CSN-H), 9.75 (s, 1H, Ar-NH); ESI-MS: $[M + H]^+$: 394.0。

Compound 3d: m. p.: 139 ~ 140 ℃; HRMS: Cacld for $C_{22}H_{20}FeN_3S$ $[M + H]^+$ 414.0727, found 414.0730; IR ν_{max} (KBr): 3330, 1600, 1542, 1498, 744 cm^{-1}; ^1H NMR (400 MHz in $CDCl_3$, δ mg/kg): 4.23 (s, 5H, Cp-H), 4.44 (s, 2H, Cp-H), 4.61 (s, 2H, Cp-H), 7.51~7.58 (m, 3H, Ar-H), 7.84 (s, 1H, CH=N), 7.86~8.00 (m, 4H, Ar-H), 9.31 (s, 1H, CSN-

H)，10.12 (s，1H，Ar-NH)；ESI-MS：[M + H]$^+$ ：414.0。

2.3.5　配体 3a 单晶结构测定

单晶培养：将 3a 溶于适量二氯甲烷中，然后加入适量甲醇，室温下放置 3 d，得到适于测定的单晶。

X-射线衍射数据收集在理学全自动 X-射线影像板系统(RigakuR-Axis-IV 型面探仪)上进行，选取 0.20 mm×0.18 mm×0.17 mm 的晶体，使用 MoKα 射线(λ= 0.71073 Å)和石墨单色器，在 1.96° $< \theta <$ 25.5°范围内扫描，收集衍射点，在 291(2) K 下收集衍射点，其中所有衍射数据经 Lp 因子校正后，结构在 teXsan[7] 软件包上用直接法[8]进行解析解出各原子位置坐标，其余非氢原子经差值 Fourier 合成后确定，对全部非氢原子坐标及其各项异性热参数进行全矩阵最小二乘法修正(F^2)，所有计算均在 SHELX-97 程序完成[12]。技术计算得到的最大最小残余电子云密度分别为0.2305e/ Å^3 和－0.440 e/ Å^3。最终偏离因子 ωR_1= 0.0452 (ωR_2= 0.1061)，CCDC：647555。

2.4　小结

本章利用芳胺及二茂铁为起始原料，设计合成了一系列二茂铁缩氨基硫脲衍生物 3a～3d，并对它们的结构进行了综合谱学表征。化合物 3a 固态结构测定显示，在化合物 3a 中，由于分子间氢键的作用使其以二聚体形式存在。

化合物 3a～3d 循环伏安研究显示，各化合物在电极上的电极反应过程均受扩散控制。通过 NPV 对反应过程电子转移数进行了测定，在测试电位内电极反应确为 Fc/Fc$^+$ 电对反应。利用瞬态技术 CC 及 CA 对各化合物在电极表面电极反应扩散系数 D 进行了测定，结果显示，较大的分子体积给出相对较小电极反应扩散系数。

考察3a～3d对金属离子的电化学响应，结果表明，该类化合物对Cu^{2+}、Hg^{2+}具有较好的响应性能，表现为Fc/Fc^{+}电对式量电位$E^{0'}$的阳极移动；与不同金属离子响应ΔE值变化次序为$Ni^{2+} > Cu^{2+} > Hg^{2+} > Co^{2+} > Pb^{2+}$。电化学竞争实验表明，3a～3d对$Hg^{2+}$具有一定选择性，这对环境或生物中快速检测有毒的$Hg^{2+}$有着一定意义。

在化合物3d中由于萘环的引入，使得配体3d在金属离子Cu^{2+}的存在下，荧光发射强度显著增强，这明显区别于其他金属离子，表明3d可作为电化学及荧光双功能基化学传感器，实现对Cu^{2+}的双重响应识别。

参考文献

[1] (a) F. P. Schmidtchen, M. Berger, Chem. Rev., 97 (1997) 1609; (b) P. D. Beer, P. A. Gale, Angew. Chem. Int. Ed., 40 (2001) 486; (c) R. Martínez-Máñez, F. Sancenón, Chem. Rev., 103 (2003) 4419; (d) A. Goel, N. Brennan, N. Brady, P. T. M. Kenny, Biosens. Bioelectro., 22 (2007) 2047; (e) X. L. Cui, H. M. Carapuca, R. Delgado, M. G. B. Drew, V. Félix, Dalton Trans., (2004) 1743; (f) D. Saravanakumar, N. Sengottuvelan, M. Kandaswamy, Inorg. Chem. Commun., 8 (2005) 386; (g) V. Béreau, Inorg. Chem. Commun., 7 (2004) 829; (h) J. Westwood, S. J. Coles, S. R. Collinson, G. Gasser, S. J. Green, M. B. Hursthouse, M. E. Light, J. H. R. Tucker, Organometallics, 23 (2004) 946; (i) S. R. Collinson, J. H. R. Tucker, T. Gelbrich, M. B. Hursthouse, Chem. Commun., 6 (2001) 555.

[2] (a) O. Reynes, F. Maillard, J. C. Moutet, G. Royal, E. Saint-Aman, G. Stanciu, J. P. Dutasta, I. Gosse, J. C. Mu-

latier, J. Organomet. Chem., 343 (2001) 637—639; (b) P. D. Beer, Z. Chen. M. G. B. Drew, J. Kingston, M. Ogden, P. Spencer, J. Chem. Soc., Chem. Commun., (1993) 1046.

[3] (a) L. J. Kuo, J. H, Liao, C. T. Chen, C. H. Huang, C. S. Chen, J. M. Fang, Org. Lett., 5 (2003) 1821; (b) B. G. Zhang, J. Xu, Y. G. Zhao, C. Y. Duan, X. Cao, Q. J. Men, Dalton Trans., (2006) 1271; (c) H. Zhang, L. F. Han, K. A. Zachaariasse, Y. B. Jiang, Org. Lett., 7 (2005) 4217; (d) H. Miyaji, S. R. Collinson, I. Prokeŝ, J. H. R. Tucker, Chem. Commun., (2003) 64.

[4] (a) E. J. Cho, J. W Moon, S. W. Ko, J. Y Lee, S. K Kim, J. Yoon, K. C Nam, J. Am. Chem. Soc., 125 (2003) 12376; (b) Y. X. Ma, , G. S. Huang, Z. Q Li, , X. L. Wu, Synth. React. Inorg. Met.-Org. Chem., 21 (1991) 859; (c) J. S. Casas, M. V. Castano, M. C. Cifuentes, J. C. Garcia-Monteagudo, A. Sanchez, J. Sordo, U. Abram, J. Inorg. Biochem., 98 (2004) 1009; (d) R. Carballo, J. S. Casas, E. Garcia-Martinez, G. Pereiras-Gabian, A. Sanchez, J. Sordo, E. M. Vazquez-Lopez, J. C. Garcia-Monteagudo, U. Abram, J. Organomet. Chem., 656 (2002) 1; (e) G. Thorfinnur, P. D. Anthony, E. O. John, G. Mark, Org. Lett., 4 (2002) 2449.

[5] Texan: Crystal structure Analysis package, Molecular Structure Corporation (1985&1992).

[6] A. Von Zelewski, P. Belser, P. Hayos, P. Dux, X. Hua, A. Suckling, H. Stoeckli-Evanse, Coord. Chem. Rev., 132(1994) 75.

[7] 徐琰 . 二茂铁衍生物的合成及电化学性质研究 . 郑州大学博士论文 . 2005.

[8] H. Yang, Z. Q. Liu, Z. G. Zhou, E. X. Shi, F. Y. Li, Y. K. Du, T. Yi, C. H. Huang. Tetrahedron Lett., 47

(2006) 2911.

[9] (a) P. Sengupta, R. Dinda, S. Ghosh, W. S. Sheldrick, Polyhedron., 22 (2003) 447; (b) M. Maji, S. Ghosh, S. K. Chattopadhyay, T. C. Mak. Thomas, Inorg. Chem., 36 (1997) 2938; (c) X. X. Zhou, Y. M. Liang, F. J. Nan, Y. X. Ma, Polyhedron, 11 (1992) 447.

[10] M. Sato, H. Kono, M. Shiga, I. Motoyama, K. Hata, Bull. Chem. Soc. Jpn., 41(1968) 252.

[11] S. R. Bhowmik, S. Gangopadhyay, P. K. Gangopadhyay, J. Coord. Chem., 58 (2005) 795.

[12] G. M. Sheldrick, shelxl-97: Program for Crystal Structure Refinement, University of Göttingen, Göttingen, Germany.

第3章 二茂铁双色氨酸甲酯的合成、表征及金属离子识别性能研究

3.1 引言

生物金属有机化学是由经典金属有机化学、生物学、药物学和分子生物科技等发展起来的一门交叉学科，近年来已逐渐成为一个迅速崛起并日趋成熟的领域[1]。二茂铁基团在水、空气介质中具有良好的稳定性和易修饰性，以及优良的电化学性质，使其在生物金属有机化合物的构筑中得到广泛应用[2]。

1957 年，Schlögl 报道了 Fc—CO—Gly—OMe，Fc—CO—Gly—OH 和 Fc—CO—Gly—Leu—OEt 的合成，随后涌现出大量关于单取代二茂铁酰基氨基酸、缩氨酸化合物的研究报道[2a,3]，其中 Kraatz 小组通过对系列单取代二茂铁酰基氨基酸衍生物电化学性质的研究，考察了肽链中取代基的不同、肽链的长度对二茂铁中心式量电位的影响，得出了一些有意义的结论[4]；考察所得部分化合物与客体相互作用关系，发现二肽类化合物(Fig. 3.1)在 $CDCl_3$ 中与吡唑类化合物有着较强的氢键作用[5]。

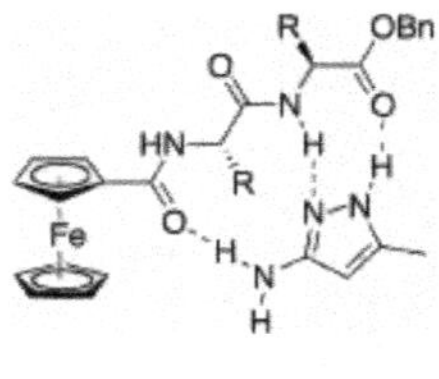

Fig. 3.1

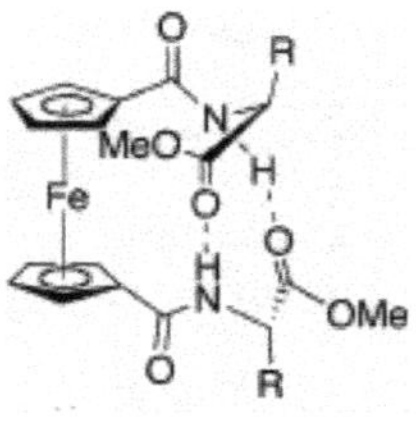

Fig. 3.2

1996 年，Herrick 发现了在对 1,1′-双取代二茂铁酰基氨基酸、缩氨酸化合物的研究中化合物在 $CHCl_2$ 及 $CHCl_3$ 中，分子呈现有序性(Fig. 3. 2)，并对分子中取代基的不同对分子固态结构以及溶液中有序性的影响进行了探讨[6]。近年来，随着电化学识别研究领域的发展，鉴于 1,1′-双取代二茂铁酰基氨基酸衍生物双臂的特点，程津培课题组以 Fig. 3. 3 所示方法设计合成了系列二茂铁基桥连的环肽配体，并发现它们对 Ca^{2+} 及 Mg^{2+} 具有良好的识别性能[7]。Kraatz 小组以非环的双取代二茂铁酰基氨基酸衍生物，用于碱金属离子及 Mg^{2+}、Ca^{2+}、Zn^{2+}、La^{3+} 和 Tb^{3+} 电化学识别研究，也取得了满意结果[8]。Kenny 则对二茂铁酰基氨基酸酯类化合物对磷酸二氢根、有机多酸类简单阴离子识别性能进行了研究，其结果也令人满意[9]。

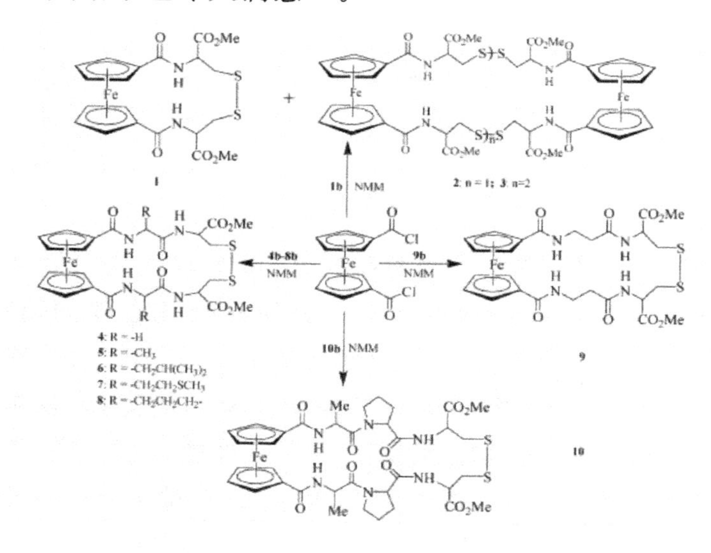

Fig. 3. 3

Beck 等以单取代二茂铁甲醛为原料制备了系列亚胺、甲胺化合物，并对它们在不同条件下与二价 Pd 不同结合方式进行了研究(Fig. 3. 4 与 Fig. 3. 5)，并得到了一些有意义的结论[11]。王敏灿课题组利用 Fig. 3. 6 所示配体，用于催化二乙基锌对苯甲醛的不对称加成研究，得到很好的结果[12]。

Fig. 3. 4

Fig. 3. 5

Fig. 3. 6

通过文献调研发现,有关亚胺、甲胺类取代化合物研究目前相对较少。有关 1,1′-双取代二茂铁甲胺类化合物的研究更少,该类化合物用于金属离子识别性能研究尚未见报道。在此基础上,为进一步拓宽我们小组对二茂铁化学的研究,本章拟设计合成手性金属有机化合物并对其离子识别性能进行考察,以期望该类化合物能够用于金属离子识别,以揭示金属离子在生命过程中的作用方式。文献调研发现,二茂铁功能化环状或非环多胺化合物可成功用于电化学金属离子和有机羧酸阴离子识别性能研究[13],为此利用易得的 *L*-色氨酸为原料,设计合成了基于 *L*-色氨酸甲酯基的二茂铁甲胺类化合物 6,对其电化学行为进行研究,考察它与不同过渡金属离子电化学识别性能。

3.2 结果与讨论

3.2.1 配体 6 的合成与表征

3.2.1.1 配体 6 的合成

本文以二茂铁和 *L*-色氨酸为起始原料，设计合成了二茂铁双色氨酸甲酯基化合物 6(合成路线见 Scheme 3.1)。

以二茂铁为原料经酰化、卤仿反应、酯化、$LiAlH_4$ 还原、活性 MnO_2 氧化等数步反应制得了 1,1′-二甲酰基二茂铁，与传统的以昂贵丁基锂为原料制备双甲酰基二茂铁方法相比，该路线具有成本低、操作安全、易于放大化的优点，避免了使用水、氧高度敏感的金属有机试剂。

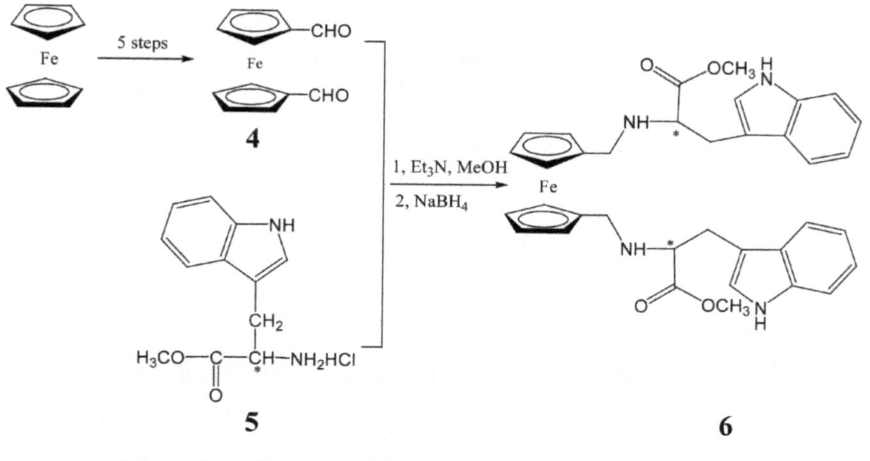

Fe
5 steps
CHO
Fe
CHO
4
1, Et_3N, MeOH
2, $NaBH_4$
NH
CH_2
$H_3CO—C—CH—NH_2HCl$
O
5
O
OCH_3
H
N
NH
*
Fe
NH
*
O
OCH_3
N
H
6

Scheme 3.1 Synthesis of ferrocene-based diamine compound 6

由易得的 *L*-色氨酸甲酯盐酸盐与现制双甲酰基二茂铁缩合得亚胺中间体，再经过量的 $NaBH_4$ 还原，一锅法较高收率地得到了目的化合物 6，减少了分离亚胺中间体造成的物料损失。制备亚胺中间体步骤中利用红外波谱技术进行反应即时跟踪，有效地避免了TLC检测反应进程方法中亚胺在硅胶基板上的分解造成的终点判定不准确。经筛选选取合适的重结晶溶剂使得合成中间体以及最终产品在分离纯化过程中简化了处理过程，节约了人力和减少了资源消耗。

目标分子6通过IR、NMR、ESI-MS、HRMS及X-射线单晶衍射等进行了系统结构表征。由于该分子核磁谱图较为复杂，为进一步对其核磁氢谱及碳谱进行归属，采用了HSQC技术对其C—H相关内容进行了考察(Fig. 3.7)。

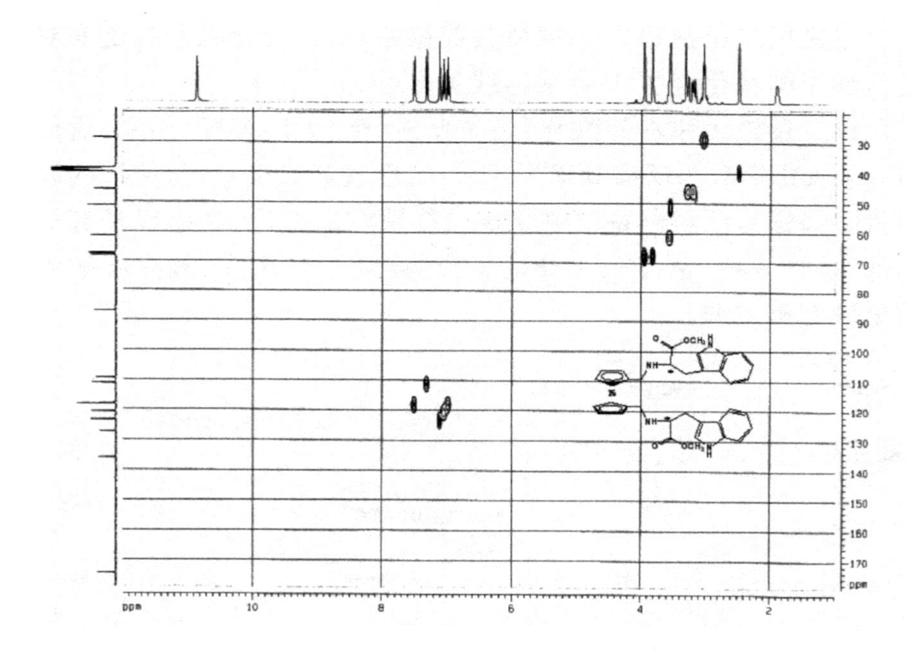

Fig. 3.7 HSQC spectra of compound 6

经综合解析，对化合物6氢谱、碳谱数据归属如下：^{1}H NMR (d_6-DMSO, δ mg/kg): 1.90(2H, d, HN * C), 3.03(4H, s, $ArCH_2$), 3.20～3.30(4H, m, NCH_2), 3.56 (6H, s, OCH_3), 3.58 (2H, m, * CH), 3.83(4H, s, Cp-H), 3.95(4H, s, Cp-H), 6.98(2H, t, Ar-H), 7.05(2H, t, Ar-H), 7.12(2H, s, Ar-H), 7.32(2H, d, Ar-H), 7.51(2H, d, Ar-H), 10.85 (2H, s, NH); ^{13}C NMR (d_6-DMSO, δ mg/kg): 28.67

($ArCH_2$)，45.92(NCH_2)，51.16 (O CH_3)，61.35(HN * C)，67.25(Cp)，67.41(Cp)，67.50(Cp)，68.03(Cp)，87.01(Cp)，109.50(Ar)，111.28(Ar)，120.78(Ar)，123.50(Ar)，127.30 (Ar)，135.94(Ar)，174.49(C═O)。

3.2.1.2 化合物 6 X-射线衍射数据收集和结构解析

X-射线衍射数据收集在理学全自动 X-射线影像板系统(RigakuR-Axis-IV 型面探仪)上进行，选取 0.20 mm×0.18 mm×0.16 mm 的晶体，使用 MoK(射线 λ = 0.71073 Å)和石墨单色器，测得晶体学数据如下：$C_{37}H_{39}Cl_3FeN_4O_4$，正交晶系，空间群 P2(1)2(1)2；晶胞参数 a = 12.075(2) Å，b = 15.535(3) Å，c = 10.002(2) Å，$\alpha = \beta = \gamma$ = 90 deg.，V= 1876.3(6) $Å^3$，Z = 2，D = 1.356 g/cm^3，$\mu(MoK\alpha)$ = 0.659 mm^{-1}，F(000) = 796，共收集到 3424 个独立衍射点。主要键长和键角分别列于 Table 3.1 和 Table 3.2，分子结构图与堆积图见 Fig. 3.8～Fig. 3.10。

化合物 6 整个分子由于手性源的引入使得该分子呈不对称结构，这可以从单晶结构中 P2(1)2(1)2 的手性空间群进一步证实。从结构图 Fig. 3.8 可以看出，二茂铁基两个环戊二烯平面几乎平行，其二面角为 3.2°。由于上下两茂环中大位阻取代基的作用，使得两个茂环以“错叠式”存在。C(6)—N(1)键长为 1.476(6) Å，比亚胺化合物中 C=N 键长 1.252 Å 要长，这证实了化合物 6 为胺而非亚胺。二茂铁取代双臂中，两个甲胺基 N 原子的孤对电子固体状态下趋向相反。对于手性碳原子 C(7)，可以很容易地判定其构型为 S 构型，与原料化合物相比手性构型保持一致。O(2)—C(8)、O(1)—C(8)和 O(1)—C(9)键长分别为 1.190(6)、1.335(6)和 1.439(7) Å，这证实了酯基的存在。平面 C(11)—C(12)—C(13)—C(14)—C(15)—C(16)—C(17)—C(18)—N(2)中各原子很好共面，其平均偏离度为 0.0087 Å，这说明 $NaBH_4$ 的还原并未破坏色氨酸骨架中的不饱和键。

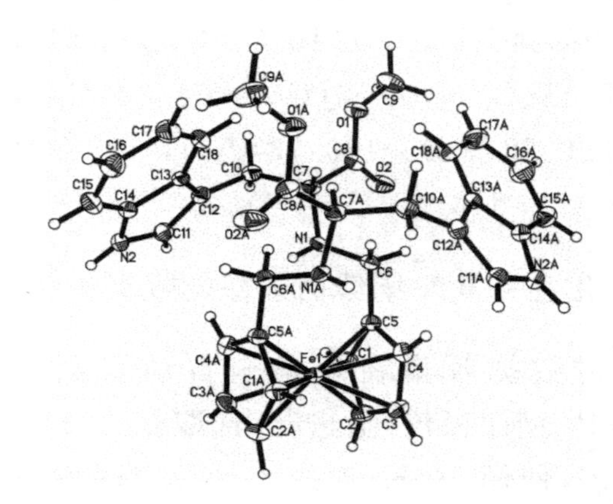

Fig. 3.8　Crystal structure of compound 6 (Solvent $CHCl_3$ have been omitted for clarity)

Table 3.1　Selected Bond lengths(Å) for 6

O(1)—C(8)	1.335(6)	N(1)—C(6)	1.476(6)
O(1)—C(9)	1.439(7)	C(11)—N(2)	1.372(7)
O(2)—C(8)	1.190(6)	C(14)—N(2)	1.372(7)
N(1)—C(7)	1.443(6)		

Table 3.2　Selected Bond angles(°) for 6

C(8)—O(1)—C(9)	116.4(5)		
C(7)—N(1)—C(6)	113.3(3)		
N(1)—C(6)—C(5)	112.4(4)		
N(1)—C(7)—C(8)	110.6(4)		
N(1)—C(7)—C(10)	110.2(4)		
O(2)—C(8)—O(1)	124.0(5)		
O(2)—C(8)—C(7)	125.7(5)		
O(1)—C(8)—C(7)	110.2(4)		
C(12)—C(11)—N(2)	110.7(5)		
N(2)—C(14)—C(15)	130.6(5)		
N(2)—C(14)—C(13)	107.6(4)		
C(11)—N(2)—C(14)	108.8(4)		

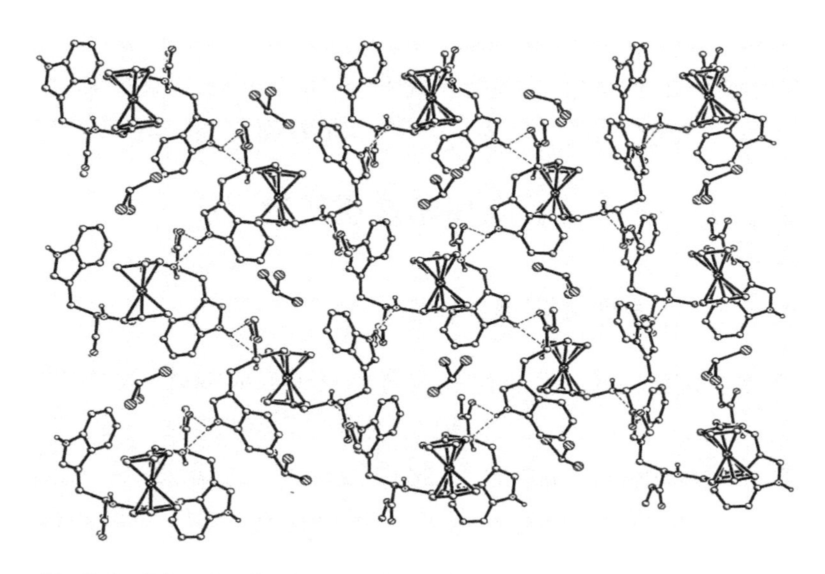

Fig. 3. 9　2-D network structure of 6 formed by N—H…N hydrogen bonds

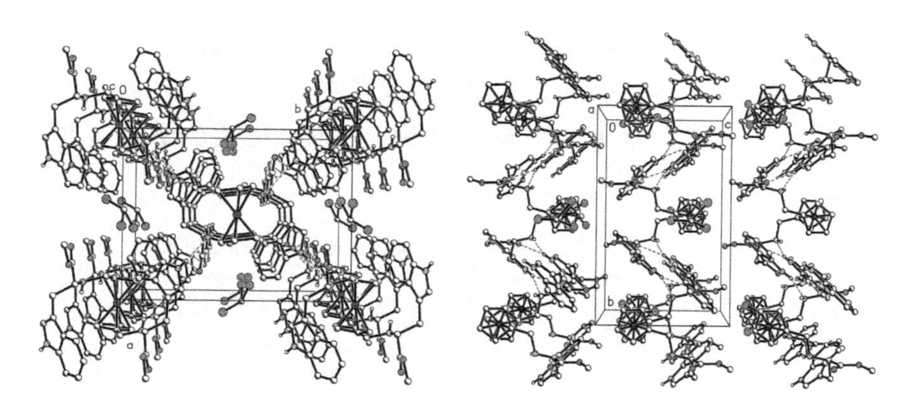

Fig. 3. 10　Crystal packing of the compound 6

从化合物 6 堆积图 Fig. 3. 9 及 Fig. 3. 10 中可以看出，由于甲胺基 N 原子以及酯羰基中 O 原子与吲哚基团中 N 原子上 H 原子间氢键(N…H—N，3. 079 Å)与(O…H—N，3. 130 Å)的共同作用，使得在化合物 6 堆积结构中分子在 a 和 b 方向上无限扩展呈平面网状结构。此外，晶体中存在的较弱的(Cl…H—C)的非经典分子间氢键作用，使得氯原子处于部分统计状态的氯仿分子稳定填充于平面网格孔洞中，给予了体系附加的稳定性。整个晶体结构中，网状平面间由于缺少强氢键的作用，仅以范德华力作用，故而整个体系是以二维网状超分子状态存在。其固态下的良好多孔结构暗示了该配体在小分子储存方面有着一定潜在应用。

3.2.2 配体6的电化学性质研究

3.2.2.1 配体6的循环伏安行为

考虑到化合物6的溶解性及与金属离子响应测试实验的可行性，选取以0.1 mol/L的TBAP乙腈作为底液，配体浓度为1×10^{-3}mol/L，用循环伏安法对6的电化学性质进行研究。实验表明：化合物6在0～0.90 V电位范围内，只有一对氧化还原峰，这可归属于化合物中Fc/Fc^+电对的氧化还原反应，即$Fc - e^- \rightleftharpoons Fc^+$。

作为比较，本章研究了二茂铁和配体6在相同条件下的氧化还原性质，结果见Table 3.3。由Table 3.3可以看出，标题化合物式量电位较二茂铁有明显的负移，这可归于供电子基胺基的引入，导致Fc原子周围电子密度的增加，致使二茂铁的氧化还原峰负移。

Table 3.3 Electrochemical parameters of 6 and ferrocene (ca 1.0×10^{-3} mol/L)

Compounds	E_{pa}(mV)	E_{pc}(mV)	ΔE_p(mV)	$E^{0'}$(mV)	i_{pa}/i_{pc}
ferrocene	482	401	81	441	1.04
6	447	375	72	411	1.19

$\Delta E_p = (E_{pa} - E_{pc})$, $E^{0'} = (E_{pa} + E_{pc})/2$.

本章在相同的电位范围内，保持测试液组成不变，改变电位扫描速度，进一步考察扫描速度对峰电流和峰电位的影响。由Fig. 3.11可见，随着电位扫描速度的增加，化合物6的氧化峰与还原峰的电位差ΔE_p($\Delta E_p = E_{pa} - E_{pc}$)没有发生明显变化；同时，氧化峰电流与还原峰电流的比值i_{pa}/i_{pc}也基本为常数。根据电位差ΔE_p与i_{pa}/i_{pc}值可以判定，Fc^+/Fc电对发生的是可逆过程。将数据做进一步处理，考察i_{pa}与$\upsilon^{1/2}$的关系，由Fig. 3.12可知i_{pa}-$\upsilon^{1/2}$呈线性关系，说明 Fc^+/Fc 电对在电极上的反应过程是受扩散控制的。

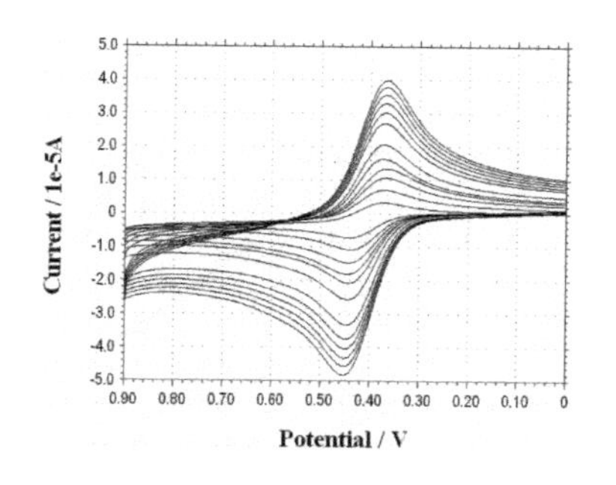

Fig. 3. 11　CVs of compound 6 in acetonitrile at diffscan rates. $c=1\times10^{-3}$ mol/L

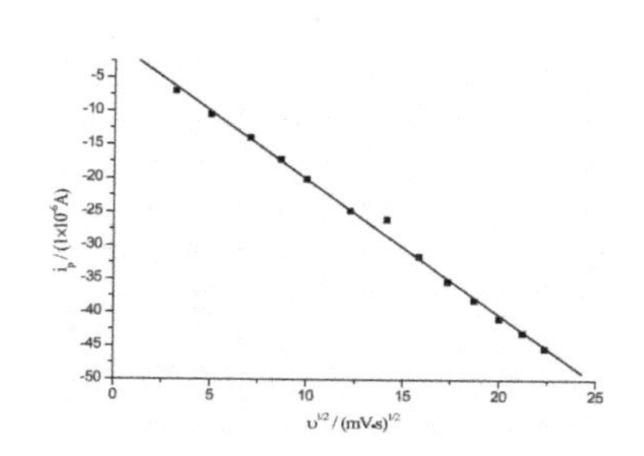

Fig. 3. 12　The relation between i_{pa} and $\upsilon^{1/2}$ of 6 (1×10^{-3} mol/L)

3.2.2.2　电极过程动力学参数的测定

(1)电子转移数 n 的测定

电子转移数是电极反应动力学参数之一，对于可逆反应，采用准确度较高的常规脉冲伏安法(NPV)测定了标题化合物 6 在玻碳电极上的电子转移数 n。根据常规脉冲伏安法的波方程

$$E = E_{\frac{1}{2}} + 2.303\frac{RT}{nF}\log\frac{i_l - i}{i}$$

在 i-E 曲线 Fig. 3. 13 上得到 i_l，并取数个 i 值，然后做对应的 E—$\log[(i_l - i)/i]$ 关系曲线，为一直线，其斜率为 0.057，由其斜率可求得 $n = 0.963 \approx 1$。这一结果证明了在 0～0.90 V 电位范围内，标题化合物的氧化还原峰对应于 $Fc - e^- \rightleftharpoons Fc^+$。

(2)化合物 6 在电极表面的扩散系数 D 的测定

如前所述，可知化合物 6 中 Fc/Fc^+ 电对在电极上的反应过程是受扩散控制的，对可逆体系扫描速度(υ)与峰电流(i)之间存在如下关系：

$$i = 0.463 \times n^{\frac{3}{2}} F^{\frac{3}{2}} A (RT)^{\frac{-1}{2}} D^{\frac{1}{2}} C\upsilon^{\frac{1}{2}} \quad (1)$$

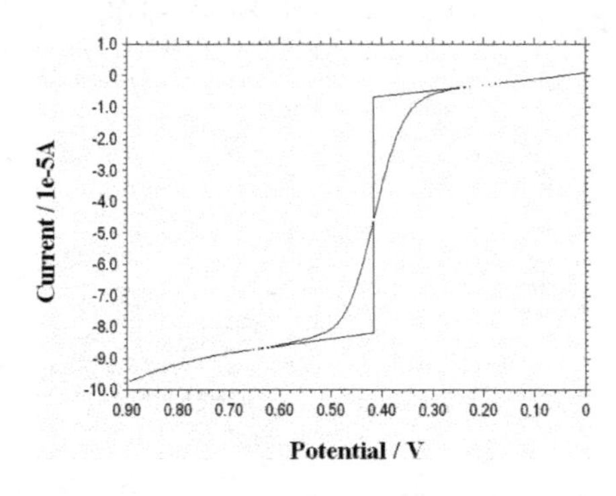

Fig. 3. 13　The NPV of 6 in Acetonitrile

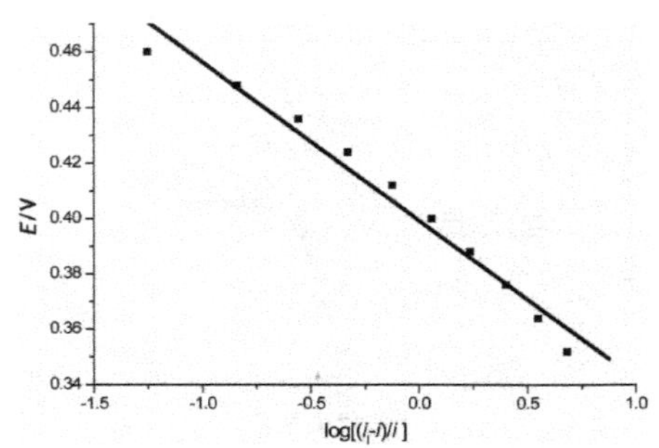

Fig. 3. 14　The relation between E and log $[(i_l-i)/i]$

其中，i 是循环伏安法中的峰电流(A)，A 是电极表面的表面积(cm^2)，C 则代表了电活性物质的浓度(mol/cm^3)，n 是电子转移数，R、T 代表其通常的意义。其中 $n=1$，F 是法拉第常数，为96487 C/mol。由于实验是在室温下进行的，因此 RT 可取值为2480 J/mol，于是，公式(1)可简化为公式(2)：

$$i=2.69\times10^5\times AD^{\frac{1}{2}}C\upsilon^{\frac{1}{2}} \tag{2}$$

根据 i_{pa}-$\upsilon^{1/2}$ 的线性关系(见 Fig. 3. 12)，可以利用公式(2)计算出化合物 6 在电极表面的扩散系数(D)。

此外，分别用暂态的计时电流法(CA)和计时电量法(CC)考察了化合物 6 在该电极表面的扩散系数，即施加一阶跃电位(0～0. 9 V)于电极上，并在 0. 9 V 电位下保持 5 s，记下 i-t 关系曲线和 Q-t 关系曲线，由 Cottrell 方程：

$$i(t)=\frac{nFAD_0^{\frac{1}{2}}C_0}{(\pi t)^{\frac{1}{2}}}+i_c,Q(t)=\frac{2nFAD_0^{\frac{1}{2}}C_0t^{\frac{1}{2}}}{\pi^{\frac{1}{2}}}+Q_{dl}$$

分别做 i-$t^{-1/2}$ 和 Q-$t^{1/2}$ 关系曲线，从曲线斜率即可分别求得配体 6 在电极表面的扩散系数，其结果见 Table 3. 4。

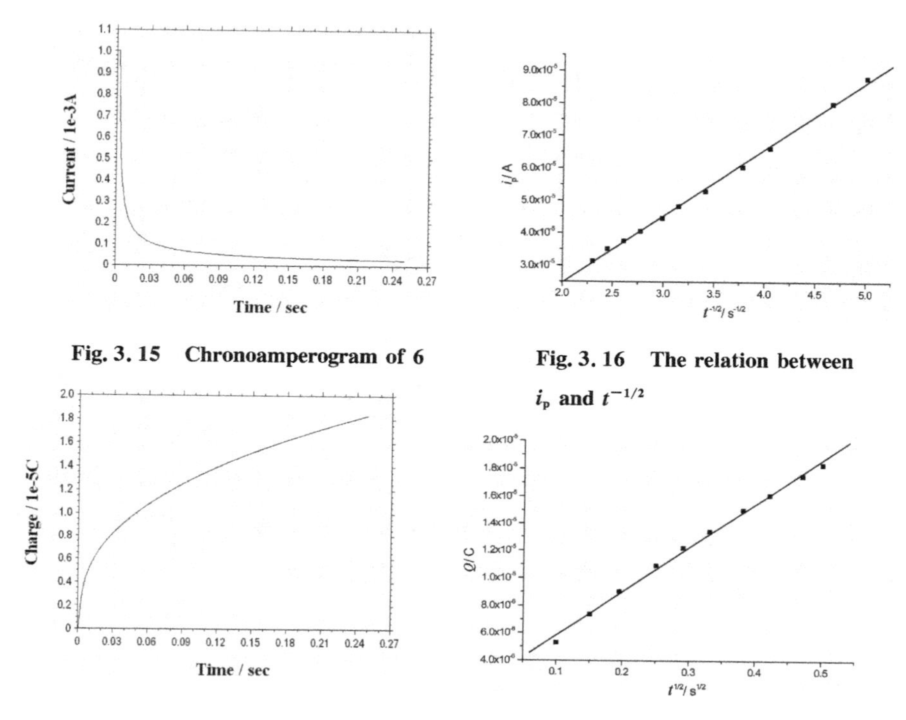

Fig. 3.15 Chronoamperogram of 6

Fig. 3.16 The relation between i_p and $t^{-1/2}$

Fig. 3.17 Chronocoulogram of 6

Fig. 3.18 The relation between Q and $t^{1/2}$

Table 3.4 Electrochemical kinetics date of compound 6

Compound	$D_0 \times 10^{-5}/(cm^2/s)$		
	CV	CA	CC
6	1.65	1.89	1.57

3.2.2.3 配体 6 对金属离子的电化学响应

化合物 6 中含有多个 N 原子，并且配位能力较强的甲胺基团距二茂铁中心较近，可以预见化合物 6 与金属离子络合后将会引起二茂铁中心氧化还原式量电位的显著阳极移动。为此，选择了 0～0.9 V 的电位范围，在 100 mV/s 的电位扫描速度下，考察了化合物 6 在乙腈溶液中对金属离子的电化学响应情况。

于化合物6中逐量加入过渡金属离子Cu^{2+}、Zn^{2+}、Mn^{2+}、Co^{2+}、Ni^{2+}和Cd^{2+}后循环伏安变化表现为双峰行为（随金属离子的加入及量的增加，原配体二茂铁氧化还原中心氧化还原峰的消减与在更高电位新峰的出现与逐渐增长）。从Fig. 3.19～Fig. 3.24可以看到：当加入Cu^{2+}、Zn^{2+}、Mn^{2+}离子时，对化合物6的氧化还原峰电位产生明显的影响，加入2当量Cu^{2+}和Zn^{2+}可使原配体氧化还原峰完全消失，在高电位处出现的新峰得到完全的发展，这说明化合物6与Cu^{2+}、Zn^{2+}离子发生了较强络合作用；而当加入Co^{2+}、Ni^{2+}和Cd^{2+}离子时，虽然对应于Fc/Fc^{+}电对的循环伏安曲线发生了明显的改变，但即便加入5当量的金属离子，对应于配体的氧化还原峰依然存在。实验表明，延长测试时间亦可使新峰得以增长，推测这可能由于配体与该类金属离子作用相对较弱，或者对应于络合过程动力学的慢组装过程。

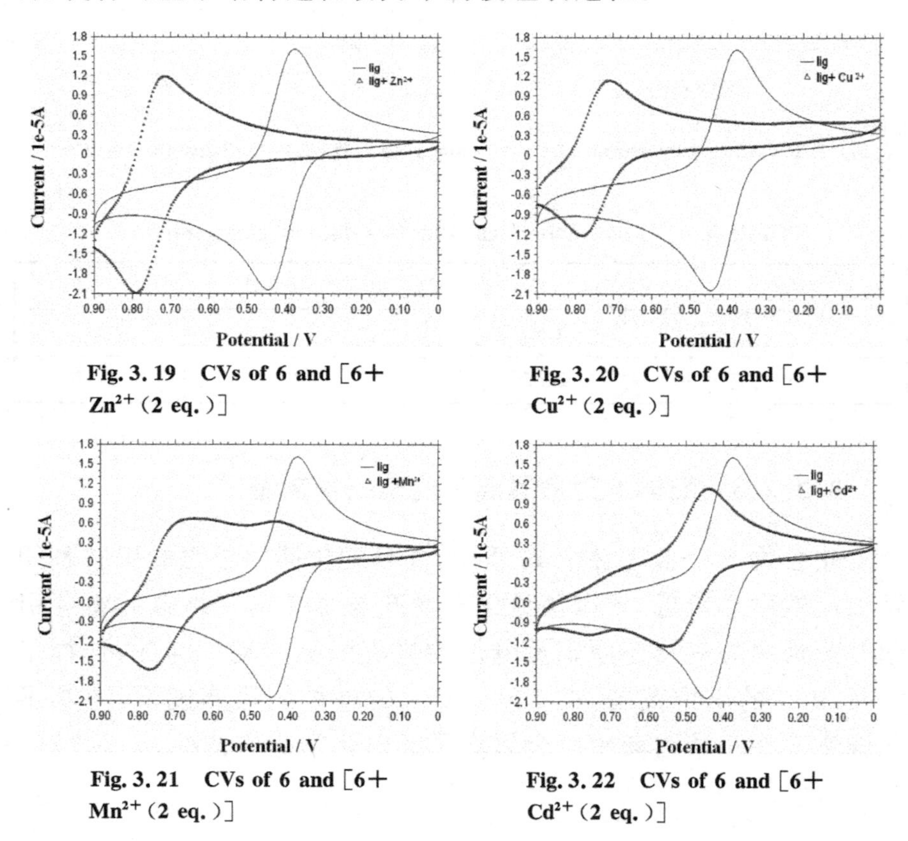

Fig. 3.19　CVs of 6 and [6+Zn^{2+} (2 eq.)]

Fig. 3.20　CVs of 6 and [6+Cu^{2+} (2 eq.)]

Fig. 3.21　CVs of 6 and [6+Mn^{2+} (2 eq.)]

Fig. 3.22　CVs of 6 and [6+Cd^{2+} (2 eq.)]

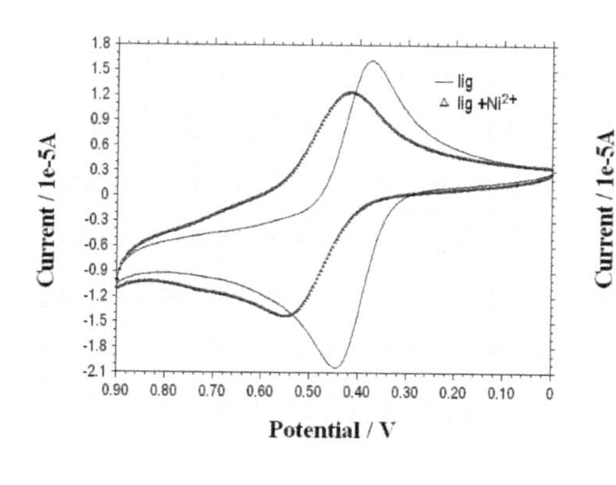

Fig. 3. 23 CVs of 6 and [6+ Ni^{2+} (2 eq.)]

Fig. 3. 24 CVs of 6 and [6+ Co^{2+} (2 eq.)]

于配体 6 溶液中分别加入 Mn^{2+}、Co^{2+}、Ni^{2+}、Cu^{2+}、Zn^{2+}、Cd^{2+} 等离子后的循环伏安图中对应于 Fc/ Fc^{+} 式量电位的变化数据进行计算并列于 Table 3. 5 中，由于 Co^{2+}、Ni^{2+} 和 Cd^{2+} 离子所产生的新峰并不能够得到很好的发展，所以其式量电位的具体值从 CV 曲线中并不能够准确给出。对 Mn^{2+}、Cu^{2+}、Zn^{2+} 离子式量电位变化值分别为 309 mV、335 mV 和 342 mV，ΔE 值 $Mn^{2+} < Cu^{2+} < Zn^{2+}$，这可以从金属离子半径 $Mn^{2+} < Cu^{2+} < Zn^{2+}$ 来解释，因为较大的金属离子半径往往会给出较大的式量电位位移。从表中可以看出加入 Mn^{2+}、Cu^{2+} 和 Zn^{2+} 后其式量电位变化值较为接近，这暗示了化合物 6 与这几种金属离子络合后形成的配合模式相近，同时，也说明配体与金属离子的络合稳定系数 K_{red} 均较大。

Table 3. 5 Electrochemical response for 6 vs selected metal cations in acetonitrile in 0. 1 M tetrabutylammonium perchlorate

receptor	ΔE(mV)					
	Mn^{2+}	Co^{2+}	Ni^{2+}	Cu^{2+}	Zn^{2+}	Cd^{2+}
6	309	—	—	335	342	—

ΔE is define as $E^{0'}$ (receptor + cation) − $E^{0'}$ (free receptor). All potentials Data are referred to the saturated calomel electrode (SCE) at a scan rate of 100 mV s^{-1} in acetonitrile solution using TBAP (0. 1 mol L^{-1}) as the supporting electrolyte on a GC working electrode, CV recorded from 0 to 0. 9 V.

另外，由公式 $\Delta E^0 = E^0_{HG} - E^0_H = (RT/nF) \times \ln(K_{red}/K_{ox})$ 可以计算出 K_{red}/K_{ox} 值，即处于还原状态下配体的处于氧化状态下配体的金属离子间络合常数的比值。分别代入式量电位变化值，可以得到对于 Mn^{2+}、Cu^{2+} 和 Zn^{2+} 其 K_{red}/K_{ox} 值分别为 1.66×10^5，4.57×10^5 和 6.01×10^5，表明处于还原状态下化合物 6 比它的氧化形式与这些过渡金属离子形成络合物的能力要强 10^5 倍以上。此外，这也表明，调控化合物 6 氧化还原状态可实现对这些过渡金属离子结合的开关控制，对发展新型分子开关器件有着重要意义。

3.3　实验部分

3.3.1　仪器与试剂

晶体结构用日本理学 Rigaku RAXIS-IV 面探衍射仪测定；红外光谱由 Burker VECTOR22 型红外光谱仪（KBr 压片，400～4000 cm^{-1}）测定；^1H NMR 采用 Bruker DPX-400 型超导核磁共振谱仪测定，d_6-DMSO 为溶剂，TMS 为内标；熔点在 X4 数字显微熔点仪（温度计未校正）上测定；电化学性质用 CHI-650A 型综合电化学工作站（上海晨华公司）测定，三电极体系，工作电极为 Φ3 mm 的玻碳电极，辅助电极为铂丝，参比电极为 232 型甘汞电极；比旋光度用 Perkin Elmer341 型旋光仪在 20℃ 以 CH_3OH 为溶剂测定。

所用试剂：*L*-色氨酸为生化试剂，其他试剂均为分析纯或化学纯；液体物质均经过干燥、蒸馏。其中，THF 用 Na 处理为无水；二氯甲烷及氯仿用 P_2O_5 处理重蒸；无水甲醇用镁带处理绝对无水。

柱色谱使用青岛海洋化工厂生产的硅胶 G，在常压或加压下进行分离。

薄层色谱板用青岛海洋化工厂生产的硅胶 GF254。

3.3.2 溶液电化学测试方法

二茂铁基化合物 6 溶液浓度为 1×10^{-3}mol/L，以四丁基高氯酸胺(TBAP)为支持电解质，浓度 0.1 mol/L，工作电极在使用前先经0.05 μm Al_2O_3 抛光粉研磨抛光至镜面，再依次用 0.1 mol/L NaOH、1∶1 HNO_3、无水乙醇、二次蒸馏水超声清洗。实验在饱和氮气的无水乙腈中进行。

3.3.3 过渡金属离子识别测试方法

在电解池中加入配好的二茂铁基化合物的含支持电解质(TBAP，c= 0.1 mol/L)乙腈溶液(1×10^{-3} mol/L)。金属离子以其高氯酸盐的乙腈溶液(0.1 mol/L)由微量进样器加入，与测试客体金属离子响应式量电位移动值，在扫速为 100 mV/s 条件下、0～0.90 V 电位范围内，利用循环伏安法进行测定。

3.3.4 配体 6 的制备

3.3.4.1 1,1′-二乙酰基二茂铁的合成[14]

将 45 g (0.36 mol) $AlCl_3$ 加入到 50 mL 干燥的 CH_2Cl_2 中，搅拌下，滴加 36 mL (0.44 mol) 乙酰氯和 60 mL 干燥的 CH_2Cl_2 的混合液，有气泡产生，溶液转为淡绿色，待反应平稳后，缓慢滴加由 25 g (0.14 mol) 二茂铁和 70 mL 干燥 CH_2Cl_2 组成的混合液，反应液很快变为紫红色溶液，二茂铁和 CH_2Cl_2 混合液在 30 min加完，弱回流下搅拌 5 h，将溶液倒于冰水中分解，水层用萃取液 4 × 50 mL，合并有机相，无水 Na_2SO_4 干燥过夜。减压下蒸出有机溶剂，固体用 95%乙醇重结晶得红棕色针状晶体 29 g

(产率82%)。

3.3.4.2 1,1′-二茂铁基二甲酸的合成

避光,室温下将双乙酰基二茂铁30.0 g (0.11 mol) 溶于700 mL (10%) 的 NaClO 溶液中,升温到60 ℃搅拌反应2 h,再加入200 mL (10%) 的 NaClO 溶液继续搅拌反应16 h。趁热过滤,收集滤液,用浓烟酸酸化到pH 1～2,红色溶液中有大量橘红色沉淀生成。抽滤,沉淀用 NaOH 溶液溶解,再用浓烟酸酸化,抽滤后沉淀真空干燥,得橘红色固体25.3 g (产率82%)。

3.3.4.3 1,1′-二茂铁基二甲酯的合成

于250 mL的圆底烧瓶中,依次加入11.0 g二茂铁基二甲酸,120 mL无水甲醇,0.8 mL浓硫酸,加热回流24 h后,减压下蒸出溶剂,粗产品用简易色谱柱 CH_2Cl_2 淋洗得棕色针状晶体11.1 g (产率92%)。

3.3.4.4 1,1′-二茂铁基二甲醇的合成

于250 mL的圆底烧瓶中,加入120 mL无水THF,8.7 g二茂铁基二甲酯,剧烈搅拌下分批加入2.3 g $LiAlH_4$(加入速度应保持反应液微沸)。加热回流24 h后,用饱和 NH_4Cl 溶液进行淬灭反应。减压抽滤,滤渣用乙酸乙酯洗至无色,减压下蒸出溶剂,粗产品用乙酸乙酯重结晶得片状橙色晶体6.2 g (产率87%)。

3.3.4.5 1,1′-二甲酰基二茂铁4的合成

将1.0 g 1,1′-二茂铁基二甲醇溶于20 mL氯仿,剧烈搅拌下分批加入9.4 g新制 MnO_2,加热回流。TLC跟踪监测,至原料点消失,抽滤,滤渣用氯仿洗至无色,减压下蒸出溶剂,得深红色固体,用乙醚和正己烷重结晶得暗红色针状晶体0.61 g (产率60%)。

3.3.4.6 二茂铁双色氨酸甲酯基化合物 6 的合成

在盛有 1.68 g (3.3mmol) *L*-色氨酸甲酯烟酸盐 5[14] 的 50 mL 的圆底烧瓶中，加入 20 mL 无水甲醇，冰浴下滴加 1.5 mL 三乙胺，搅拌 30 min，室温搅拌下加入 0.73 g (3.0 mmol) 双甲酰基二茂铁 4，IR 跟踪监测，至 1684 cm^{-1} 处吸收峰消失。冷至 0 ℃以下，剧烈搅拌下分批加入 1.0 g $NaBH_4$，反应过夜，减压下蒸出甲醇，残留物中加入饱和食盐水，以 CH_2Cl_2 4 × 50 mL 萃取，有机相以无水 Na_2SO_4 干燥过夜，减压下蒸出溶剂，得浅黄色固体，用 CH_2Cl_2 和 CH_3OH 重结晶得浅黄色块状晶体 1.67 g（产率 86%）。

Compound 6：m. p.：155 ℃；$[\alpha]_D^{20}$ −10°（*c* 0.076，CH_3OH）；HRMS Calc. for $C_{36}H_{39}FeN_4O_4$ $[M+H]^+$：647.2321，found：647.2325.；IR（KBr，cm^{-1}）：1741，1437，1349，1211，1190，112433，741；^1H NMR(d_6-DMSO，δ mg/kg)：1.90（2H，d，HN＊C），3.03（4H，s，$ArCH_2$），3.20～3.30（4H，m，NCH_2），3.56（6H，s，OCH_3），3.58（2H，m，＊CH），3.83（4H，s，Cp-H），3.95（4H，s，Cp-H），6.98（2H，t，Ar-H），7.05（2H，t，Ar-H），7.12（2H，s，Ar-H），7.32（2H，d，Ar-H），7.51（2H，d，Ar-H），10.85（2H，s，NH）；^{13}C NMR(d_6-DMSO，δ mg/kg)：28.67($ArCH_2$)，45.92(NCH_2)，51.16(OCH_3)，61.35(HN＊C)，67.25(Cp)，67.41(Cp)，67.50(Cp)，68.03(Cp)，87.01(Cp)，109.50(Ar)，111.28(Ar)，120.78(Ar)，123.50(Ar)，127.30(Ar)，135.94(Ar)，174.49(C═O)；ESI-MS：$[M+H]^+$：647.1，$[M+Na]^+$：669.2。

3.3.5 配体 6 单晶结构测定

所有测定在 RigakuR-Axis-IV 型面探仪上进行，晶体大小 0.20 mm×0.18 mm×0.16 mm，用石墨单色化的 MoKα 射线（λ = 0.71073 Å），在 $2.04° < \theta < 25.5°$ 范围内扫描，收集衍射点，在

291(2) K下收集衍射点,其中所有衍射数据经Lp因子校正后,结构在teXsan[15]软件包上用直接法[16]进行解析,解出各原子位置坐标,其余非氢原子经差值Fourier合成后确定。对全部非氢原子坐标及其各向异性热参数进行全矩阵最小二乘法修正(F^2),所有计算均在SHELX-97程序完成[17]。技术计算得到的最大、最小残余电子云密度分别为0.525 e/Å^{3}和−0.627 e/Å^3。最终偏离因子$\omega R_1=0.0591$ ($\omega R_2=0.1419$)。CCDC:665363。

3.4 小结

通过双甲酰二茂铁与易得的*L*-色氨酸甲酯盐酸盐在碱性环境、甲醇溶剂及室温条件下缩合,随后以$NaBH_4$还原的一锅反应法,以较高收率得到了二茂铁双色氨酸甲酯化合物6。化合物6单晶结构研究表明,在其固态结构中存在着较大的孔洞结构,这在小分子包结、存储应用方面有着一定价值。

考察化合物6在乙腈溶液中的电化学行为,结果显示,配体6在电极表面反应过程受扩散控制。配体6与不同过渡金属离子的电化学响应性能研究表明,该配体对客体金属离子Cu^{2+}、Zn^{2+}和Ni^{2+}等给出良好的响应性能,使得配体二茂铁中心氧化还原电对式量电位发生了显著阳极移动,其$\Delta E^{0'}$值分别对Cu^{2+}、Zn^{2+}为335 mV和342 mV。这对发展新型化学传感器、发展新型分子开关以及揭示生命体中重要金属离子与生命体间作用都有着潜在的意义。

参考文献

[1] (a) G. Jaouen, A. Vessières, I. S. Butler, Acc. Chem. Res., 26 (1993) 361; (b) R. H. Fish, G. Jaouen, Orga-

nometallics, 22 (2003) 2166; (c) N. Metzler-Nolte, Angew. Chem., 113 (2001) 1072.

[2] (a) D. R. van Staveren, N. Metzler-Nolte, Chem. Rev., 104 (2004) 5931; (b) A. Togni, T. Hayashi, Ferrocenes: Homogeneous Catalysis, Organic Synthesis, Material Science; VCH: Weinheim, 1995; (c) K. Severin, R. Bergs, W. Beck, Angew. Chem., 110 (1998) 1722.

[3] (a) J. F. Gallagher, P. T. M. Kenny, M. J. Sheehy, Inorg. Chem. Commun., 2 (1999) 200; (b) J. F. Gallagher, P. T. M. Kenny, M. J. Sheehy, Acta Crystallogr., 1999, C55, 1257; (c) H. B. Kraatz, J. Lusztyk, G. D. Enright, Inorg. Chem., 36 (1997) 2400; (d) D. R. van Staveren, T. Weyhermüller, N. Metzler-Nolte, Dalton Trans., 2003, 210; (e) W. Bauer, K. Polborn, W. Beck, J. Organomet. Chem., 579 (1999) 269; (f) A. Nomoto, T. Moriuchi, S. Yamazaki, A. Ogawa, T. J. Hirao, Chem. Soc., Chem. Commun., 1998, 1963; (g) T. Moriuchi, A. Nomoto, K. Yoshida, T. Hirao, J. Organomet. Chem., 589(1999) 50.

[4] M. M. Galka, H. B. Kraatz, ChemPhysChem, 2002, 356.

[5] (a) P. Saweczko, G. D. Enright, H. B. Kraatz, Inorg. Chem., 40(2001) 4409; (b) P. Saweczko, H. B. Kraatz, Coord. Chem. Rev., 190—192 (1999) 185.

[6] R. S. Herrick, R. M. Jarret, T. P. Curran, D. R. Dragoli, M. B. Flaherty, S. E. Lindyberg, R. A. Slate, L. C. Thornton, Tetrahedron Lett., 37 (1996) 5289.

[7] (a) Q. W. Han, X. Q. Zhu, X. B. Hu, J. P. Cheng, Chem. J. Chin. Univ., 23 (2002) 2076; (b) H. Huang, L. Mu, J. He, J. P. Cheng, J. Org. Chem., 68 (2003) 7605.

[8] (a) F. E. Appoh, T. C. Sutherland, H. B. Kraatz, J.

Organomet. Chem. , 690 (2005) 1209; (b) S. Chowdhury, G. Schatte, H. B. Kraatz, Eur. J. Inorg. Chem. , 5 (2006) 988.

[9] (a) A. Goel, N. Brennan, N. Brady, P. T. M. Kenny, Biosensors & Bioelectronics, 22 (2007) 2047; (b) M. J. Sheehy, J. F. Gallagher, M. Yamashita, Y. Ida, J. White-Colangelo, J. Johnson, R. Orlando, P. T. M. Kenny, J. Organomet. Chem. , 689 (2004) 1511.

[10] (a) A. M. Osman, M. A. El-Maghraby, K. M . Hassan, Bull. Chem. Soc. Jpn. 48 (1975) 2226; (b) A. Hess, J. Sehnert, T. Weyhermüller, N. Metzler-Nolte, Inorg. Chem. , 39 (2000) 5437.

[11] D. Freiesleben, K. Polborn, C. Robl, K. Sünkel, W. Beck, Can. J. Chem. , 73(1995) 116.

[12] (a) M. C. Wang, X. H. Hou, C. X. Chi, M. S. Tang, Tetrahedron: Asymmetry, 17 (2006) 2126; (b) M. C. Wang, X. H. Hou, C. L. Xu, L. T. Liu, G. L. Li, D. K. Wang, Synthesis, 20 (2005) 3620.

[13] (a) X. L. Cui, H. M. Carapuca, R. Delgado, M. G. B. Drew, V. Félix, Dalton Trans. , (2004) 1743; (b) X. L. Cui, R. Delgado, M. G. B. Drew, V. Félix, Dalton Trans. , (2005) 3297.

[14] 王敏灿. 新颖二茂铁基氮杂环丙醇手性配体的设计、合成及其在催化不对称反应中的应用研究. 郑州大学博士论文,2004.

[15] Texan: Crystal structure Analysis package, Molecular Structure Corporation (1985&1992).

[16] A. Von Zelewski, P. Belser, P. Hayos, P. Dux, X. Hua, A. Suckling, H. Stoeckli-Evanse, Coord. Chem. Rev. , 132 (1994) 75.

[17] G. M. Sheldrick, shelxl-97: Program for Crystal Structure Refinement, University of Göttingen, Göttingen, Germany.

第 4 章 共轭键连的吡啶基二茂铁类化合物的合成、表征及金属离子识别性能研究

4.1 引言

在过去的二十年里，由于二茂铁衍生物在超分子化学[1]、电子传输材料[2]及非线性光学材料[3]等方面巨大的潜在应用，激起了广大化学工作者对二茂铁化学研究的极大兴趣，使得对二茂铁衍生物的设计合成及性质研究日益繁荣。

含有二茂铁基的共轭体系为端基间的电子传递提供了可能性，这使得此类化合物表现出优异的电子传输能力、非线性光学性能。尤其在非线性光学方面，介于非线性光学材料在光储存、光导、光学计算机等方面的诱人应用前景，自 Green 等人首次发现二茂铁烯键型衍生物具有较强的二阶非线性效应后[3a]，各国化学家陆续在二茂铁衍生物非线性光学性质方面做了大量工作[3b~e]，合成了一系列具有电子给体-受体结构的二茂铁衍生物，测定了其二阶非线性极化率，并系统地研究了分子的给体-受体强度、共轭长度、共轭体系及平面性等结构因素与分子二阶非线性极化率的关系。研究表明：该类化合物中大的 π 电子离域体系有利于二阶非线性效应，并且还会产生较大的三阶非线性效应。烯键共轭型体系对发展性能优异化合物有着重要作用。

另外，对底物分子、离子结合片段的合适部位引入二茂铁基团，使得该主体分子能够电化学识别特定底物方面的研究已成为当今超分子化学发展中一个极具活力的领域。尽管已报道大量

具有各种官能团的二茂铁基受体化合物，但是对结合单元以烯键直接与二茂铁片段相连的配体化合物却鲜见报道。可以预料，将结合单元以烯键与二茂铁相连，由于共轭体系为端基间的电子传递提供了可能性，主客体结合信息将能成功反馈到二茂铁中心，从而实现化学识别与传感。

Witti 是构筑烯烃类分子的一种非常好的方法，并得到广泛的应用[4]。于是，在设计合成结合单元以烯键直接与二茂铁连接且具上下双臂化合物中，1,1′-二茂铁基二甲基鏻叶立德成为首选试剂。然而，由于 1,1′-二茂铁基二甲醇本身特性（强酸敏感）且二茂铁基卤代甲烷的不稳定性，使得制备 1,1′-二茂铁基二甲基鏻叶立德成为合成目标化合物的瓶颈。尽管有文献报道可利用相应醇类化合物与 $Ph_3P \cdot HBr$ 通过一步法得到相应 Wittig 试剂前体叶立德，但是这一路线需要昂贵的试剂[5]。发展一种简单的制备含二茂铁基 Wittig 试剂前体叶立德的方法成为挑战。

鉴于此，本章以二茂铁为原料探索了一条高收率制备 Wittig 试剂前体 1,1′-二茂铁双亚甲基季鏻盐 8 的新方法，这必将对发展新型具有良好光、电性能的化合物起到一定的推动作用。利用所得磷盐与所选系列芳香醛反应制得了系列具有电子受体位点、金属离子结合位点的双臂型二茂铁烯烃化合物，对其电化学性质及部分电化学反应常数进行了测算，并利用循环伏安、DPV 等电化学方法对其金属离子识别性能分别进行了研究。此外，考察了在这类配体中，不同杂原子及其所处位置对配体分子电化学识别性能的影响。

4.2　结果与讨论

4.2.1　共轭键连的吡啶基二茂铁类化合物的合成与表征

本章设计的配位中心与二茂铁以烯键连接的双臂化合物 9

可通过两种途径制得，如 Scheme 4.1 所示：(1)以取代芳烃为预料制备相应鏻盐，然后再与 1,1′-双甲酰二茂铁反应(method A)；(2)以 1,1′-二茂铁基二甲基鏻叶立德作为 Wittig 试剂前体与相应芳醛反应(method B)。鉴于双甲酰二茂铁及相应杂环取代亚甲基鏻叶立德均较昂贵，所以我们选取方法(1)，以 1,1′-二茂铁二甲醇为原料制备 1,1′-二茂铁基二甲基鏻叶立德以制备目标烯烃类化合物 9。

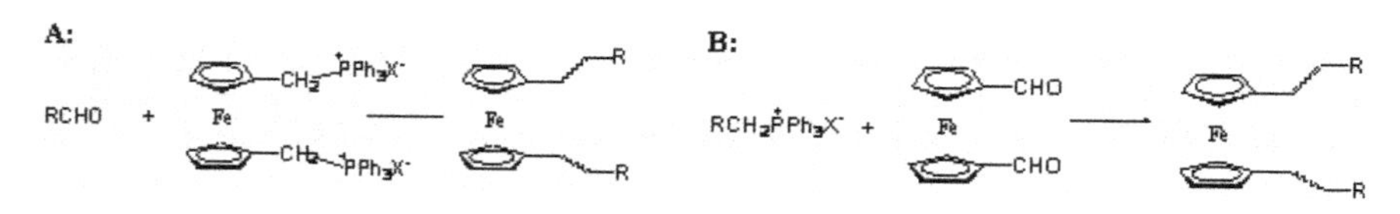

Scheme 4.1

本章分别尝试了不同条件下以 PBr_3、NBS 为溴化试剂制备 1,1′-二茂铁基溴代甲烷的方法，但由于 1,1′-二茂铁基二甲醇强酸敏感和二茂铁甲基卤代烃的不稳定，使得制备 1,1′-二茂铁基二甲基鏻叶立德较难。所以发展一种简单制备 1,1′-二茂铁基二甲基鏻叶立德的方法成为一项挑战工作。文献[4a]报道了以芳基苄醇在醋酸环境下成功制备相应醋酸根阴离子鏻盐的方法，尽管收率仅有 30%～40%，但却给了人们很大启示。通过条件选择优化，我们开发了一条简单而有效的一锅法，由二醇 7 在[7/ KI / Ph_3P (1 : 5 : 2.4)溶于 $CHCl_3$/ AcOH/H_2O]体系中回流制备二茂铁双亚甲基季鏻盐 8 的方法，以高达 97%的收率得到季鏻盐化合物 8，并通过^{1}H NMR、ESI-MS 及单晶 X 射线衍射技术对其绝对构型进行了测定，证实了该反应体系的可行性及可靠性。

我们推测二醇首先与三苯基膦在醋酸环境下反应得到相应醋酸鏻盐，然后醋酸季鏻盐中醋酸根与 I^- 间进行阴离子交换得到相应碘化物，由于碘化物在体系中溶解度较小，故而以沉淀形式析出，随反应的进行最终原料全部转化得到目标碘化季鏻盐。在该体系中，醋酸起到了两个作用：(1)为体系提供酸性环境；(2)作为相转移催化剂，加速离子交换以得到目的碘化物，由于水溶液中 I^- 难以进入有机相 $CHCl_3$ 中，但由于醋酸均可与 $CHCl_3$

和水分别互溶，所以醋酸的存在可促进 I^- 进入有机相进行阴离子交换以得到碘化季鏻盐化合物 8。

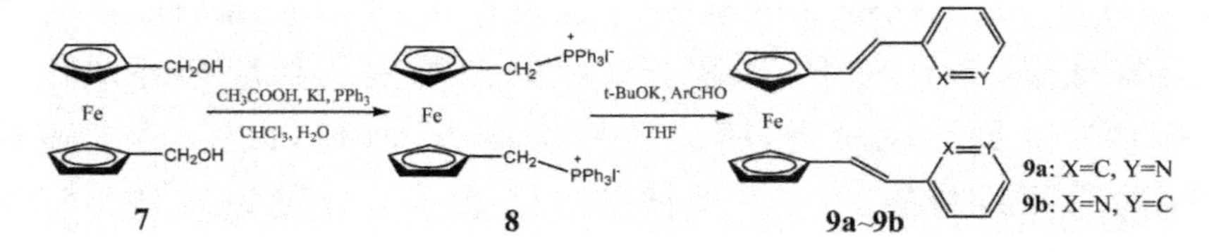

Scheme 4.2　Synthesis of ferrocene-containing pyridine compound 9

以季鏻盐 8 为原料通过经典 Wittig 反应，在无水 THF 溶剂中以叔丁醇钾为碱与相应芳醛以 Scheme 4.2 所示路线反应，最终以中等收率得到目的产品 9a～9b。作为性质研究对比，我们还以 2-噻吩甲醛、2-呋喃甲醛为原料，得到了双臂为反式构型的相应烯烃化合物。

由于 Wittig 反应区域选择性不强，故而得到多种产物，可以预料产物中将会有(1-cis, 1′-cis)，(1-trans, 1′-cis)和(1-trans, 1′-trans)异构体的存在。结构分析表明，产物多为(1-trans, 1′-cis)和(1-trans, 1′-trans)化合物，(1-cis, 1′-cis)化合物量较少，并未分离得到。此外还得到了含量相对较少的 1-甲基-1′-乙烯基取代副产物。对比实验显示，成烯步骤中较高的反应温度不利于生成 1-甲基-1′-乙烯基取代副产物；此外，对所选取的芳香醛：2-噻吩甲醛、2-呋喃甲醛、2-吡啶甲醛和 3-吡啶甲醛，其芳香醛结构在对产物中不同构型产物所占比例方面有着明显的影响，其机理尚待研究。

所得新化合物通过 NMR、ESI-MS、HRMS 等进行了结构鉴定。对所得烯烃类化合物核磁氢谱研究表明：(Z)-构型双键中质子间耦合常数为 $J = 12$ Hz，且两个质子化学位移值相差很小，基本处于同一位置；而(E)-构型双键中质子间耦合常数较大，为 $J = 16$ Hz，且两个质子化学位移差很大，以化合物(Z, E)-1,1′-bis(ethenyl-2-pyridyl)ferrocene 为例，顺式构型双键两质子信号均出现在 6.40 mg/kg 处，表现为一个简化了的三重峰 $J = 12.0$ Hz，而对于另一取代茂环中反式构型双键两质子分别以双峰出现在 6.69 mg/kg和 7.28 mg/kg 处，两质子间耦合常数 $J = 15.9$ Hz。

化合物 8 X-射线衍射数据收集和结构解析：

X-射线衍射数据收集在理学全自动 X-射线影像板系统(RigakuR-Axis-IV 型面探仪)上进行，选取 0.20 mm × 0.17 mm × 0.16 mm的晶体，使用 MoKα 射线(λ= 0.71073 Å)和石墨单色器，测得晶体学数据如下：$C_{48}H_{42}FeI_2P_2$，单斜晶系，空间群 $P2(1)/n$；晶胞参数 a = 13.008(3) Å，b = 20.973(5) Å，c = 14.103(3) Å，β = 99.16(3)°，V = 4341.8(15) $Å^3$，Z = 4，D_c = 1.515 g·cm^{-3}，μ(MoKα) = 1.875 mm^{-1}，$F(000)$ = 1968，共收集到 7630 个独立衍射点。主要键长和键角分别列于 Table 4.1 和 Table 4.2，分子结构图与堆积图见 Fig. 4.1 和 Fig. 4.2。

在化合物 8 结构中，两茂环平面各碳原子 C20—C21—C22—C23—C24，C25—C26—C27—C28—C29 很好共面，其平均偏差分别为0.0067 Å和 0.0030 Å，两平面几乎平行，其平面间二面角为2.30°，且两茂环间以“错叠式”存在，夹角为 −2.26°。尽管分子间缺少 N 或 O 这类强的氢键受体原子，该分子间仍广泛存在着 C—H…I 三维弱氢键作用，这与文献[5]报道$[Fe\{(C_5H_4)CH_2P(C_6H_5)_3\}_2]^{2+}\cdot 2I^-\cdot CH_2Cl_2$ 晶体结构中作用模式相类似。

Table 4.1 Selected Bond lengths(Å) for 8

Fe(1)—C(27)	2.038(6)	Fe(1)—C(21)	2.060(6)
Fe(1)—C(26)	2.044(6)	P(1)—C(1)	1.793(5)
Fe(1)—C(22)	2.047(6)	P(1)—C(7)	1.796(5)
Fe(1)—C(29)	2.049(5)	P(1)—C(13)	1.799(5)
Fe(1)—C(28)	2.048(6)	P(1)—C(19)	1.816(5)
Fe(1)—C(25)	2.048(6)	P(2)—C(31)	1.791(5)
Fe(1)—C(24)	2.050(6)	P(2)—C(43)	1.806(5)
Fe(1)—C(23)	2.058(6)	P(2)—C(37)	1.809(5)
Fe(1)—C(20)	2.058(5)	P(2)—C(30)	1.818(5)

Table 4. 2　Selected Bond angles(°) for 8

C(1)—P(1)—C(7)	107.3(3)	C(18)—C(13)—P(1)	119.5(5)
C(1)—P(1)—C(13)	109.4(3)	C(14)—C(13)—P(1)	121.9(5)
C(7)—P(1)—C(13)	109.9(2)	C(20)—C(19)—P(1)	114.3(3)
C(1)—P(1)—C(19)	108.0(2)	C(29)—C(30)—P(2)	115.1(3)
C(7)—P(1)—C(19)	111.4(2)	C(36)—C(31)—P(2)	121.1(4)
C(13)—P(1)—C(19)	110.8(2)	C(32)—C(31)—P(2)	118.9(4)
C(31)—P(2)—C(43)	111.6(2)	C(38)—C(37)—P(2)	119.9(4)
C(31)—P(2)—C(37)	108.2(2)	C(42)—C(37)—P(2)	119.7(4)
C(43)—P(2)—C(37)	107.4(2)	C(44)—C(43)—P(2)	119.7(4)
C(31)—P(2)—C(30)	109.4(2)	C(48)—C(43)—P(2)	121.0(4)
C(43)—P(2)—C(30)	107.8(2)		
C(37)—P(2)—C(30)	112.4(2)		
C(6)—C(1)—P(1)	119.8(5)		
C(2)—C(1)—P(1)	121.2(4)		
C(8)—C(7)—P(1)	119.6(4)		
C(12)—C(7)—P(1)	120.1(4)		

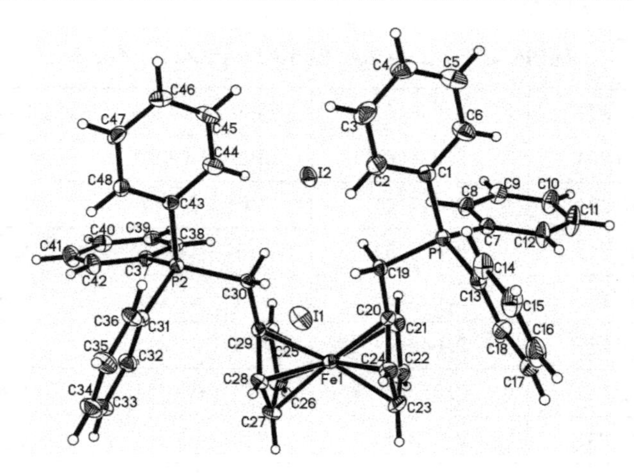

Fig. 4. 1　Crystal structure of compound 8

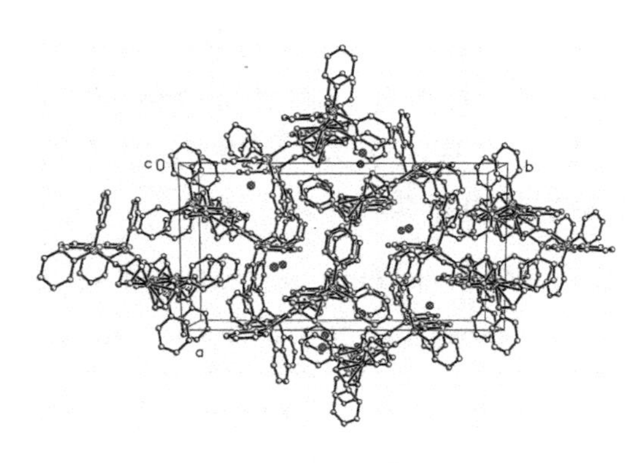

Fig. 4.2 Crystal packing of the compound 8

4.2.2 共轭键连的吡啶基二茂铁类化合物的电化学性质研究

为考察在这类靠烯键相连的共轭型二茂铁基配体中，底物结合单元中杂原子的不同，以及杂原子所处位置的不同对配体分子电化学识别性能的影响，我们分别对化合物 9a、9b 及(E，E)-1，1′-bis(ethenyl-2-thiopheneyl) ferrocene 和(E，E)-1，1′-bis(ethenyl-2-thiophen-eyl) ferrocene 四个化合物在乙腈溶液中对金属离子识别性能进行研究。结果显示：配体 9a、9b 对过渡金属离子具有较好的响应性能；而当取代基分别为呋喃和噻吩基时，对所测试金属离子无明显电化学响应，我们推测这是由于呋喃和噻吩基中杂原子 O、S 配位能力较弱造成的。所以本章仅对具有较好响应性能的含吡啶基配体的 9a 及 9b 的电化学性质及金属离子识别性能进行探讨。

4.2.2.1 配体 9a～9b 的循环伏安行为

以 0.1 mol/L 的 TBAP 乙腈为底液，配体浓度 1×10^{-3} mol/L，用循环伏安法对 9a～9b 的电化学性质进行了研究，实验表明：化合物 9a～9b 在 0～0.90 V 电位范围内，均只有一对氧化还原峰，这可归属于化合物中 Fc/Fc^+ 电对的氧化还原，即 $Fc - e^- \rightleftharpoons Fc^+$。

作为比较，研究了二茂铁及配体在相同条件下的氧化还原性质，结果见 Table 4.3。标题化合物式量电位较二茂铁略有正移，这可归于吸电子基吡啶基的引入，导致 Fc 原子周围电子密度的减小，致使二茂铁基的更难氧化[6]。

Table 4.3　Electrochemical parameters of 9a～9b and ferrocene（ca 1.0 × 10^{-3} mol/L）

Compounds	E_{pa}(mV)	E_{pc}(mV)	ΔE_p(mV)	$E^{0'}$ (mV)	i_{pa}/i_{pc}
ferrocene	482	401	81	441	1.04
9a	514	432	82	473	1.11
9b	515	436	79	476	1.08

1. All potentials Data are referred to the saturated calomel electrode (SCE) at a scan rate of 100 mV/s in acetonitrile solution using TBAP (0.1 mol/L) as the supporting electrolyte on a GC working electrode, CV recorded from 0.0 to 0.9 V.

2. $\Delta E_p = (E_{pa} - E_{pc})$, $E^{0'} = (E_{pa} + E_{pc})/2$.

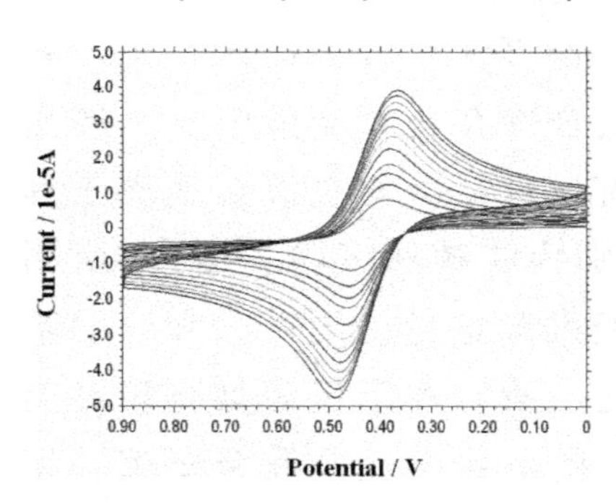

Fig. 4.3　CVs of 9a (1.0 × 10^{-3} mol/L) in acetonitrile at different scan rates and linear relation between the anodic peak current and the square root of the scan rate

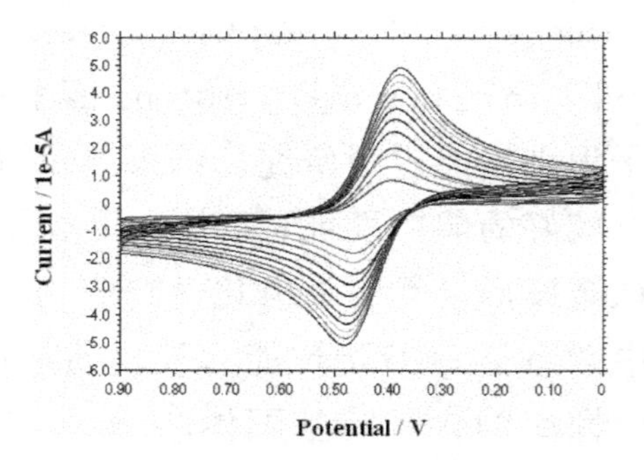

Fig. 4.4　CVs of 9b (1.0×10^{-3} mol/L) in acetonitrile at different scan rates and linear relation between the anodic peak current and the square root of the scan rate

在相同电位范围内，保持测试液组成不变，改变电位扫描速度，进一步考察扫描速度对峰电流和峰电位的影响。由图(Fig. 4. 3～Fig. 4. 4)可见，随着电位扫描速度的增加，化合物 9a～9b 氧化峰与还原峰的电位差 ΔE_p($\Delta E_p = E_{pa} - E_{pc}$)略有增大；而氧化峰电流与还原峰电流的比值 i_{pa}/i_{pc}基本为常数。根据电位差 ΔE_p 和 i_{pa}/i_{pc}值可以判定，Fc^+/Fc 电对为可逆过程。对数据进一步处理，考察 i_{pa}与 $\upsilon^{1/2}$的关系。由 Fig. 4. 3～Fig. 4. 4 可知 i_{pa}-$\upsilon^{1/2}$呈线性关系，说明 Fc^+/Fc 电对在玻碳电极上的反应过程是受扩散控制的。

4. 2. 2. 2 电极过程动力学参数的测定

求解配体 9a～9b 在电极表面的扩散系数 D，如前所述，知道了配体中 Fc/Fc^+ 电对在电极上的反应过程是受扩散控制的，可逆体系扫描速度(υ)与峰电流(i)之间存在如下关系：

$$i = 0.463 \times n^{\frac{3}{2}} F^{\frac{3}{2}} A (RT)^{\frac{-1}{2}} D^{\frac{1}{2}} C \upsilon^{\frac{1}{2}} \tag{1}$$

其中，i 是循环伏安法中的峰电流(A)，A 是电极表面的表面积(cm^2)，C 则代表了电活性物质的浓度(mol/cm^3)，n 是电子转移数，R、T 代表了其通常的意义。其 $n = 1$；F 是法拉第常数，其值为 96487 C/mol；由于实验是在室温下进行的，因此 RT 可取值为 2480 J/mol，于是，公式(1)可简化为公式(2)：

$$i = 2.69 \times 10^5 \times A D^{\frac{1}{2}} C \upsilon^{\frac{1}{2}} \tag{2}$$

根据 i_{pa}-$\upsilon^{1/2}$的线性关系，由斜率可以利用公式(2)计算出配体在电极表面的扩散系数(D)。

此外，分别用暂态技术的计时电流法(CA)和计时电量法(CC)考察了 9a～9b 在该电极表面的扩散系数，即施加一阶跃电位(0～0. 9 V)于电极上，并在 0. 9 V 电位下保持 5 s，记下 i-t 关系曲线和 Q-t 关系曲线，由 Cottrell 方程：

$$i(t) = \frac{nFAD_0^{\frac{1}{2}} C_0}{(\pi t)^{\frac{1}{2}}} + i_c, Q(t) = \frac{2nFAD_0^{\frac{1}{2}} C_0 t^{\frac{1}{2}}}{\pi^{\frac{1}{2}}} + Q_{dl}$$

分别做 i-$t^{-1/2}$ 和 Q-$t^{1/2}$ 关系曲线，从曲线斜率即可分别求得配体 9a～9b 在电极表面的扩散系数，其结果见 Table 4. 4。

从表 Table 4.4 中可以看出，由于吡啶基团中 N 原子位置的不同并不明显改变分子的体积，对比 9a～9b，化合物在电极表面的电极反应扩散系数也无明显差别。

Table 4.4　Electrochemical kinetics date of 9a～9b

Compound	$D_0\times10^{-5}/(cm^2/s)$		
	CV	CA	CC
9a	2.02	2.10	1.98
9b	1.96	2.02	1.97

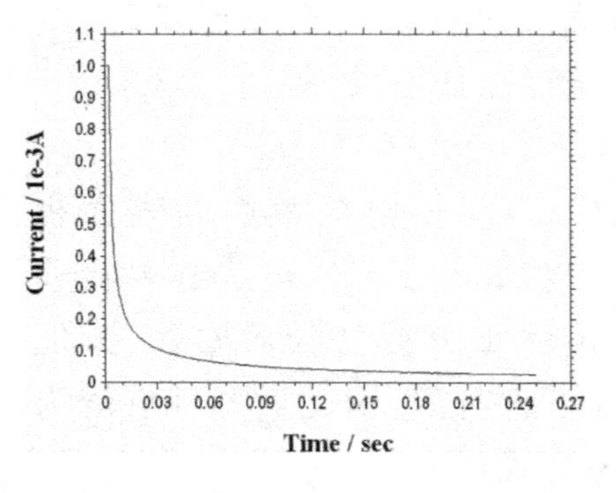

Fig. 4.5　CA of 9a (1.0×10^{-3} mol/L) in acetonitrile and linear relation between i_p and $t^{-1/2}$

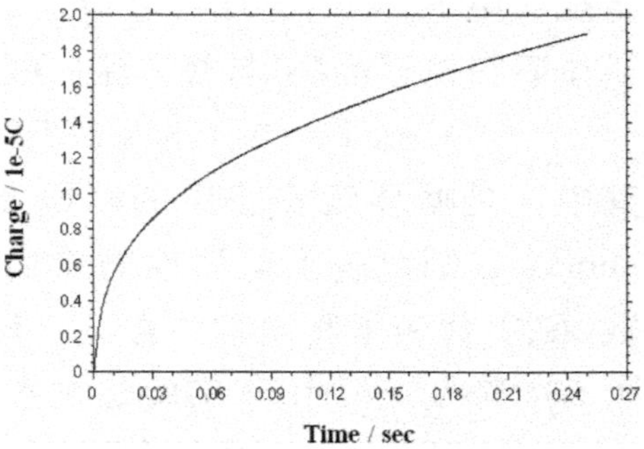

Fig. 4.6　CC of 9a (1.0×10^{-3} mol/L) in acetonitrile linear relation between Q and $t^{1/2}$

4.2.2.3　配体 9a～9b 对金属离子的电化学响应

对标题化合物 9a～9b，配位 N 原子距二茂铁中心较近，且通过烯键的共轭作用，可以预见标题化合物与金属离子络合后将会引起二茂铁中心氧化还原式量电位的显著阳极移动。为此，选择 0～0.9 V的电位范围，考察了化合物 9a～9b 在乙腈溶液中对金属离子的电化学响应。

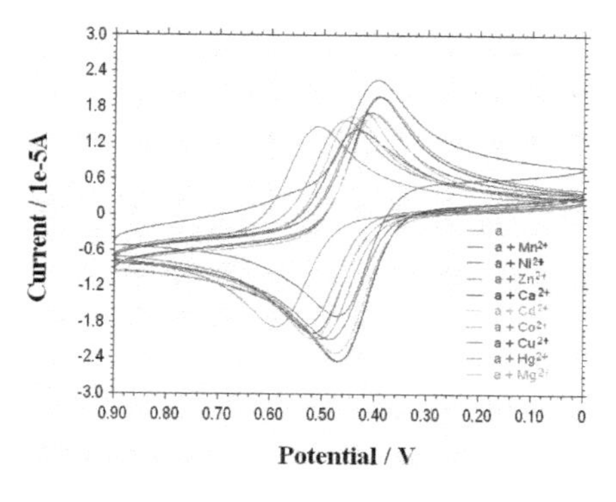

Fig. 4.7　CVs of 9a with various M^{2+}

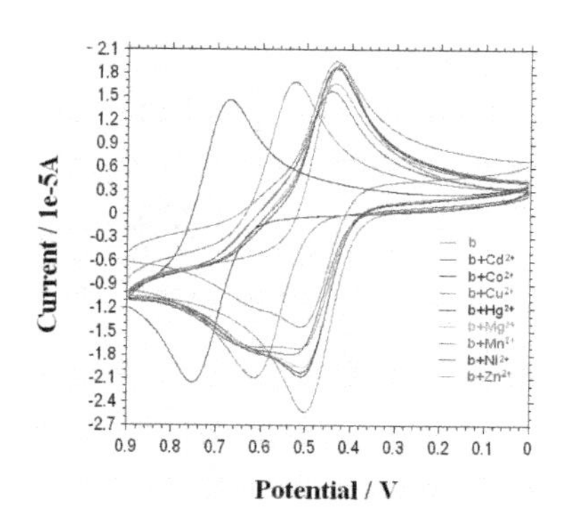

Fig. 4.8　CVs of 9b with various M^{2+}

从 Fig. 4.7～Fig. 4.8 可以看到：当加入 Ca^{2+}、Mg^{2+}、Mn^{2+}、Co^{2+}、Ni^{2+}、Cu^{2+}、Zn^{2+}、Cd^{2+}、Hg^{2+} 于 9a～9b 的乙腈溶液中，除 9a～9b 对 Ca^{2+}、Mg^{2+} 几乎无响应外，所选过渡金属离子均改变了二茂铁中心氧化还原性质。其对 Fc/Fc^{+} 电对式量电位的改变，通过循环伏安进行了测定，并将结果列于 Table 4.5。

Table 4.5　Electrochemical response for 9a～9b vs selected metal cations in acetonitrile in 0.1 mol/L tetrabutylammonium perchlorate

receptor	ΔE(mV)								
	Ca^{2+}	Mg^{2+}	Mn^{2+}	Co^{2+}	Ni^{2+}	Cu^{2+}	Zn^{2+}	Cd^{2+}	Hg^{2+}
9a	<10	<10	17	30	40	<10	63	52	126
9b	—	—	—	—	—	—	96	—	232

ΔE is define as $E^{0'}$ (receptor + cation) − $E^{0'}$ (free receptor). Scan rate: 100 mV/s. All potentials Data are referred to the saturated calomel electrode (SCE) at a scan rate of 100 mV/s in acetonitrile solution using TBAP (0.1 mol/L) as the supporting electrolyte on a GC working electrode, CV recorded from 0.0 to 0.9V.

对于化合物 9a，当加入 Mn^{2+}、Co^{2+}、Ni^{2+}、Zn^{2+}、Cd^{2+} 和 Hg^{2+} 离子时，导致了化合物 9a Fc/Fc^{+} 电对式量电位产生明显的阳极移动，且电对仍表现出较好的可逆性。当加入 Hg^{2+} 离子时，式量电位变化值 ΔE =[$E^{0'}$(受体 + 阳离子) − $E^{0'}$(游离受体)]达到最大，为 126 mV。循环伏安曲线随 Hg^{2+} 离子逐渐加入表现出部分双波行为。其次，ΔE 变化较大的是 Zn^{2+}（63 mV）、Cd^{2+}（52 mV），对其他金属 ΔE 变化次序为 $Ni^{2+} > Co^{2+} > Mn^{2+}$。当同时加入等量 Mn^{2+}、Co^{2+}、Ni^{2+}、Zn^{2+}、Cd^{2+}、Hg^{2+}、Ca^{2+} 和 Mg^{2+} 时，ΔE 变化值与单独加入 Hg^{2+} 时大致相同，这表明化合物9a在所有这些离子的存在下，选择性识别 Hg^{2+}，这暗示9a可作为化学传感器以检测有毒的汞离子。

对于化合物9b，当滴加 Mg^{2+}、Mn^{2+}、Co^{2+}、Ni^{2+}、Cu^{2+} 和 Cd^{2+} 时导致了在阳极方向上出现了一对肩峰，尽管加大金属离子物质量或者延长反应时间（Fig. 4. 9）均能使肩峰得到发展，但加入10 mol/L的金属离子也不能使原波消失，这表明9b与该类金属离子间发生的结合作用，在动力学上为慢反应，需要一个较慢的组装过程。相对比，当加入1 mol/L Zn^{2+} 和 Hg^{2+} 时，均可使新峰得到完全发展，原峰完全消失，对 Zn^{2+} 和 Hg^{2+} 分别导致二茂铁基式量电位阳极移动96 mV和232 mV，这暗示9b与 Zn^{2+} 和 Hg^{2+} 间以1∶1形成了稳定络合物。竞争实验表明，9b对 Hg^{2+} 具有良好的选择性。对比化合物9b和9a，其结合点与二茂铁氧化还原中心间有着较近的距离，这与在相同条件下，结合点与氧化还原中心间较近的距离将给出较大的式量电位移动值的理论[1d, 1h]相一致。

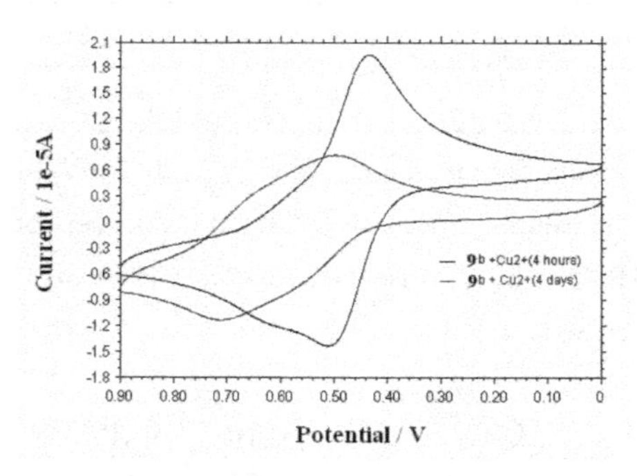

Fig. 4. 9　CVs of 9b with Cu^{2+} measure at different time

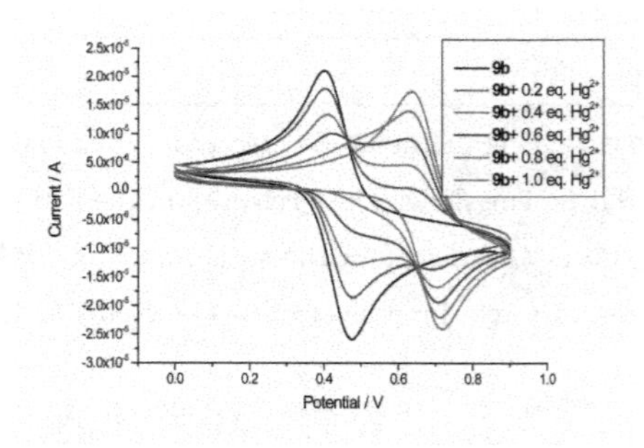

Fig. 4. 10　CVs of 9b upon addition of Hg^{2+}

此外，对化合物9b，当逐量加入 Hg^{2+} 时，其CV曲线表现出良好的双波行为（Fig. 4. 10）。较大的式量电位移动值232 mV，使得化合物 9b 作为电流安培传感器实现 Hg^{2+} 的定量检测成为可能。利用精确度较高的 DPV 法，对 Hg^{2+} 进行了滴定实验，其结果如 Fig. 4. 11 所示。在 DPV 曲线中，以新峰峰电流值与加入金属离子与配体计量比作关系曲线，从关系曲线中可以看出，随着 Hg^{2+} 的加入，峰电流与 Hg^{2+} 加入量呈良好线性关系，直至金属离子与配体达到 1∶1 等浓度时峰电流达到最大值。这表明化合物 9b 可作为一个良好的电化学传感器用于有毒 Hg^{2+} 的选择性识别与定量检测。

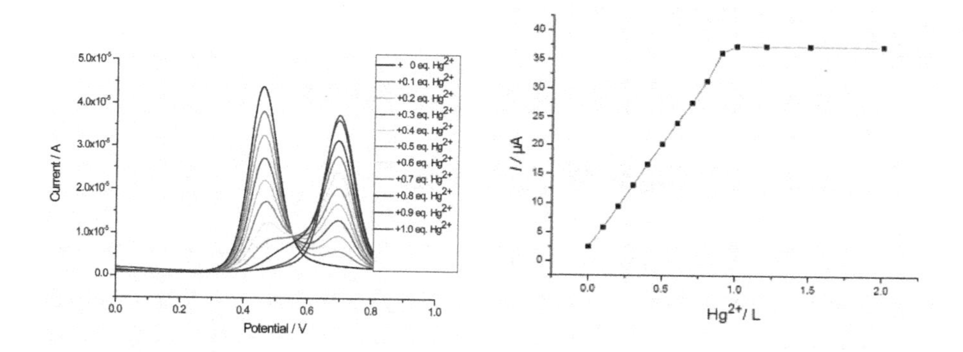

Fig. 4. 11　DPV titration experiment of 9b upon addition of Hg^{2+} in acetontrile, and the relation between the current associated with the new redox couple and the concentration of (Hg^{2+} / L)

4.3　实验部分

4.3.1　仪器与试剂

晶体结构用日本理学 Rigaku RAXIS-IV 面探衍射仪测定；红外光谱由 Burker VECTOR22 型红外光谱仪（KBr 压片，400～4000 cm^{-1}）测定；^{1}H NMR 采用 Bruker DPX-400 型超导核磁共振谱仪测定，$CDCl_3$ 为溶剂，TMS 为内标；电喷雾质谱由 Agilent LC/ MSD Trap XCT 质谱仪测定；高分辨质谱由 Waters Q-Tof

Micro™质谱仪测定；熔点在X4数字显微熔点仪（温度计未校正）上测定；电化学性质用CHI-650A型综合电化学工作站（上海晨华公司）测定，三电极体系，工作电极为Φ3 mm的玻碳电极，辅助电极为铂丝，参比电极为232型甘汞电极。

所用试剂：固态物质均为分析纯；液体物质均经过干燥、蒸馏。其中，THF用Na处理为无水；二氯甲烷先用P_2O_5处理重蒸；2-噻吩甲醛、2-呋喃甲醛用前减压重蒸；2-吡啶甲醛及3-吡啶甲醛购自Alfa Aesar公司（纯度＞97%）。

柱色谱使用青岛海洋化工厂生产的硅胶G，在常压或加压下进行分离。

薄层色谱板用青岛海洋化工厂生产的硅胶GF254。

4.3.2　溶液电化学测试方法

二茂铁基化合物溶液浓度为1×10^{-3} mol/L，以[n-Bu_4NClO_4]（TBAP）为支持电解质，浓度0.1 mol/L，工作电极在使用前先经0.05 μm Al_2O_3抛光粉研磨抛光至镜面，再依次用0.1 mol/L NaOH、1∶1 HNO_3、无水乙醇、二次蒸馏水超声清洗。实验在饱和氮气的无水乙腈中进行。

4.3.3　过渡金属离子识别测试方法

在电解池中加入配好的二茂铁基化合物的乙腈溶液（1×10^{-3}mol/L），金属离子以其高氯酸盐的乙腈溶液（0.1 mol/L）由微量进样器加入；与测试客体金属离子响应式量电位移动值，在0～0.90 V电位范围内，利用循环伏安法或DPV法进行测定。

4.3.4　共轭键连的吡啶基二茂铁类化合物的制备

4.3.4.1　1,1′-二茂铁基二甲醇7的合成

具体可参照3.3.4。

4.3.4.2 二茂铁双亚甲基鏻盐 8 的合成

将 16.6 g(0.1mol)碘化钾、4.92 g(0.02 mol)1,1'-二茂铁基二甲醇和 17.6 g(0.048 mol)三苯基膦加至盛有 20 mL 水、60 mL 氯仿和 30 mL 冰醋酸的 250 mL 圆底烧瓶中，加热回流 36 h；反应瓶中有大量黄色晶体析出，减压下蒸出有机溶剂，得大量黄色固体，抽滤，滤饼依次用 3 × 20 mL 二次水、3 × 10 mL 无水乙醇、3 × 10 mL 无水乙醚洗涤，真空干燥得黄色晶体 19.2 g (产率 97%)。

Compound 8: m. p.: > 260 ℃; HRMS: Cacld for $C_{48}H_{42}FeIP_2$ $[M-I]^+$: 863.1150, found 863.1048; ^1H NMR (400 MHz): 3.96(s, 4H, Cp-H), 4.46(s, 4H, Cp-H), 5.56 (d, 4H, $-CH_2-$), 7.60～7.93(m, 30H, Ar-H), ESI-MS: $[M-I]^+$: 863.1, $[M-2I]^{2+}$: 368.2。

4.3.4.3 共轭键连的二茂铁配体的合成[7]

室温下手套箱里，称取 2.97 g (3.0 mmol)季鏻盐化合物 8 和 0.728 g (6.5 mmol)叔丁醇钾于 100 mL 圆底烧瓶中，避光、室温氮气氛剧烈搅拌下，向体系中加入 40 mL 无水 THF(反应液呈暗红色)，30 min 后将含有 6.8 mmol 相应芳醛(2-噻吩甲醛、2-呋喃甲醛、2-吡啶甲醛或 3-吡啶甲醛)的 10 mL 无水 THF 溶液逐滴加入反应体系，滴加完毕后室温下反应 2 h，弱回流下反应过夜(反应完毕，体系颜色变浅)。反应液减压下蒸出有机溶剂，残留物中加入饱和食盐水，以 CH_2Cl_2 4 × 25 mL 萃取，有机相以无水 Na_2SO_4 干燥过夜，减压下蒸出溶剂，得深红色浅黏稠物，以 $CH_2Cl_2/CH_3COOC_2H_5$ 为展开剂 TLC 分离可得目标产物，因为 Wittig 反应区域选择性不强，故而得到多种产物。

(1)芳香醛为 3-吡啶甲醛时：

(E, E)-1,1'-bis(ethenyl-3-pyridyl) ferrocene (9a): Yield: 40%; m. p.: 154～155 ℃; HRMS: Cacld for $C_{24}H_{21}FeN_2$ $[M+$

H]$^+$ 393.1054, found 393.1048; IR ν_{max}(KBr): 2922, 1630, 1415, 953, 706 cm^{-1}; ^{1}H NMR (400 MHz): 4.32(s, 4H, Cp-H), 4.46(s, 4H, Cp-H), 6.53(d, J=16.1 Hz, 2H, olefinic H), 6.73(d, J=16.2 Hz, 2H, olefinic H), 7.16(s, 2H, Ar-H), 7.51(d, J=7.6 Hz, 2H, Ar-H), 8.57~8.62(m, 4H, Ar-H); ^{13}C NMR (100 MHz): 68.15, 70.44, 80.49, 122.63, 123.64, 128.28, 131.72, 133.34, 147.33; ESI-MS: [M + H]$^+$: 393.1, [M + Na]$^+$: 415.0。

(2)芳香醛为2-吡啶甲醛时:

(E, E)-1,1′-bis(ethenyl-2-pyridyl) ferrocene (9b): Yield: 35%; m. p.: 160~162 ℃; HRMS: Cacld for $C_{24}H_{21}FeN_2$[M + H]$^+$ 393.1054, found 393.1052; IR ν_{max}(KBr): 1632, 1582, 1469, 1427, 963, 768 cm^{-1}; ^{1}H NMR (400 MHz): 4.32(t, J=1.7 Hz, 4H, Cp-H), 4.50(t, J=1.7 Hz, 4H, Cp-H), 6.65 (d, J=16.0 Hz, 2H, olefinic H), 7.01~7.07(m, 4H, Ar-H), 7.21(d, J=16.2 Hz, 2H, olefinic H), 7.42-7.46 (m, 2H, Ar-H), 8.45(d, 2H, J= 4.4 Hz, Ar-H); ^{13}C NMR (100 MHz): 68.60, 70.75, 83.15, 120.98, 120.99, 126.06, 130.75, 136.35, 149.26, 155.82; ESI-MS: [M + H]$^+$: 393.1, [M + Na]$^+$: 415.0。

(Z, E)-1,1′-bis(ethenyl-2-pyridyl)ferrocene: Yield: 45% (deep red oil); HRMS: Cacld for $C_{24}H_{21}FeN_2$ [M + H]$^+$ 393.1054, found 393.1051; IR ν_{max}(KBr): 1632, 1584, 1470, 1428, 965, 813, 743 cm^{-1}; ^{1}H NMR (400 MHz): 4.16(t, J=1.7 Hz, 2H, Cp-H), 4.24(s, 4H, Cp-H), 4.41(t, J=1.6 Hz, 2H, Cp-H), 6.40[t, J=12.0 Hz, 2H, (Z)-olefinic H], 6.69[d, J=15.9 Hz, 1H, (E)-olefinic H], 7.0~7.08(m, 2H, Ar-H), 7.28[d, J=15.9 Hz, 1H, (E)-olefinic H], 7.22~7.26 (m, 2H, Ar-H), 7.41~7.43 (m, 1H, Ar-H), 7.56~7.60 (m, 1H, Ar-H), 8.51 (d, 2H, J= 3.4 Hz, Ar-H); ^{13}C NMR

(100 MHz)：68.76，70.47，70.98，71.16，81.42，82.86，121.10，121.29，125.92，127.42，130.85，131.23，136.45，149.32，149.53，156.00，156.90；ESI-MS：[M + H]$^+$：393.1，[M + Na]$^+$：415.0。

1-[(E)-(ethenyl-2-pyridyl)]-1′-methyl-ferrocene：Yield：6.3%，HRMS：Cacld for $C_{18}H_{18}FeN$ [M + H]$^+$ 304.0789，found 304.0784；^{1}H NMR (400 MHz)：1.90(s，3H)，4.03(m，4H，Cp-H)，4.27 (t，*J*=1.6 Hz，2H，Cp-H)，4.43 (t，*J*=1.6 Hz，2H，Cp-H)，6.75 [d，*J*=15.9 Hz，2H，(E)-olefinic H]，7.10 (m，1H，Ar-H)，7.30(d，*J*= 7.9 Hz，1H，Ar-H)，7.37 [d，*J*= 15.9 Hz，1H，(E)-olefinic H]，7.61 (m，H，Ar-H)，8.55 (m，1H，Ar-H)；^{13}C NMR (100 MHz)：68.11，68.51，70.25，70.43，82.08，84.97，120.94，121.16，131.98，136.54，149.47，156.11；ESI-MS：[M + H]$^+$：304.1，[M + Na]$^+$：326.1。

1-[(Z)-(ethenyl-2-pyridyl)]-1′-methyl-ferrocene：Yield：7.2% (deep red oil)；HRMS：Cacld for $C_{18}H_{18}FeN$ [M + H]$^+$ 304.0789，found 304.0784；^{1}H NMR (400 MHz)：1.90(s，3H)，3.97(s，4H，Cp-H)，4.14 (t，*J*=1.7 Hz，2H，Cp-H)，4.18 (t，*J*=1.7 Hz，2H，Cp-H)，6.49 [d，*J*=12.2 Hz，2H，(Z)-olefinic H]，7.07 (m，1H，Ar-H)，7.40 (d，*J*= 7.9 Hz，1H，Ar-H)，7.51 (m，H，Ar-H)，8.59 (m，1H，Ar-H)；^{13}C NMR (100 MHz)：68.54，69.72，70.52，80.63，84.68，121.24，123.78，126.85，131.27，135.59，149.33，157.16；ESI-MS：[M + H]$^+$：304.1，[M +Na]$^+$：326.1。

(3)芳香醛为 2-呋喃甲醛时：

(E，E)-1,1′-bis(ethenyl-2-furanyl)ferrocene：Yield：75%；m. p.：154～155 ℃；HRMS：Cacld for $C_{22}H_{18}FeO_2$[M]$^+$：370.0656，found 370.0609；IR ν_{max}(KBr)：1637，1148，1014，947，819，728，495 cm^{-1}；^{1}H NMR (400 MHz)：4.24 (t，*J*=1.8 Hz，4H，Cp-H)，4.36 (t，*J*=1.9 Hz，4H，Cp-H)，6.12 (d，

J=3.2 Hz，2H，Ar-H)，6.35 (m，2H，Ar-H)，6.43 (d，J=16.1 Hz，2H，(E)-olefinic H)，6.66 (d，J=16.1 Hz，2H，(E)-olefinic H)，7.31(d，J=1.5 Hz，2H，Ar-H)；^{13}C NMR (100 MHz)：67.96，70.22，83.85，106.50，111.38，111.89，124.90，141.24，153.69；ESI-MS：[M]$^+$：370.2。

(4)芳香醛为2-噻吩甲醛时：

(E，E)-1，1′-bis(ethenyl-2-thiopheneyl) ferrocene：Yield：68%；m. p.：167～168 ℃；HRMS：Cacld for $C_{22}H_{18}FeS_2$[M]$^+$ 402.0199，found 402.0177；IR ν_{max}(KBr)：1625，1036，945，854，810，686，480 cm^{-1}；^{1}H NMR (400 MHz)：4.29(s，4H，Cp-H)，4.40(s，4H，Cp-H)，6.57(d，J=15.9 Hz，2H，(E)-olefinic H)，6.71(d，J=15.9 Hz，2H，(E)-olefinic H)，6.80 (d，J=3.2 Hz 2H，Ar-H)，6.91(m，2H，Ar-H)，7.07(d，2H，J= 4.8 Hz，Ar-H)；^{13}C NMR (100 MHz)：67.98，70.26，84.25，120.11，123.16，124.49，125.67，127.37，143.40；ESI-MS：[M]$^+$：402.1。

1-[(E)-(ethenyl-2-thiopheneyl)]-1′-methyl-ferrocene：Yield：20%；m. p.：112 ℃；HRMS：Cacld for $C_{17}H_{16}FeS$：[M]$^+$ 402.0199，found 402.0177；IR ν_{max}(KBr)：3080，1624，1373，1224，1027，946，810，698，482 cm^{-1}；^{1}H NMR (400 MHz)：1.90 (s，3H，CH_3)，4.01 (m，4H，Cp-H)，4.23 (s，2H，Cp-H)，4.34 (s，2H，Cp-H)，6.63 (d，J=15.9 Hz，2H，(E)-olefinic H)，6.79 (d，J=15.9 Hz，2H，(E)-olefinic H)，6.94 (m，2H，Ar-H)，7.11 (d，2H，J= 5.0 Hz，Ar-H)；^{13}C NMR (100 MHz)：14.22，67.38，68.52，69.92，70.53，83.60，85.45，119.40，123.04，124.24，126.71，127.44，143.56；ESI-MS：[M]$^+$：308.1。

4.3.5　二茂铁双亚甲基鏻盐8单晶结构测定

所有测定在RigakuR-Axis-IV型面探仪上进行，晶体大小

0.20 mm×0.17 mm×0.16 mm，用石墨单色化的 MoKα 射线（λ = 0.71073 Å），在 1.69° < θ < 25.5°范围内扫描，收集衍射点，在 291(2) K 下收集衍射点，其中所有衍射数据经 Lp 因子校正后，结构在 teXsan 软件包上用直接法进行解析解出各原子位置坐标，其余非氢原子经差值 Fourier 合成后确定，对全部非氢原子坐标及其各向异性热参数进行全矩阵最小二乘法修正（F^2），所有计算均由 SHELX-97 程序完成。技术计算得到的最大、最小残余电子云密度分别为 1.160 e/$Å^3$ 和 −0.820 e/$Å^3$。最终偏离因子 ωR_1 = 0.0510（ωR_2 = 0.1358）。CCDC：665364。

4.4 小结

本章发展了一条以 1,1′-二茂铁双甲醇为原料一锅反应制备二茂铁双亚甲基季鏻盐 8 的新方法，为合成新型二茂铁烯键共轭类衍生物提供了一条简便方法。

利用季鏻盐 8，制备了系列含芳香杂环双臂烯烃类配体，利用循环伏安法、DPV 法对它们对金属离子的响应识别性能进行了研究。结果表明，呋喃及噻吩环中氧、硫原子与吡啶环中氮原子相比，与金属离子的络合性能较弱，因而表现出对金属离子的响应较差；而含吡啶基化合物 9a～9b 则对客体金属离子 Zn^{2+} 和 Hg^{2+} 表现出了良好的响应识别性能，与金属离子作用均导致了 Fc/Fc^+ 电对式量电位的显著阳极移动。电化学竞争实验表明配体 9a～9b 对 Hg^{2+} 具有较好的选择性识别作用。对化合物 9b 电化学 Hg^{2+} 滴定实验发现，新峰峰电流与加入 Hg^{2+} 量呈良好线性关系，表明化合物 9b 可成功用于定性和定量检测有毒的汞离子。

参考文献

[1] (a) F. P. Schmidtchen, M. Berger, Chem. Rev., 97

(1997) 1609; (b) R. Martínez-Máñez, F. Sancenón, Chem. Rev., 103 (2003) 4419; (c) P. D. Beer, J. E. Nation, S. L. W. McWhinnie, M. E. Harman, M. B. Hursthouse, M. I. Ogden, A. H. White, J. Chem. Soc., Dalton Trans., (1991) 2485; (d) P. D. Beer, P. A. Gale, G. Z. Chen, J. Chem. Soc., Dalton Trans., (1999) 1897; (e) P. D. Beer, P. A. Gale, Angew. Chem. Int. Ed., 40 (2001) 486; (f) X. L. Cui, H. M. Carapuca, R. Delgado, M. G. B. Drew, V. Félix, Dalton Trans., (2004) 1743; (g) W. Liu, X. Li, Z. Y. Li, M. L. Zhang, M. P. Song, Inorg. Chem. Commun., 10 (2007) 1485; (h) J. M. Lloris, R. Martínez- Máñez, J. Soto, T. Pardo, J. Organomet. Chem., 637-639 (2001) 151.

[2] (a) M. Kondo, M. Uchikawa, W. W. Zhang, K. Namiki, S. Kume, M. Murata, Y. Kobayashi, H. Nishihara, Angew. Chem. Int. Ed., 46 (2007) 6271; (b) K. Feng, L. Z. Wu, L. P. Zhang, C. H. Tung, Dalton Trans., (2007) 3991; (c) M. Hobi, S. Zuercher, V. GramLich, U. Burckhardt, C. Mensing, M. Spahr, A. Togni, Organometallics, 15 (1996) 5342; (d) A. Thander, B. Mallik, Solid State Commun., 111 (1999) 341; (e) L. Ding, K. Ma, F. Fabrizi de Biani, M. Bolte, P. Zanello and M. Wagner, Organometallics, 20 (2001) 1041; (f) S. Markus, R. Frank, J. J. M. Thomas, J. Organomet. Chem., 691 (2006) 299.

[3] (a) M. L. H. Green, S. R. Marder, M. E. Thompson, J. A. Bandy, D. Bloor, P. V. Kolinsky, R. J. Jones, Nature, 330 (1987) 360; (b) N. J. Long, Angew. Chem. Int. Ed., 34 (1995) 21; (c) S. Di Bella, Chem. Soc. Rev., 30 (2001) 355; (d) J. A. Mata, E. Peris, R. Llusar, S. Uriel, M. P. Cifuentes, M. G. Humphrey, M. Samoc, B. Luther-Davies, Eur. J. Inorg. Chem., (2001) 2113; (e) E. Peris, Coordin. Chem.

Rev., 248 (2004) 279; (f) C. Arbez-Gindre, B. R. Steele, G. A. Heropoulos, C. G. Screttas, J. E. Communal, W. J. Blau, I. Ledoux-Rak, J. Organomet. Chem., 690 (2005) 1620; (g)F. Yang, X. L. Xu, H. Y. Gong, W. W. Qiu, Z. R. Sun, J. W. Zhou, P. Audebert, J. Tang, Tetrahedron, 63 (2007) 9188.

[4] (a) P. Hernáñdez, A. Merlino, A. Gerpe, W. Porcal, O. E. Piro, M. González, H. Cerecettoa, ARKIVOC, 11 (2006) 128; (b) J. N. Kim, K. Y. Lee, H. S. Kim, Y. J. Im, Bull. Korean Chem. Soc., 22 (2001) 351.

[5] C. Glidewell, C. M. Zakaria, G. Ferguson, J. F. Gallagher, Acta Crystallogr., C 50 (1994) 233.

[6] (a) J. Mata, S. Uriel, E. Peris, R. Llusar, S. Houbrechts, A. Persoons, J. Organomet. Chem., 562 (1998) 197; (b) J. D. Carr, S. J. Coles, M. B. Hursthouse, M. E. Light, E. L. Munro, J. H. R. Tucker, J. Westwood, Organometallics, 19 (2000) 3312.

[7] (a) M. J. Plater, T. Jackson, Tetrahedron, 59 (2003) 4673; (b) J. X. Zhang, P. Dubois, R. Jérôme, Synth. Commun., 26 (1996) 3091; (c) D. Kalita, M. Morisue, Y. Kobuke, New J. Chem., 30 (2006) 77; (d) P. Yuan, S. H. Liu, W. C. Xiong, J. Yin, G. G. Yu, H. Y. Sung, I. D. Williams, G. C. Jia, Organometallics, 24 (2005) 1452.

第5章 N-5-二茂铁基异酞酰氨基酸甲酯类化合物的设计、合成及电化学阴离子识别性能研究

5.1 引言

在过去的几十年里，鉴于生物金属有机化合物在获取非天然药物、新型生物传感器、肽仿生模型等方面具有潜在的重要意义，使得生物金属有机化学——这门将经典金属有机化学同生物学、药物学和分子生物科技等相连接的学科，已逐渐发展成为一个迅速崛起并日趋成熟的领域[1]。其中二茂铁以其良好的稳定性和易修饰性，以及基团优良的电化学性质，使得基于二茂铁基的生物金属有机化合物研究得以广泛开展并日益繁荣。近来，Dave R. van Staveren 和 Nils Metzler-Nolte 对自 1957 年第一个二茂铁基氨基酸报道以来，二茂铁生物金属有机化学进展发表综述，并对未来提出展望[2]。

然而，以前工作多集中在化合物的合成及谱学表征方面[3]，仅有少量文献报道了 N-二茂铁基、N-二茂铁酰基氨基酸及缩氨酸衍生物用于阴离子或金属离子传感性能方面的研究[4]。就目前所知，对二茂铁基通过各式取代芳环间接与氨基酸酯相连化合物，能否成功用于阴离子识别传感性能研究还未知。

本章设计合成了一系列以异酞酰基为间隔基的 N-5-二茂铁基异酞酰氨基酸甲酯化合物 13a～13f。这里二茂铁基直接与异酞酰基相连，期望具钳形结构酰氨基酸甲酯功能片段与客体阴离子间的结合信息，能通过共轭 π 体系传至二茂铁基团，从而实现

识别过程的电化学控制与检测[5]。然而，这是否能成功实现？本章对 13a～13f 电化学性质进行研究，测定了部分电极反应动力学参数并对目标化合物电化学阴离子识别性能进行了考察，同时通过部分化合物阴离子核磁滴定对其与阴离子间主-客体结合方式进行了研究。

5.2 结果与讨论

5.2.1 配体 13a～13f 的合成与表征

以重氮化偶联反应制备二茂铁取代芳基衍生物，近年已成为制备该类化合物的一个方便方法，尽管该方法收率不高，但是却避免了使用对水和空气敏感的昂贵金属有机试剂，且该方法操作简单，反应条件温和。以 5-氨基异酞酸重氮盐和二茂铁为原料，将二茂铁直接引入芳环，得到未见文献报道的化合物 5-二茂铁基异酞酸 10。以二酸 10 为原料，在二氯甲烷中，以草酰氯为酰氯化

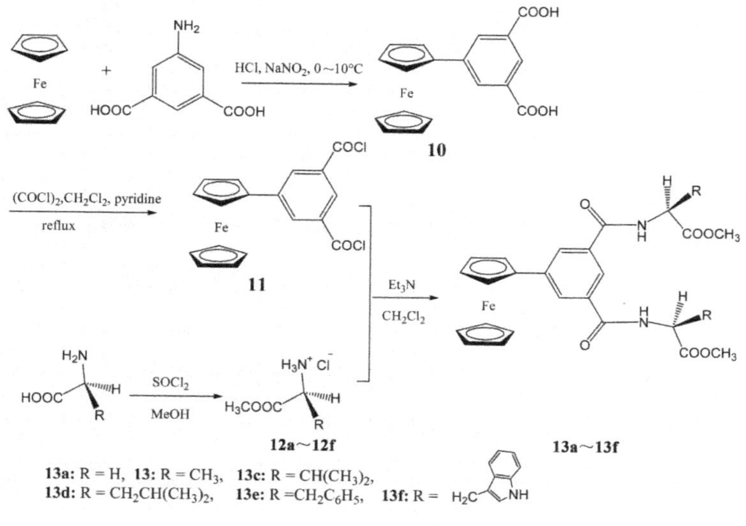
NH2
+
Fe
HOOC
COOH
HCl, NaNO2, 0～10°C
COOH
COOH
10
(COCl)2,CH2Cl2, pyridine
reflux
COCl
COCl
11
Et3N
CH2Cl2
H2N
HOOC
H
R
SOCl2
MeOH
H3N+ Cl-
H3COOC
12a～12f
O
H
R
N
COOCH3
13a～13f
13a: R = H, 13: R = CH3, 13c: R = CH(CH3)2,
13d: R = CH2CH(CH3)2, 13e: R =CH2C6H5, 13f: R =
H2C
NH

Scheme 5.1 Reaction scheme for synthesis of 13a～13f

试剂，在催化量吡啶的作用下，以高收率得到5-二茂铁基异酞酰氯11。以所选取的相应氨基酸甲酯盐酸盐为原料与所得酰氯11在二氯甲烷溶液中在三乙胺的存在下进行缩合反应，几乎定量得到目标产物13a～13f(Scheme 5.1)。

在化合物13a～13f红外谱图中，1739～1745 cm^{-1}处的强吸收峰对应为酯羰基的伸缩振动，1643～1655 cm^{-1}处呈现的强吸收峰相应于酰胺基羰基的伸缩振动吸收，这证实了分子中肽键及酯基的存在。此外，在1590～1600 cm^{-1}及1520～1540 cm^{-1}处给出了芳香环骨架特征吸收峰。

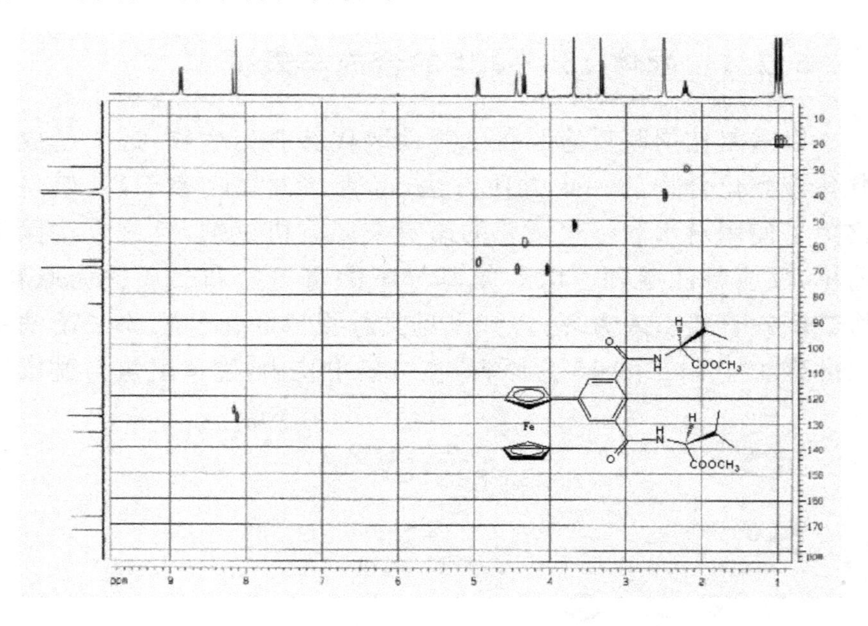

Fig. 5.1　$^{1}H—^{13}C$—HSQC spectra of 13c in d_6-DMSO

所得化合物N-5-二茂铁基异酞酰氨基酸甲酯类化合物13a～13f均通过NMR、ESI-MS、HRMS等进行了结构表征。考察13b～13f核磁碳谱：在13b～13f中，取代茂环取代基邻位C信号均给出两个信号，以13c(d_6-DMSO)和13e($CDCl_3$)为例，分别为δ 66.84 mg/kg、δ 67.33 mg/kg与δ 66.76 mg/kg、δ 66.95 mg/kg。而对于非手性化合物13a则在δ 67.18 mg/kg处给出一个信号。这表明，由于在异酞酰双臂中手性基团的引入，在取代茂环上诱导产生了平面手性，取代茂环与芳香苯环间单键的旋转受阻，使得取代茂环邻位碳化学环境不同，所以取代茂环邻位^{13}C 信号表现为双峰形式。在溶剂体系黏度较大的 DMSO 中，其取代茂环两个邻位质子化学环境也不相同，信号表现为 4.93 mg/kg、4.96 mg/kg 两个不同信号峰。

Table 5.1 ^{1}H and ^{13}C NMR data (δ mg/kg) for 13c in d_6-DMSO

site	^{1}H NMR	^{13}C NMR	HSQC
1		83.83	
2,5	4.93, 4.96		66.84, 67.33
3,4	4.44		69.50
6～10	4.05		69.66
11		139.85	
12,13	8.12		127.78
14,15		134.35	
16	8.16		125.03
17,18		166.76	
19,20	8.85		
21,22	4.34		58.93
23,24		172.47	
25,26	3.69		51.89

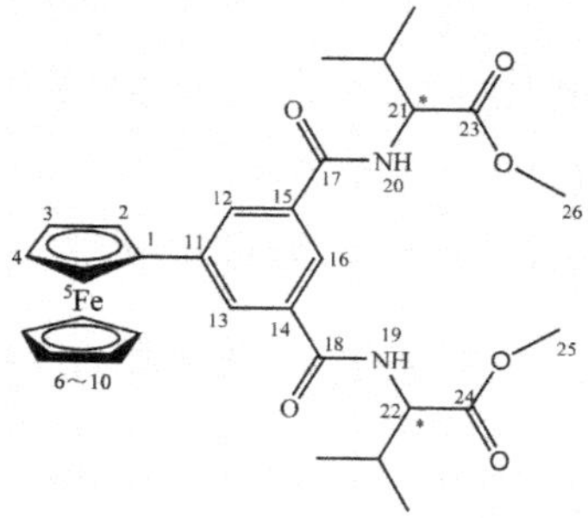

总的来看，在化合物 13a～13f 中，取代茂环邻位、间位以及未取代茂环质子信号分别出现在 δ 4.60～4.93 mg/kg，δ 4.34～4.46 mg/kg 和 δ 3.98～4.07 mg/kg 区域；在^{13}C NMR 谱中，δ 82.91～83.93 mg/kg 范围出现的季碳信号也佐证了二茂铁为单取代形态。

对于化合物 13c，从^{1}H—^{13}C—HSQC(Fig. 5.1)谱中可以看出：δ 4.93 mg/kg、4.96 mg/kg 处质子分别与 66.84 mg/kg 和 67.33 mg/kg 处^{13}C 信号相关，其对应于取代茂环邻位氢碳信号；δ 4.44 mg/kg 处质子信号与 69.50 mg/kg 处^{13}C 信号相关，其对应于取代茂环间位氢碳信号；δ 4.05 mg/kg 处的强单峰质子信号与 69.66 mg/kg 处^{13}C 信号相关，其对应于未取代茂环中氢碳信号；茂环取代碳原子无相关信号，其^{13}C 信号对应于 δ 83.83 mg/kg；

δ 8.12 mg/kg、8.16 mg/kg 处质子信号分别与 127.78 mg/kg 和 125.03 mg/kg 处^{13}C 信号相关，其分别对应于苯环骨架中未取代氢碳信号。分子中各质子及碳原子核磁共振信号通过综合解析进行了清晰归属（Table 5.1）。

在化合物 13a～13f ESI-MS 谱中除[M + Na]$^+$峰外，还存在强度远大于[M + Na]$^+$的[2M + Na]$^+$和稍弱的[2M + H]$^+$峰，这表明，该类化合物易于给出二聚体峰，暗示了分子间易于相互作用而以较稳定的二聚体形式存在。

5.2.2 配体 13a～13f 电化学性质的研究

为了考察在 13a～13f 中，氨基酸片断中取代基的不同对配体电化学性质及配体对阴离子的识别性能的影响，利用多种方法对它们电极表面电化学反应扩散系数进行了测定，并分别对它们的阴离子的识别性能进行了考察。

5.2.2.1 配体 13a～13f 的循环伏安行为

以 0.1 mol/L 的 TBAP 乙腈作为底液，配体浓度 1×10^{-3} mol/L，用循环伏安法对 13a～13f 的电化学性质进行了研究，实验发现：化合物 13a～13f 在 0～0.90 V 电位范围内，均只有一对氧化还原峰，这对应于化合物中 Fc/Fc^+ 电对的氧化还原过程，即 $Fc-e^- \rightleftharpoons Fc^+$。

作为比较，研究了二茂铁和 N-5-二茂铁基异酞酰氨基酸甲酯化合物 13a～13f 在相同条件下的氧化还原性质，结果见 Table 5.2。由表看出，标题化合物 13a～13f 式量电位均较二茂铁略有正移，这可归于拉电子的异酞酰基的引入，大共轭体系的状态使得茂环 π 电子离域性增强，二茂铁电子云密度减小，致使二茂铁更难氧化，这与实验室报道的 N-(间二茂铁苯基)甲酰胺结果类似[6]。

本章在相同的电位范围内，保持测试液组成不变，改变电位扫描速度(10 ～ 500 mV/s)，进一步考察扫描速度对峰电流和峰电位的影响。配体 13a～13f 电化学行为相近，以化合物 13e 为例，由Table. 5. 2可见，随电位扫描速度的增加，化合物 13e 的氧化峰与还原峰的电位差 ΔE_p（$\Delta E_p = E_{pa} - E_{pc}$）略有增大；但氧化峰电流与还原峰电流的比值 i_{pa}/i_{pc}基本为常数。根据电位差 ΔE_p 和 i_{pa}/i_{pc}的值可以判定，Fc^+/Fc 电对电极反应为可逆过程，且符合 Nernest 方程中单电子转移的理论数值，和文献报道的二茂铁及其衍生物的结论一致[6]。将数据作进一步处理，考察 i_{pa}与 $\upsilon^{1/2}$ 的关系，由 Fig. 5. 2 知 i_{pa}-$\upsilon^{1/2}$呈线性关系，说明化合物 13e 在玻碳电极上的电极反应为受扩散控制的 Fc^+/Fc 电化学体系。

Table 5. 2　Electrochemical parameters of 13a～13f（ca 1.0×10^{-3} mol/L）

Compounds	E_{pa}(mV)	E_{pc}(mV)	ΔE_p(mV)	$E^{0'}$(mV)	i_{pa}/i_{pc}
Ferrocene	473	401	72	437	1. 04
13a	513	436	77	475	1. 03
13b	512	438	74	475	1. 05
13c	499	420	79	460	1. 07
13d	511	439	72	475	1. 03
13e	511	439	72	475	1. 04
13f	504	433	71	469	1. 04

1. All potentials Data are referred to the saturated calomel electrode（SCE）at a scan rate of 100 mV/S in CH_3CN solution using TBAP（0. 1 mol/L）as the supporting electrolyte on a GC working electrode.

2. $\Delta E_p=(E_{pa}-E_{pc})$，$E^{0'}=(E_{pa}+E_{pc})/2$.

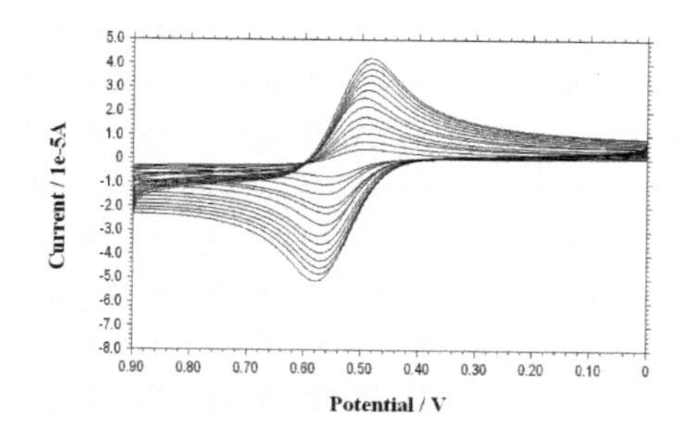

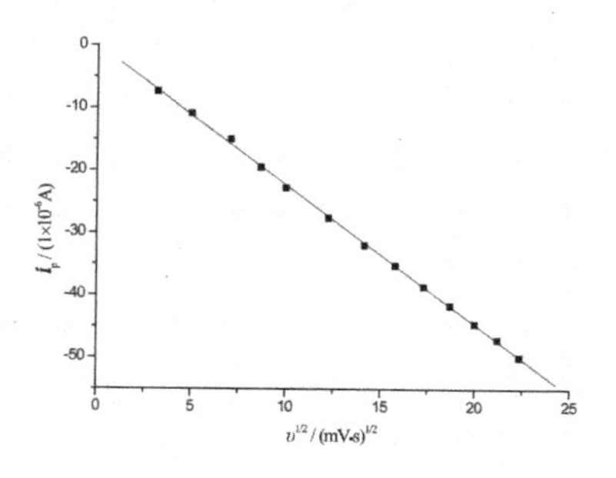

Fig. 5. 2　CVs of 13e（1.0×10^{-3} mol/L）in acetonitrile at different scan rates and linear relation between the anodic peak current and the square root of the scan rate

5.2.2.2 电极过程动力学参数的测定

求配体 13a～13f 在电极表面的扩散系数 D，如前所述，知道了化合物 13a～13f 中 Fc/ Fc^{+} 电对在电极上的反应过程是受扩散控制的，可逆体系扫描速度(v)与峰电流(i)之间存在如下关系：

$$i = 0.463 \times n^{\frac{3}{2}} F^{\frac{3}{2}} A(RT)^{\frac{-1}{2}} D^{\frac{1}{2}} C v^{\frac{1}{2}} \quad (1)$$

其中，i 是循环伏安法中的峰电流(A)，A 是电极表面的表面积(cm^2)，C 则代表了电活性物质的浓度(mol/cm^3)，n 是电子转移数，R、T 代表了其通常的意义。其中 $n = 1$，F 是法拉第常数，其值为 96487 C/mol；由于实验是在室温下进行的，因此 RT 可取值为 2480 J/mol，于是，公式(1)可简化为公式(2)：

$$i = 2.69 \times 10^5 \times A D^{\frac{1}{2}} C v^{\frac{1}{2}} \quad (2)$$

根据 i_{pa}-$v^{1/2}$ 的线性关系(Fig 5.2)，由斜率可以利用公式(2)计算出配体在电极表面的扩散系数(D)。

此外，分别用瞬态技术的计时电流法(CA)和计时电量法(CC)考察了 13a～13f 在该电极表面的扩散系数，即施加一阶跃电位(0～0.9 V)于电极上，并在 0.9 V 电位下保持 5 s，记下 i-t 关系曲线和 Q-t 关系曲线，由 Cottrell 方程：

$$i(t) = \frac{nFAD_0^{\frac{1}{2}} C_0}{(\pi t)^{\frac{1}{2}}} + i_c, Q(t) = \frac{2nFAD_0^{\frac{1}{2}} C_0 t^{\frac{1}{2}}}{\pi^{\frac{1}{2}}} + Q_{dl}$$

分别做 i-$t^{-1/2}$ 和 Q-$t^{1/2}$ 关系曲线，从曲线斜率即可分别求得配体 13a～13f 在电极表面的扩散系数，其结果见 Fig. 5.3。

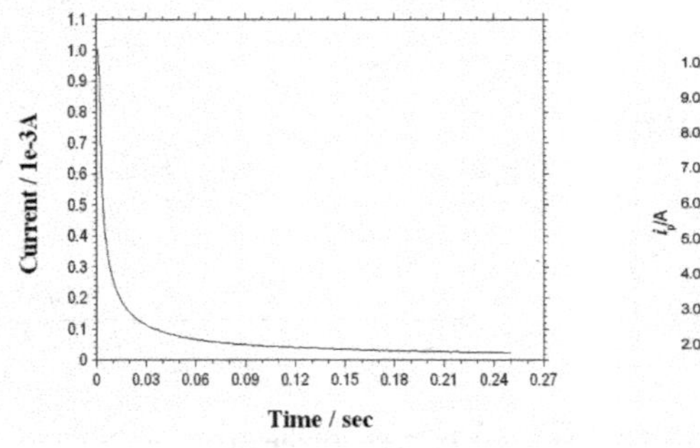

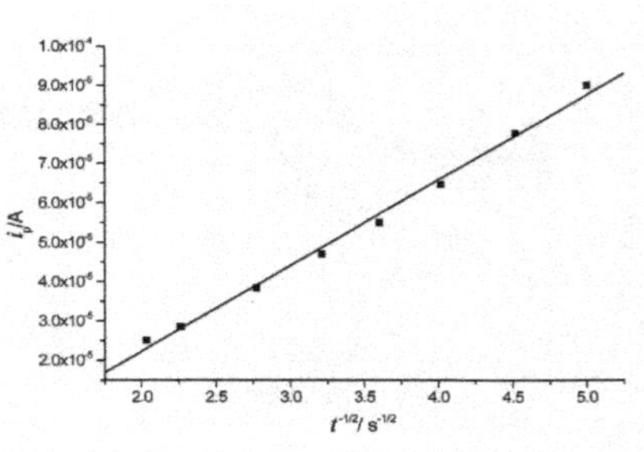

Fig. 5.3 Chronoamperogram of 13e (1.0×10^{-3} mol/L) in acetonitrile and linear relation between i_p and $t^{-1/2}$

从 Table 5.3 中可以看出，氨基酸片断取代基的不同，化合物13a～13f 在电极表面扩散系数并不相同，*L*-白氨酸及 *L*-苯丙氨酸衍生物扩散系数相对较小，表明随取代基体积的增大不利于电极扩散反应。而 *L*-色氨酸衍生物，其扩散系数却相对较大，这可能是由于结构中吲哚基团 NH 可与氢键受体氧原子间形成氢键导致分子结构紧凑，体积相对较小造成的，这与文献报道小分子氨基酸溶液扩散行为相似[7]。

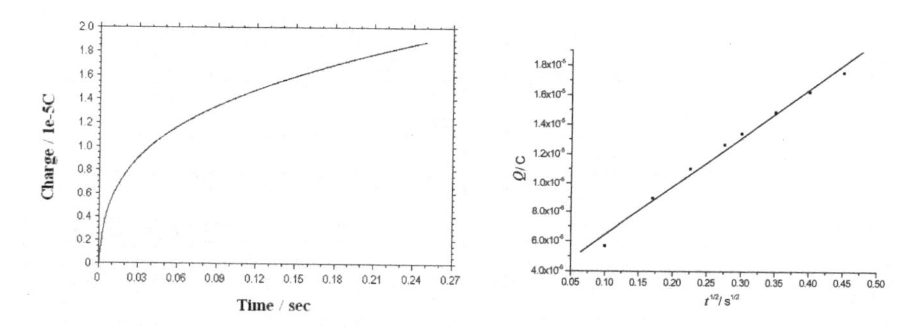

Fig. 5.4 Chronocoulogram of 13e (1.0×10^{-3} mol/L) in acetonitrile and linear relation between Q and $t^{1/2}$

Table 5.3 Electrochemical kinetics date of 13a～13f

Compound	$D_0\times10^{-5}/(cm^2/s)$		
	CV	CA	CC
13a	1.98	2.20	2.15
13b	1.95	2.15	1.97
13c	1.98	2.10	1.95
13d	1.45	1.80	1.68
13e	1.38	1.75	1.67
13f	1.87	2.11	1.94

5.2.2.3 配体13a～13f对阴离子的电化学响应

配体13a～13f中含有较强的氢键给体——酰胺NH基团和较强的氢键受体——酯基O原子，虽然这些结合位点与二茂铁基团相对较远，但通过茂环与异酞酰基苯环的共轭作用，可以预见配体13a～13f与阴离子结合后，将可能引起二茂铁中心氧化还原式量电位的阴极移动。为此，选择0～0.9 V的电位范围，配体浓度1×10^{-3} mol/L，以100 mV/s的电位扫描速度，用循环伏安法对化合物13a～13f在乙腈溶液中对阴离子CH_3COO^-、Cl^-、F^-和$H_2PO_4^-$的电化学识别响应情况进行测试。

化合物13a～13f阴离子结合测试显示：加入的CH_3COO^-、Cl^-、F^-和$H_2PO_4^-$均引起了13a～13f循环伏安曲线的改变，并且氨基酸甲酯基中不同取代基配体与同种阴离子作用其循环伏安曲线变化行为相似，以13c与13e为例(Fig. 5.5)。

从Fig. 5.5中可以看出：当分别滴加CH_3COO^-、F^-于13c与13e的乙腈溶液中时，均导致了二茂铁中心氧化电位E_{pa}的微弱阴极移动，并伴随着氧化峰电流的逐渐增加；随着阴离子量的逐渐增大，Fc/Fc^+电对还原峰逐渐消失，并伴随着氧化峰的逐渐变宽和阴极方向的位移；当加至4当量阴离子时，Fc/Fc^+电对可逆性完全丧失。这种现象，在电化学阴离子识别体系中并不鲜见[8]，这是由于在循环伏安过程氧化步骤中，在电极表面形成的FcL^+与阴离子形成稳定离子对吸附在电极表面，且在还原步骤中不能被还原所造成的EC机理，于是在CV研究中，缺少了还原过程，导致了Fc/Fc^+电对可逆性的丧失。此外，吸附在电极表面的离子对通过离子对与电极间的单电子传输，产生了附加的电流，故而氧化峰电流有增大趋势。对化合物13c，当加入4 mol/L CH_3COO^-、F^-时，ΔE_{pa}[E_{pa}(受体＋阴离子) － E_{pa}(游离受体)]分别为－7 mV和－29 mV；而对化合物13e，由于其变化值较小，不能够准确得到。

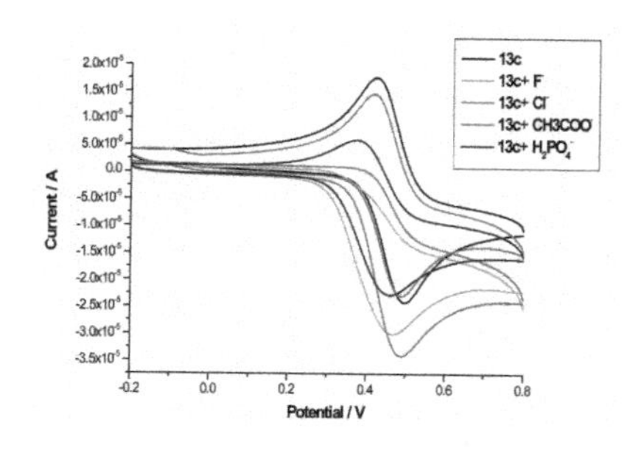

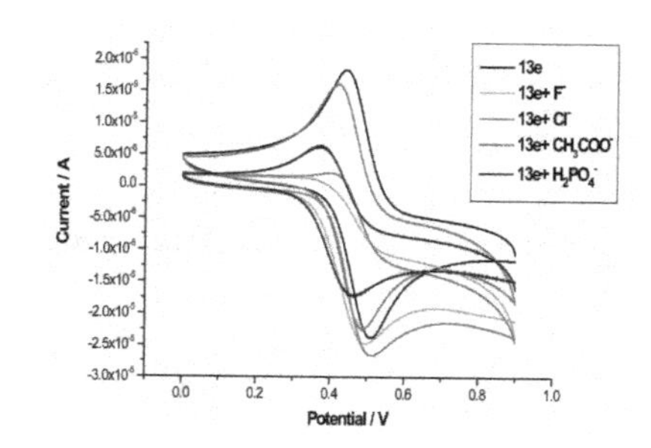

Fig. 5.5 Cyclic voltammograms of 13c and 13e（1.0×10^{-3} mol/L）upon addition of 4.0 equiv. of selected anions in acetonitrile，containing in 0.1 M TBAP as an electrolyte. Scan rate：100 mV/S. Working electrode：glassy carbon

相对比，13c、13e 对 Cl^- 和 $H_2PO_4^-$ 的响应行为与 CH_3COO^-、F^- 存在着显著不同。可能是由于电极表面反应产物在电极表面吸附表现微弱的缘故，使得氧化峰没有像在 CH_3COO^-、F^- 存在下那么宽，整个氧化还原过程表现为较为标准的循环伏安行为。在 Cl^- 和 $H_2PO_4^-$ 存在下，二茂铁中心仍具有较好可逆性，这使得测定其 Fc/ Fc^+ 电对式量电位 $E^{0'}$ 成为可能，进而可准确得到 ΔE [$E^{0'}$(受体+阴离子) − $E^{0'}$(游离受体)]值。对配体 13c，当加入 4 mol/L Cl^- 和 $H_2PO_4^-$ 时，其 ΔE 值分别为 −7 mV 和 −42 mV；对 13e，ΔE 值分别为 −21 mV，−63 mV。其他化合物，加入测试阴离子后，通过循环伏安进行了 Fc/Fc^+ 电位变化测定，各结果列于 Table 5.4。

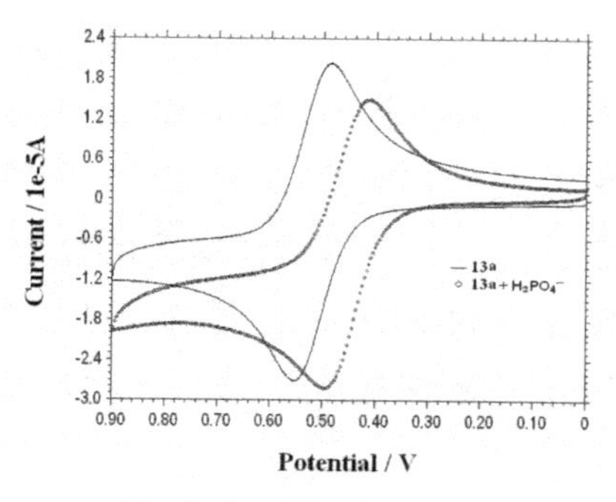

Fig. 5.6 CVs of 13a and (13a + $H_2PO_4^-$)

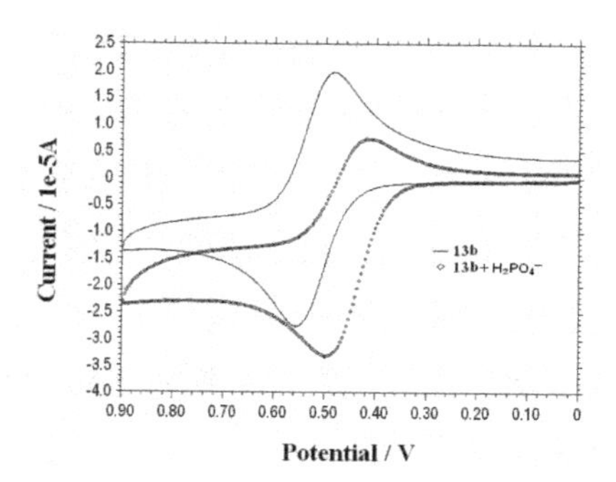

Fig. 5.7 CVs of 13b and (13b + $H_2PO_4^-$)

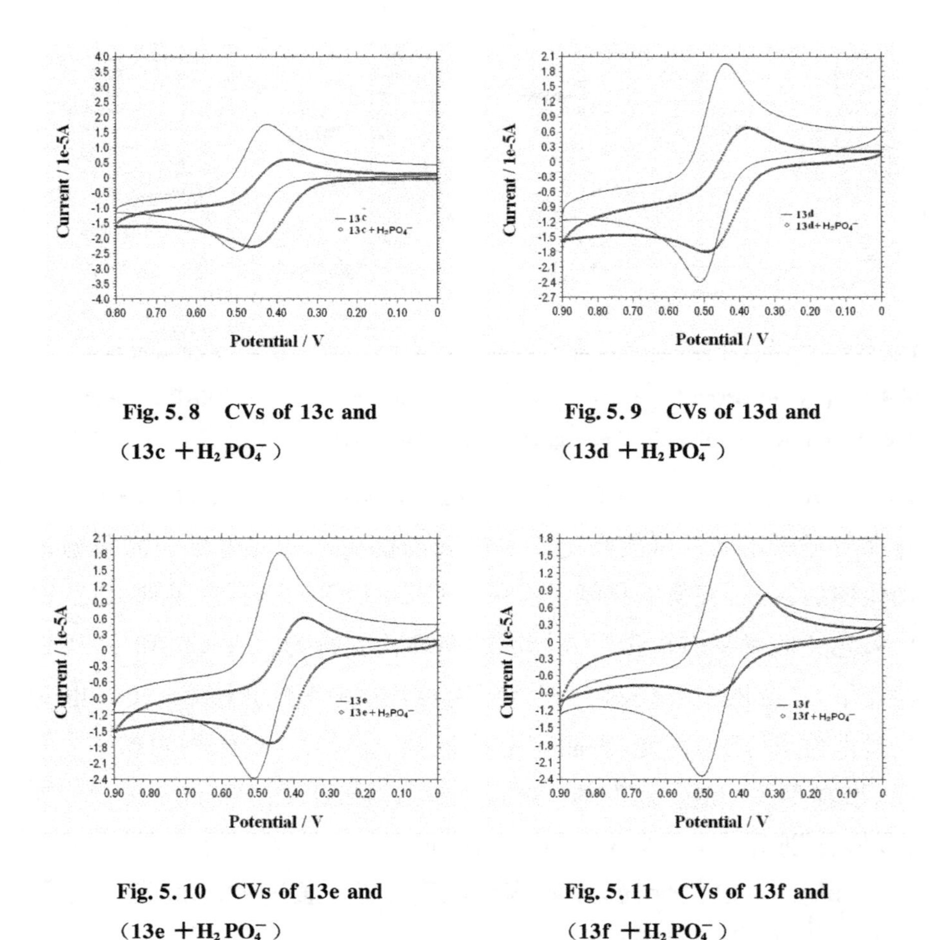

Fig. 5.8　CVs of 13c and (13c + $H_2PO_4^-$)

Fig. 5.9　CVs of 13d and (13d + $H_2PO_4^-$)

Fig. 5.10　CVs of 13e and (13e + $H_2PO_4^-$)

Fig. 5.11　CVs of 13f and (13f + $H_2PO_4^-$)

Fig. 5.6～Fig. 5.11 为 13a～13f 分别加入 4 mol/L 阴离子 $H_2PO_4^-$ 时的循环伏安曲线变化情况。从各图中可以看出，化合物 13a～13f 与 $H_2PO_4^-$ 作用后循环伏安峰电流均有所减小，这可归于配体分子与阴离子 $H_2PO_4^-$ 间结合作用，形成了体积较大的复合体，因其体积较大，所以在电极反应过程中扩散受阻，进而使峰电流一定程度上有所减小。这在分子体积较大的化合物 13f 中表现更为明显。

Table 5.4 Electrochemical response for 13a～13f vs selected anions in acetonitrile in 0.1 mol/L tetrabutylammonium perchlorate

receptor	ΔE(mV)			
	CH_3COO^-	Cl^-	F^-	$H_2PO_4^-$
13a	—	−10	-11^a	−62
13b	—	−20	—	−62
13c	—	—	-29^a	−43
13d	—	−13	—	−39
13e	—	−21	-13^a	−63
13f	—	−18	—	−68

ΔE is define as $E^{0'}$(receptor + anion) − $E^{0'}$(free receptor). Scan rate: 100 mV/s. All potentials Data are referred to the saturated calomel electrode (SCE) at a scan rate of 100 mV/s in CH_3CN solution using TBAP (0.1 mol/L) as the supporting electrolyte on a GC working electrode. a: ΔE is define as E_{pa}(receptor + anion) − E_{pa}(free receptor).

从 Table 5.4 中可以看出，化合物 13a～13f 均与 $H_2PO_4^-$ 作用导致了最大的 ΔE 值，且其循环伏安行为明显区分于所测试的其他阴离子。这样的结果与简单二茂铁酰基酰胺型衍生物用于阴离子识别中，$H_2PO_4^-$ 往往给出较大电位值的结果相一致。结果表明，所设计合成的 5-二茂铁基异酞酰氨基酸甲酯衍生物 13a～13f 均可作为 $H_2PO_4^-$ 受体用于阴离子识别。

5.2.3 配体 13c 及 13e 对阴离子结合的核磁滴定研究

为研究配体 13 与卤素阴离子以及 $H_2PO_4^-$ 的微观结合模式，利用 ^1H NMR 滴定手段对化合物 13c 及 13e 分别与 F^- 和 $H_2PO_4^-$ 进行了核磁滴定研究。

于直径为 5 mm 的核磁管中，在含有配体 13 的 0.5 mL $CDCl_3$ 溶液中，逐渐加入不同当量的底物 $H_2PO_4^-$ 或 F^-，充分振荡后分别测定核磁共振谱，比较配体中各质子化学位移 δ 的变化情况，结果见 Fig. 5.12～Fig. 5.15。

从 Fig. 5.12～Fig. 5.15 中可以看出，13c 与 13e 均显出了对测试阴离子 F^- 及 $H_2PO_4^-$ 较强的结合作用，表现为在阴离子滴加过程中，酰胺基团质子 H19、H20 和二茂铁异酞酰骨架上 H16 逐渐向低场位移，这表明双臂中两酰胺基团 NH 质子与苯环骨架 H16 共同参与了阴离子识别作用过程。

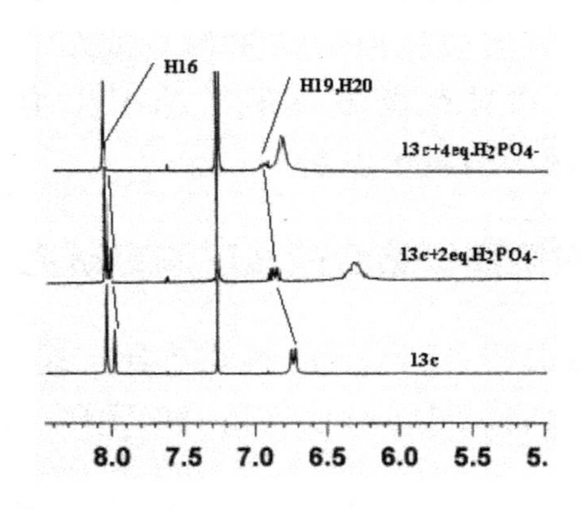

Fig. 5.12 13c+n-$Bu_4NH_2PO_4$

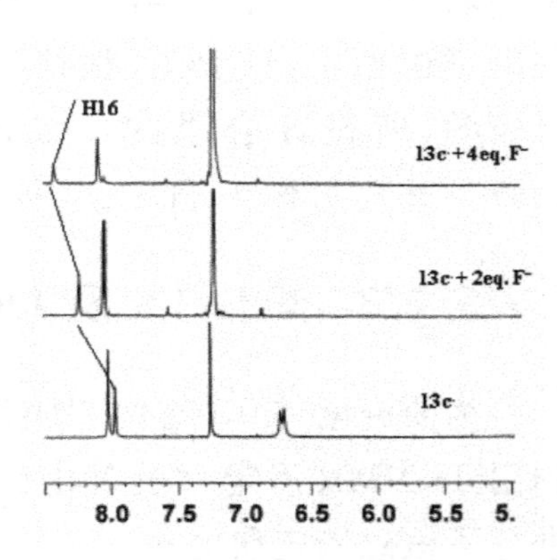

Fig. 5.13 13c+n-Bu_4NF

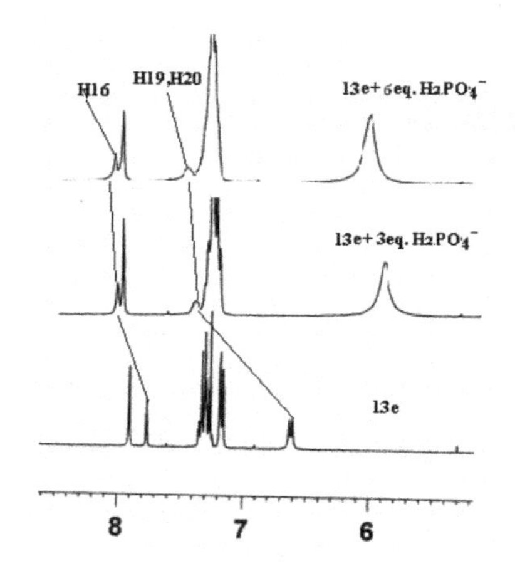

Fig. 5. 14　13e+*n*-$Bu_4NH_2PO_4$

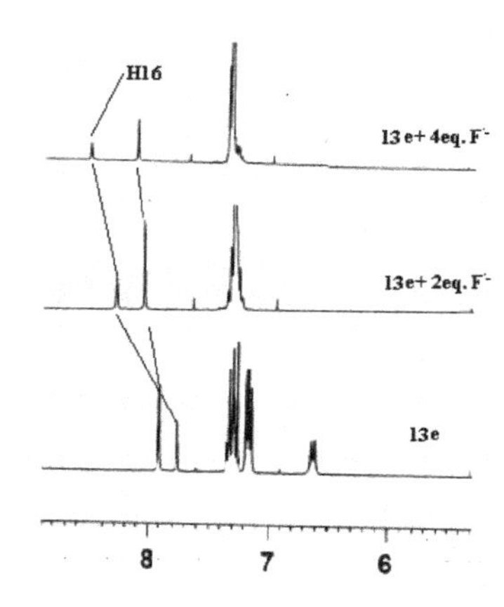

Fig. 5. 15　13e+*n*-Bu_4NF

考察化合物13c：当滴加4当量$H_2PO_4^-$时，酰胺质子向低场位移了0.21 mg/kg，H16质子信号则向低场位移了0.08 mg/kg；而当加入4当量F^-时，酰胺质子由于F^-的去质子化作用而无法观测到，对H16质子信号则向低场位移了0.51 mg/kg。

考察化合物13e：当滴加4当量$H_2PO_4^-$时，其各质子探针均表现出了明显大于13c的低场位移，对酰胺质子移动了0.92 mg/kg，H13质子信号则向低场位移了0.26 mg/kg；当加入4当量F^-时，同13c，酰胺质子由于F^-的去质子化作用而无法观测到，对H16质子信号则向低场位移了0.68 mg/kg。

对比化合物13c与13e，13e在双臂结合点位置空间位阻要明显小于13c，这使得在与体积较大的$H_2PO_4^-$作用时，能提供更优的结合空间，所以13e与$H_2PO_4^-$作用导致了酰胺质子探针与H16更为低场的化学位移，这也暗示化合物13e与$H_2PO_4^-$有更强的结合能力。这种结果与文献报道的二茂铁酰氨基酸酯类化合物部分相符[1b,8a]。

5.3 实验部分

5.3.1 仪器与试剂

红外光谱由 Burker VECTOR22 型红外光谱仪(KBr 压片，400～4000 cm^{-1})测定；^1H NMR 采用 Bruker DPX-400 型超导核磁共振谱仪测定，$CDCl_3$ 或 DMSO(d_6)为溶剂，TMS 为内标；电喷雾质谱由 Agilent LC/ MSD Trap XCT 质谱仪测定；高分辨质谱由 Waters Q-Tof Micro™ 质谱仪测定；熔点在 X4 数字显微熔点仪(温度计未校正)上测定；电化学性质用 CHI-650A 型综合电化学工作站(上海晨华公司)测定，三电极体系，工作电极为 Φ3 mm的玻碳电极，辅助电极为铂丝，参比电极为 232 型甘汞电极；比旋光度用 Perkin Elmer341 型旋光仪在 20℃以 CH_2Cl_2 为溶剂测定。

所用试剂:5-氨基异酞酸购自泰兴盛铭化工有限公司，所用甘氨酸及各 *L* 构型氨基酸均为生化试剂，所有阴离子四丁基盐均购自 Alfa Aesar 公司，其他固态物质均为分析纯；$SOCl_2$ 及 $(COCl)_2$ 均经重蒸。二氯甲烷先用 P_2O_5 处理重蒸，石油醚(60～90 ℃)经 Na 处理回流重蒸，无水甲醇用镁带处理绝对无水。

柱色谱使用青岛海洋化工厂生产的硅胶 G，在常压或加压下进行分离。

薄层色谱板用青岛海洋化工厂生产的硅胶 GF254。

5.3.2 溶液电化学测试方法

二茂铁基化合物溶液浓度为 1×10^{-3} mol/L，以[n-Bu_4NClO_4](TBAP)为支持电解质，浓度 0.1 mol/L，工作电极在使用前先经 0.05 μm Al_2O_3 抛光粉研磨抛光至镜面，再依次用 0.1 mol/L NaOH、1 : 1 HNO_3、无水乙醇、二次蒸馏水超声清洗。实验在饱和氮气的无水乙腈中进行。

5.3.3 阴离子识别测试方法

在电解池中加入配好的N-5-二茂铁基异酞酰氨基酸甲酯化合物13a～13f的乙腈溶液（1×10^{-3} mol/L），所有阴离子均以其四丁基盐的乙腈溶液（0.1 mol/L）由微量进样器加入。测试客体阴离子响应电位移动值，在0～0.90 V电位范围内，利用循环伏安法在电位扫描速率为100 mV/s下进行测定。

5.3.4 N-5-二茂铁基异酞酰氨基酸甲酯化合物13a～13f的制备

5-二茂铁基异酞酸13的合成

5-氨基异酞酸9.05 g (0.05 mol)依次加入水60 mL和浓盐酸13 mL，使其全部溶解后在冰盐浴中冷至0～5 ℃，逐渐滴加3.5 g (0.05 mol) $NaNO_2$的20 mL水溶液，搅拌反应1 h，得黄色浆状重氮盐溶液，加适量尿素分解过量的HNO_2后冷却备用。

将研细的二茂铁9.3 g (0.05 mol) 溶于100 mL乙醚中，加入0.5 g十六烷基三甲基溴化铵，搅拌，冷却至0～5 ℃。在良好搅拌下滴加上述重氮盐，30 min内加完。加毕，继续搅拌反应1 h。反应完毕(溶液呈蓝绿色)，加入适量$SnCl_2$室温下搅拌30 min，蒸去乙醚，得橙红色固体。将固体溶于适量氢氧化钠溶液中，抽滤，不溶物为回收二茂铁。滤液用稀盐酸酸化，得橙黄红色产物，以甲醇/水混合溶剂重结晶得橙红色固体，收率32%。

Compound 13：m. p. > 250 ℃ (decomp)；HRMS：Cacld for $C_{18}H_{14}FeO_4$ $[M]^+$ 350.0242，found 350.0255；IR ν_{max} (KBr)：3430，3085，2636，2565，1704，1601，1410，1279 cm^{-1}。^1H NMR (400 MHz in d_6-DMSO) δ mg/kg：4.05 (s，5H，Cp-H)，4.44 (t，J=1.7 Hz，2H，Cp-H)，4.90 (t，J=1.7 Hz，2H，Cp-H)，8.24 (d，J=1.5 Hz，2H，Ar-H)，8.30 (t，J=

1.5 Hz，1H，Ar-H)，13.28 (s，2H，COOH)；ESI-MS：[M]$^+$：350.1。

5-二茂铁基异酞酰氯 11 的合成

将 3.50 g (0.01 mol) 5-二茂铁异酞酸 13 加入 20 mL 干燥的 CH_2Cl_2 中，搅拌下，缓慢滴加 5.0 mL 草酰氯，滴加过程中不断有气泡产生，固体渐溶，溶液转为深红色，小心滴加 10 滴无水吡啶于反应体系，待反应平稳后，回流反应 14 h。将反应液减压下蒸干溶剂，得暗红色固体粗产品，以无水石油醚(60～90 ℃)回流萃取至萃取液溶液无色，合并，减压下蒸出有机溶剂得紫红色针状晶体 3.65 g(产率 94%)。

N-5-二茂铁基异酞酰氨基酸甲酯化合物 13a～13f 的合成

搅拌下将 1.67 mL (12 mmol) Et_3N 滴加至含有 7.5 mmol 氨基酸甲酯盐酸盐 12a～12f 的 20 mL 无水 CH_2Cl_2 溶液中。室温下搅拌 30 min 后，逐滴滴加溶有 968 mg (2.5 mmol) 5-二茂铁基异酞酰氯 11 的 10 mL 无水 CH_2Cl_2 溶液，继续搅拌反应 12 h；反应液过滤，减压下蒸去溶剂，残余物以 CH_2Cl_2/ CH_3COOEt (4∶1)淋洗，柱色谱分离以高收率得到目的产物 13a～13f。

Compound 13a：92% yield. m. p. 93～94℃；HRMS：Cacld for $C_{24}H_{25}FeN_2O_6$ [M + H]$^+$ requires：493.1062，found：492.1063，$C_{24}H_{24}FeN_2O_6Na$ [M + Na]$^+$ requires：515.0881 found：515.0895；IR ν_{max}(KBr pellet)：3337，1749，1651，1599，1533，1437，1408，1369，1290，1211 cm^{-1}。^1H NMR (400 MHz，$CDCl_3$) δ mg/kg：3.83 (s，6H，OCH_3)，4.11 (s，5H，Cp-H)，4.27 [s，4H，CH_2(COOMe)]，4.46 (s，2H，Cp-H)，4.79 (s，2H，Cp-H)，7.92 (s，1H，Ar-H)，7.96 (s，2H，Ar-H)，6.97 (s，2H，CONH)；^{13}C NMR (100 MHz，$CDCl_3$) δ mg/kg：41.82，52.58，67.18，70.14，70.25，83.56，122.05，127.97，133.81，141.43，167.14，170.89；ESI-MS found：[M

$+$ Na]$^+$：515.5，[2M]$^+$：984.4，[2M + Na]$^+$：1007.3。

Compound 13b：92% yield. m. p. 104℃；$[\alpha]_D^{20}$ +14° (c 0.077，CH_2Cl_2)；HRMS：Cacld for $C_{26}H_{29}FeN_2O_6$[M + H]$^+$ requires：521.1375，found：521.1386，$C_{26}H_{28}FeN_2O_6Na$ [M + Na]$^+$ requires：543.1194 found：543.1195；IR ν_{max}(KBr pellet)：3327，1745，1643，1598，1530，1438，1213，1161 cm^{-1}；^1H NMR (400 MHz，$CDCl_3$) δ mg/kg：1.55(s，3H，CH_3)，1.57 (s，3H，CH_3)，3.82(s，6H，OCH_3)，4.00(s，5H，Cp-H)，4.33(s，2H，Cp-H)，4.62(s，2H，Cp-H)，4.82[m，2H，CH(COOMe)]，7.33(d，J= 7.2 Hz，2H，CONH)，7.91(s，3H，Ar-H)，^{13}C NMR (100 MHz，$CDCl_3$) δ mg/kg：18.04，48.70，52.70，66.70，66.86，69.61，69.72，82.74，121.86，127.89，133.86，141.29，166.52，173.95. ESI-MS found：[M + Na]$^+$，543.3，[2M + H]$^+$，1041.2，[2M + Na]$^+$，1063.6。

Compound 13c：96% yield. m. p. 117～118 ℃. $[\alpha]_D^{20}$ +33～34°(c 0.077，CH_2Cl_2)；HRMS：Cacld for $C_{30}H_{37}FeN_2O_6$ [M + H]$^+$ requires：577.2001，found：577.2089，$C_{26}H_{28}FeN_2O_6Na$ [M + Na]$^+$ requires：599.1820 found：599.1803；IR ν_{max} (KBr pellet)：2964，1744，1646，1598，1526，1354，1311，1262，1207，1152 cm^{-1}；^1H NMR (400 MHz，DMSO) δ mg/kg：0.97 (d，6H，J= 6.8 Hz，$CH(CH_3)_2$)，1.02 [d，6H，J= 6.8 Hz，$CH(CH_3)_2$]，2.22 (m，2H，$CHMe_2$)，3.69 (s，6H，OCH_3)，4.05 (s，5H，Cp-H)，4.34 [t，2H，J= 8.0 Hz，CH(COOMe)]，4.44 (m，2H，Cp-H)，4.93 (d，1H，J= 1.2 Hz Cp-H)，4.96 (d，1H，J= 0.92 Hz Cp-H)，8.12 (s，2H，Ar-H)，8.16 (s，1H，Ar-H)，8.85 (d，2H，J= 8.0 Hz，CONH)；^{13}C NMR (100 MHz，DMSO) δ mg/kg：19.32，19.39，29.78，51.89，58.93，66.84，67.33，69.50，69.66，83.83，125.03，127.78，139.85，166.76，172.47；ESI-MS found：[M+Na]$^+$：600.1，[2M +H]$^+$：1153.6，[2M + Na]$^+$：1175.6。

Compound 13d：94% yield. m.p. 96～97 ℃；$[\alpha]_D^{20}$ +25° (c 0.075，CH_2Cl_2)；HRMS：Cacld for $C_{32}H_{41}FeN_2O_6$ $[M + H]^+$ requires：605.2314，found：605.2314，$C_{32}H_{40}FeN_2O_6Na$ $[M + Na]^+$ requires：627.2133 found：627.2119；IR ν_{max}(KBr pellet)：3355，2957，1744，1645，1598，1530，1438，1343，1274，1207，1160 cm^{-1}；^1H NMR (400 MHz，$CDCl_3$) δ mg/kg：1.01 (m，12H，$CHMe_2$)，1.76 (m，6H，CH_2CHMe_2)，3.81 (s，6H，OCH_3)，4.07 (s，5H，Cp-H)，4.41 (s，2H，Cp-H)，4.71 (s，2H，Cp-H)，4.87 [m，2H，CH(COOMe)]，6.94 (d，2H，J= 7.1 Hz，CONH)，7.90～7.91 (d，3H，Ar-H)；^{13}C NMR (100 MHz，$CDCl_3$) δ mg/kg：21.94，22.91，25.06，41.50，51.42，52.53，64.22，67.03，70.10，70.24，83.74，122.06，127.95，134.19，141.43，166.57，173.90；ESI-MS found：$[M + Na]^+$：627.7，$[2M + H]^+$：1209.4，$[2M + Na]^+$：1231.7。

Compound 13e：92% yield. m.p. 83～84 ℃；$[\alpha]_D^{20}$ +76° (c 0.073，CH_2Cl_2)；HRMS：Cacld for $C_{38}H_{37}FeN_2O_6$ $[M + H]^+$ requires：673.2001，found：673.2066，$C_{38}H_{37}FeN_2O_6Na$ $[M + Na]^+$ requires：695.1820 found：695.1812；IR ν_{max}(KBr pellet)：3333，1743，1652，1599，1522，1438，1361，1277，1216，1105，700 cm^{-1}；^1H NMR(400 MHz，$CDCl_3$) δ mg/kg：3.20～3.34 (m，4H，$PhCH_2$)，3.79(s，6H，OCH_3)，4.04(s，5H，Cp-H)，4.39(s，2H，Cp-H)，4.68 (s，2H，Cp-H)，5.09[m，2H，CH (COOMe)]，6.73(d，2H，J= 7.1 Hz，CONH)，7.17(d，4H，J= 7.0 Hz，Ar-H)，7.25～7.34(m，6H，Ar-H)，7.77(s，1H，Ar-H)，7.89(s，2H，Ar-H)；^{13}C NMR (100 MHz，$CDCl_3$) δ mg/kg：37.84，52.53，53.68，66.76，66.95，69.84，69.91，83.02，122.08，127.31，127.68，128.70，129.26，134.39，135.75，141.50，166.16，171.97；ESI-MS found：$[M+Na]^+$，696.7，$[2M + H]^+$，1345.6，$[2M + Na]^+$：1367.7。

Compound 13f：90% yield. m.p. 124～125 ℃；$[\alpha]_D^{20}$ +36°

(c 0.073，CH_2Cl_2)；HRMS：Cacld for $C_{42}H_{38}FeN_4O_6Na$ [M + Na]$^+$ requires：773.2038 found：773.2037；IR ν_{max}(KBr)：3411，1739，1655，1598，1515，1436，1346，1216，1101，744 cm^{-1}；^1H NMR (400 MHz，$CDCl_3$) δ mg/kg：3.32～3.51 (m，4H，CH_2)，3.80 (s，6H，OCH_3)，3.98 (s，5H，Cp-H)，4.34 (s，2H，Cp-H)，4.60 (s，2H，Cp-H)，5.10 [m，2H，CH(COOMe)]，6.64 (d，2H，J= 7.4 Hz，CONH)，6.76 (s，2H，CH)，7.06～7.53 (m，8H，Ar-H)，7.39 (s，1H，Ar-H)，7.92 (s，2H，Ar-H)，8.36 (s，2H，NH)；^{13}C NMR (100 MHz，$CDCl_3$) δ mg/kg：27.58，52.69，53.22，66.88，66.95，69.79，69.89，82.91，109.74，111.60，118.63，119.71，121.42，122.38，122.99，127.34，128.18，134.12，136.17，141.76，166.14，172.66. ESI-MS found：[M]$^+$：750.4，[M + Na]$^+$：773.4。

5.4 小结

本章合成了系列 N-5-二茂铁基异酞酰氨基酸甲酯化合物13a～13f，电化学研究表明，氨基酸基团取代基体积越大，其对应配体电极反应扩散系数越小；而 L-色氨酸衍生配体的扩散系数却相对较大，推测可能是由于结构中吲哚基团 NH 可与氢键受体氧原子间形成分子内氢键导致分子结构紧凑，体积相对较小造成的，这与简单氨基酸分子溶液中的扩散行为较相似。

本章首次报道了利用以苯环为间隔基二茂铁生物金属有机化合物 13a～13f 为配体成功用于电化学阴离子识别。研究表明，该类化合物能识别 $H_2PO_4^-$，对比测试的其他阴离子均给出了相对较大的 Fc/Fc^+ 电对电位阴极移动值，这与简单二茂铁酰基衍生物阴离子识别结果相似，显示了化合物 13a～13f 对生命体系重要的 $H_2PO_4^-$ 均具有较好的识别性能。

化合物13c、13e阴离子^{1}H NMR滴定研究表明，该类配体中酰胺基团活泼氢与异酞酰基苯环中2位氢原子共同参与了阴离子结合过程，且氨基酸片断中取代基的形式，对配体分子与体积较大阴离子识别过程及作用强度有着重要影响。

参考文献

[1] (a) A. J. Corry, A. Goel, S. R. Alley, P. N. Kelly, D. O'Sullivan, D. Savage, P. T. M. Kenny, J. Organomet. Chem., 692 (2007) 1405; (b) M. J. Sheehy, J. F. Gallagher, M. Yamashita, Y. Ida, J. White-Colangelo, J. Johnson, R. Orlando, P. T. M. Kenny, J. Organomet. Chem., 689 (2004) 1511; (c) A. Nomoto, T. Moriuchi, S. Yamazaki, A. Ogawa, T. Hirao, J. Chem. Soc., Chem. Commun., (1998) 1963; (d) C. Biot, G. Glorian, L. A. Maciejewski, J. S. Brocard, O. Domarle, G. Blampain, P. Millet, A. J. Georges, H. Abessolo, D. Dive, J. Lebibi, J. Med. Chem., 40 (1997) 3715; (e) H. Plenio, C. Aberle, Organometallics, 16 (2001) 5950; (f) T. Moriuchi, A. Nomoto, K. Yoshida, T. Hirao, Organometallics, 20 (2001) 1008; (g) T. Itoh, S. Shirakami, N. Ishida, Y. Yamashita, T. Yoshida, H. S. Kim, Y. Wataya, Bioorg. Med. Chem. Lett., 10 (2000) 1657.

[2] D. R. van Staveren, N. Metzler-Nolte, Chem. Rev., 104 (2004) 5931.

[3] (a) Y. M. Xu, H. B. Kraatz, Tetrahedron Lett., 42 (2001) 2601; (b) H. B. Kraatz, Y. M. Xu, P. Saweczko, J. Organomet. Chem., 637 (2001) 335; (c) T. Moriuchi, K. Yoshida, T. Hirao, J. Organomet. Chem., 637 (2001) 75; (d) T. Moriuchi, A. Nomoto, K. Yoshida, A. Ogawa, T.

Hirao, J. Am. Chem. Soc., 123 (2001) 68; (e) A. Hess, J. Sehnert, T. Weyhermüller, and N. Metzler-Nolte, Inorg. Chem., 39 (2000) 5437; (f) S. Maricic, T. Frejd, J. Org. Chem., 67 (2002) 7600; (g) H. Huang, L. J. Mu, J. Q. He, J. P. Cheng, J. Org. Chem., 68 (2003) 7605.

[4] (a) A. Goel, D. Savage, S. R. Alley, P. N. Kelly, D. O'Sullivan, H. Mueller-Bunz, P. T. M. Kenny, J. Organomet. Chem., 692 (2007) 1292; (b) D. Savage, S. R. Alley, J. F. Gallagher, A. Goel, P. N. Kelly, P. T. M. Kenny, Inorg. Chem. Comm., 9 (2006) 152; (c) D. Savage, N. Neary, G. Malone, S. R. Alley, J. F. Gallagher, P. T. M. Kenny, Inorg. Chem. Comm., 8 (2005) 429; (d) D. Savage, S. R. Alley, A. Goel, T. Hogan, Y. Ida, P. N. Kelly, L. Lehmann, P. T. M. Kenny, Inorg. Chem. Comm., 9 (2006) 1267; (e) A. Goel, D. Savage, S. R. Alley, T. Hogan, N. Paula, S. M. Draper, C. M. Fitchett, P. T. M. Kenny, J. Organomet. Chem., 691 (2006) 4686; (f) D. Savage, G. Malone, S. R. Alley, J. F. Gallagher, A. Goel, P. N. Kelly, H. Mueller-Bunz, P. T. M. Kenny, J. Organomet. Chem., 691 (2006) 463; (g) E. I. Edwards, R. Epton, G. Marr, J. Organometa. Chem., 168 (1979) 259.

[5] (a) P. D. Beer, C. Blackburn, J. F. McAleer, H. Sikanyika, Inorg. Chem., 29 (1990) 378; (b) P. D. Beer, J. P. Danks, D. Hesek, J. F. McAleer, J. Chem. Soc., Chem. Commun., 23 (1993) 1735; (c) P. D. Beer, Z. Chen, A. J. Goulden, A. Graydon, S. E. Stokes, T. Wear, J. Chem. Soc., Chem. Commun., 24 (1993) 1834.

[6] B. X. Ye, Y. Xu, F. Wang, Y. Fu, M. P. Song, Inorg. Chem. Comm., 8 (2005) 44.

[7] 赵长伟,马沛生,宋小溪. 脂肪族氨基酸在水溶液中扩散

系数的测定与关联. 化工学报，54(2003)1059.

[8] (a) O. Reynes, F. Maillard, J. C. Moutet, G. Royal, E. Saint-Aman, G. Stanciu, J. P. Dutasta, I. Gosse, , J. C. Mulatier, J. Organomet. Chem. , (2001) 637－639; (b) A. Goel, N. Brennan, N. Brady and P. T. M. Kenny, Biosens. & Bioelectron. , 22 (2007) 2047; (c) D. L. Stone, D. K. Smith, Polyhedron, 22 (2003) 763.

第6章　喹啉氧基酰腙类二茂铁化合物的设计、合成及电化学阴离子识别性能研究

6.1　引言

鉴于阴离子在生命学研究中的重要意义[1]，如氨基酸、多肽、核苷酸盐等均为有代表性的有机阴离子化合物，许多无机阴离子如硝酸根、碳酸根以及氯离子等在生物体系中也大量存在，近年来对阴离子传感器的研究成为超分子识别领域的一大热点。与金属离子识别不同：(1) 阴离子半径大，电子云密度较低；(2) 不同阴离子具有不同的几何构型，如球形（F^-、Cl^-、Br^-、I^-）、直线形（N_3^-、CN^-、SCN^-）、平面三角形（NO_3^-、CO_3^{2-}、RCO_3^-）以及四面体（PO_4^{3-}、SO_4^{2-}、ClO_4^-）等；(3) 阴离子有很强的溶剂化趋势，存在形式对介质酸度较为敏感，只能存在于一定的 pH 范围内，因而通过合理设计以实现对特定阴离子的识别是一项挑战。

基于磷酸二氢根在生命体中的重要作用，近年来电化学识别传感多以实现磷酸二氢根选择性识别传感为目标。酰胺基、质子化的胺离子、脲基以及硫脲基等基团已成功用于阴离子传感[1a~1d]，但是仅靠这些基团受体有时并不能给出对磷酸二氢根很好的选择性，卤素离子往往给出了较大的干扰。为实现对磷酸二氢根的选择性识别，除要考虑受体中合适的氢键给点外还要辅助以合适的氢键受点，以期达到磷酸二氢根的稳定包合。因此，为得到对 $H_2PO_4^-$ 具有高选择性识别能力配体，本章以 8-羟基喹啉为原料设计合成了目标配体 15 和 16，其中酰腙基团 NH 为氢

键给体，烷氧基片断O及喹啉N为氢键受体，给、受体片段共存；且柔性良好的烷氧基片断使得受体分子可以很好地进行构象的扭转调控，以期达到主客体间强的结合目的；此外，由于喹啉基团良好易受外界影响的荧光性能[2]，使得配体15和16在发展新型具电化学及荧光双重功能化学传感器方面有着潜在的应用。

本章对喹啉氧基酰腙类配体15、16电化学性质进行了研究，测定了部分电极反应动力学参数，并对它们的电化学阴离子识别性能进行了考察。

6.2 结果与讨论

6.2.1 配体15及16的合成与表征

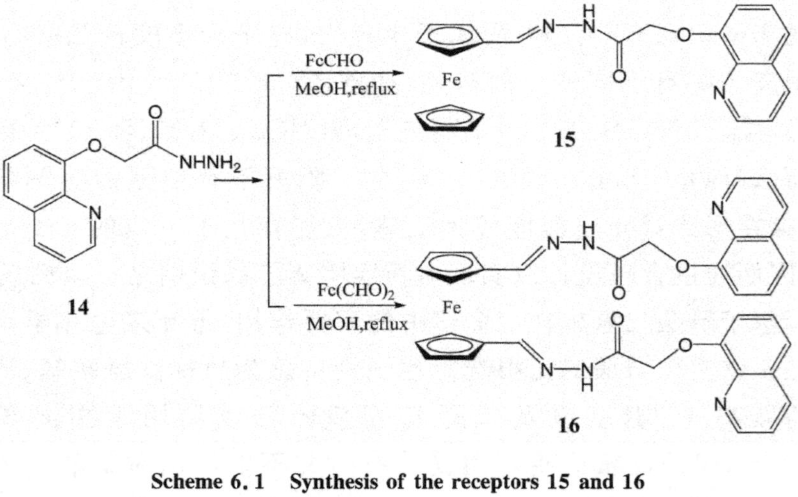

FcCHO
MeOH,reflux
Fe
15
NHNH$_2$
14
Fc(CHO)$_2$
MeOH,reflux
Fe
16

Scheme 6.1 Synthesis of the receptors 15 and 16

以8-羟基喹啉为原料，通过经典反应以较高收率得到了前体酰肼(8-Quinolyloxy)acetohydrazide 14。化合物14分别与单甲酰二茂铁、双甲酰二茂铁以Scheme 6.1所示路线，在催化量冰醋酸的存在下，无水甲醇为溶剂，回流反应，简便地以高收率分别得到了单、双臂喹啉氧基酰腙类化合物 15 和 16，整个路线反应简单，且各步反应产物均可通过重结晶进行提纯，避免了色谱分离，易于操作。

红外光谱中，化合物 15 及 16 分别在 1678 cm^{-1}和 1683 cm^{-1}处的强吸峰归于羰基的伸缩振动吸收；在 1500～1610 cm^{-1}处均给出了芳香环骨架特征吸收峰；此外，在 1110 cm^{-1}附近出现了(C—O—C)基团的特征吸收，证实了醚氧键的存在。

核磁氢谱中，化合物 15 和 16 取代茂环取代基邻位与间位质子信号分别处于 4.70 mg/kg、4.40 mg/kg 两个区域，特征性很强，且均表现为简化了的单峰形式。酰腙基团中活泼氢，由于具有较高活性，其质子信号均处于低场 11.78 mg/kg 处。

ESI-MS 谱中，化合物 15 除给出了$[M + Na]^+$峰外，还存在强度远大于$[M + Na]^+$的$[2M + Na]^+$，这可能由于该分子具有较多氢键给受体位点的特点，分子间易以氢键作用而出现二聚体形态。化合物 16 因其上下双臂间可通过分子内氢键相互作用，在 ESI-MS 谱中仅给出了$[M + Na]^+$的强峰。

6.2.2 配体 15 及 16 的电化学性质研究

6.2.2.1 配体的循环伏安行为

对于单臂化合物 15，以 0.1 mol/L 的 TBAP 乙腈作为底液，配体浓度 1×10^{-3} mol/L，用循环伏安法对其电化学性质进行研究；而对于双臂化合物 16，由于溶解性原因，则以 0.1 mol/L 的 TBAP 的二氯甲烷/乙腈(1/2)混合液为底液，配体浓度 1×10^{-3} mol/L，用循环伏安法对其电化学性质进行研究。实验表明：化合物 15、16 在 0～0.90 V 电位范围内，均只有一对氧化还原峰，这可归属于化合物中 Fc/Fc^+电对的氧化还原，即 $Fc - e^- \rightleftharpoons Fc^+$。

作为比较，用循环伏安法研究了化合物 15、16 和二茂铁的氧化还原性质，结果见 Table 6.1。由表看出，配体 15 和 16 式量电位均较二茂铁有较大阳极移动，这可归于拉电子的酰腙基团的引入，且体系呈共轭状态，使得茂环体系 π 电子离域性增强，二茂铁基体系电子云密度的减小，致使二茂铁基团更难氧化，这与简单二茂铁亚胺类化合物结果类似[3]。1，1′-双取代的化合物 16 对比 15 给出了更大的式量电位值。

Table 6.1　Electrochemical parameters of 15 and 16 (ca 1.0×10^{-3} mol/L)

Compounds	E_{pa}(mV)	E_{pc}(mV)	ΔE_p(mV)	$E^{0'}$ (mV)	i_{pa}/i_{pc}
ferrocene[a]	483	403	80	443	1.07
15[a]	603	529	74	566	1.05
16[b]	719	640	79	680	1.12

1. All potentials Data are referred to the saturated calomel electrode (SCE) at a scan rate of 100 mV/s using TBAP (0.1 mol/L) as the supporting electrolyte on a GC working electrode. For a: in CH_3CN solution, For b: in $CH_2Cl_2/CH_3CN(1/2)$ solution.

2. $\mathring{A}E_p=(E_{pa}-E_{pc})$, $E^{0'}=(E_{pa}+E_{pc})/2$.

在相同的电位范围内，保持测试液组成不变，改变电位扫描速度(10～500 mV/s)，进一步考察扫描速度对峰电流和峰电位的影响。化合物 15 与 16 表现相似的电化学行为。Fig. 6.1～Fig. 6.2 为化合物 15、16 在不同电位扫描速度下的 CV 曲线，由图可见，随着扫描速度的增大，化合物 15、16 的氧化峰与还原峰的电位差 ΔE_p ($\Delta E_p = E_{pa} - E_{pc}$)基本不变；且氧化峰电流与还原峰电流的比值 i_{pa}/i_{pc}基本为常数。根据电位差 ΔE_p 和 i_{pa}/i_{pc}的值可以判定，Fc^+/Fc 电对发生的是可逆过程，且符合 Nernest 方程中单电子转移的理论数值。将数据做进一步处理，考察 i_{pa}与 $v^{1/2}$的关系。由 Fig. 6.1～Fig. 6.2 可知 i_{pa}-$v^{1/2}$呈线性关系，说明配体 15、16 在玻碳电极上的电极反应为受扩散控制的 Fc^+/Fc 电化学体系。

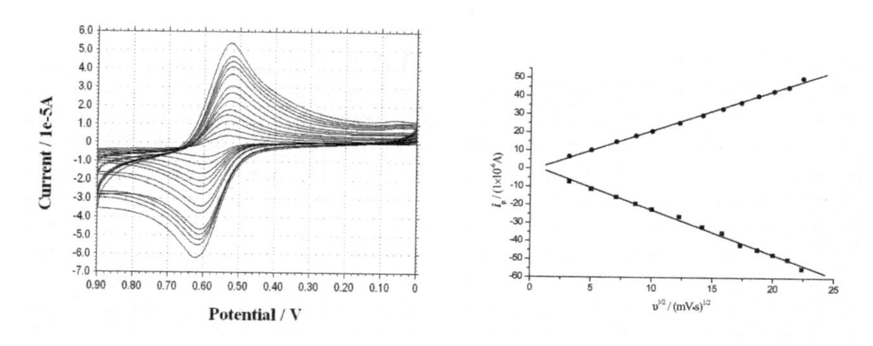

Fig. 6. 1　CVs of 15（1. 0×10^{-3} mol/L）in acetonitrile at different scan rates and linear relation between the peak current and the square root of the scan rate

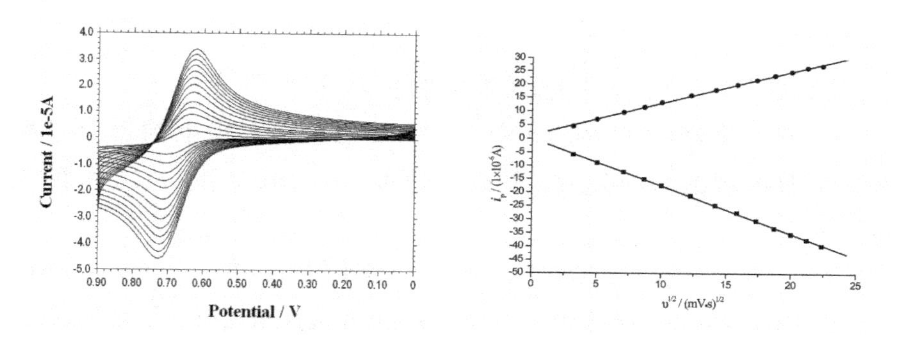

Fig. 6. 2　CVs of 16（1. 0×10^{-3} mol/L）in CH_2Cl_2/CH_3CN(1/2）at different scan rates and linear relation between the peak current and the square root of the scan rate

6. 2. 2. 2　电极过程动力学参数的测定

(1)电子转移数 n 的测定

电子转移数是电极反应动力学参数之一，对于可逆反应，采用准确度较高的常规脉冲伏安法（NPV）测定了标题化合物 16 在玻碳电极上的电子转移数 n。根据常规脉冲伏安法的波方程：

$$E = E_{1/2} + 2.303\frac{RT}{nT}\log\frac{i_1 - i}{i}$$

在 i-E 曲线 Fig. 6. 3 上得到 i_1，并取数个 i 值，然后作 E—log[$(i_1 - i)/i$] 关系曲线，得一直线，其斜率为 0. 062；由其斜率可求得 n= 0. 95≈ 1。这一结果证明了在 0～0. 90 V 电位范围内，标题化合物的氧化还原过程的确对应于 $Fc - e^- \rightleftharpoons Fc^+$。

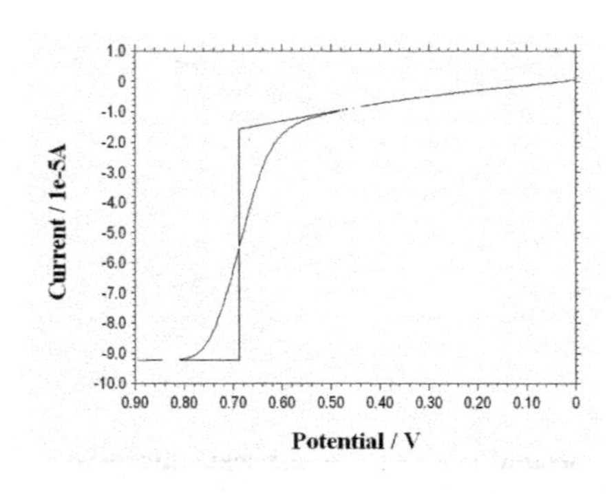

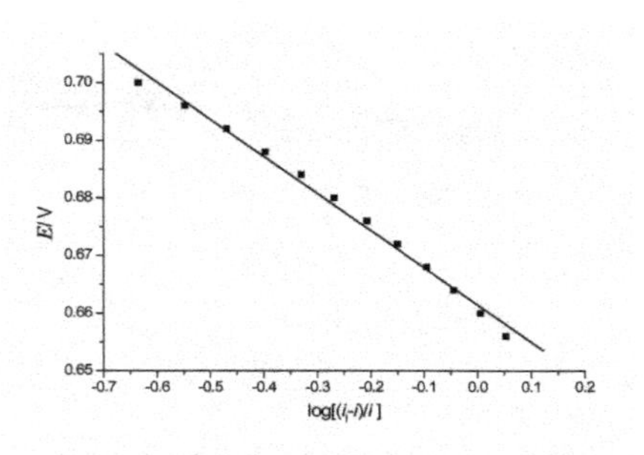

Fig. 6.3 NPV of compound 16 (1.0×10⁻³ mol/L) in acetonitrile and the linear relation between E and log[$(i_l - i)/i$]

(2)配体 15 及 16 在电极表面的扩散系数 D

知道了化合物 15 和 16 中 Fc/Fc^+ 电对在电极上的反应过程是受扩散控制的，对可逆体系扫描速度(υ)与峰电流(i)之间存在如下关系：

$$i = 0.463 \times n^{\frac{3}{2}} F^{\frac{3}{2}} A (RT)^{\frac{-1}{2}} D^{\frac{1}{2}} C \upsilon^{\frac{1}{2}} \qquad (1)$$

其中，i 是循环伏安法中的峰电流(A)，A 是电极表面的表面积(cm^2)，C 则代表了电活性物质的浓度(mol/cm^3)，n 是电子转移数，R、T 代表其通常的意义。其中 $n=1$，F 是法拉第常数，其值为 96487 C/mol。由于实验是在室温下进行的，因此 RT 可取值为 2480 J/mol，于是，公式(1)可简化为公式(2)：

$$i = 2.69 \times 10^5 \times A D^{\frac{1}{2}} C \upsilon^{\frac{1}{2}} \qquad (2)$$

根据 i_{pa}-$\upsilon^{1/2}$ 的线性关系(Fig. 6.1～Fig. 6.2)，由斜率可以利用公式(2)计算出配体在电极表面的扩散系数(D)。

此外，分别用瞬态技术的计时电流法(CA)和计时电量法(CC)考察了配体 15 及 16 在该电极表面的扩散系数，即施加一阶跃电位(0～0.9 V)于电极上，并在 0.9 V 电位下保持 5 s，记下 i-t 关系曲线和 Q-t 关系曲线，由 Cottrell 方程：

$$i(t) = \frac{nFAD_0^{\frac{1}{2}} C_0}{(\pi t)^{\frac{1}{2}}} + i_c, Q(t) = \frac{2nFAD_0^{\frac{1}{2}} C_0 t^{\frac{1}{2}}}{\pi^{\frac{1}{2}}} + Q_{dl}$$

分别作 i-$t^{-1/2}$ 和 Q-$t^{1/2}$ 关系曲线，从曲线斜率即可分别求得配体15、16在电极表面的扩散系数，其结果见Table 6.2。

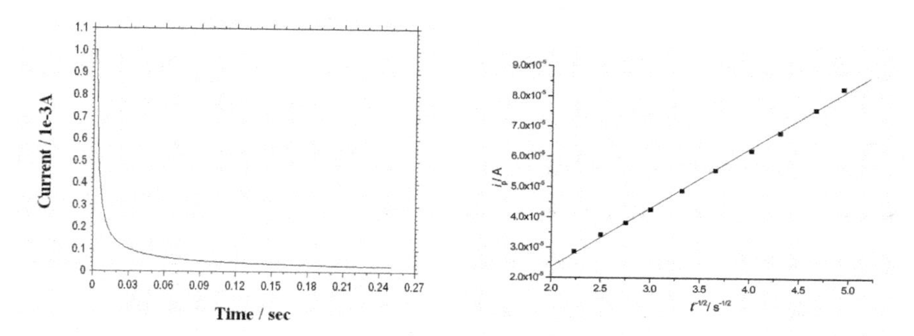

Fig. 6.4 Chronoamperogram of 16 (1.0×10^{-3} mol/L) in acetonitrile and linear relation between i_p and $t^{-1/2}$

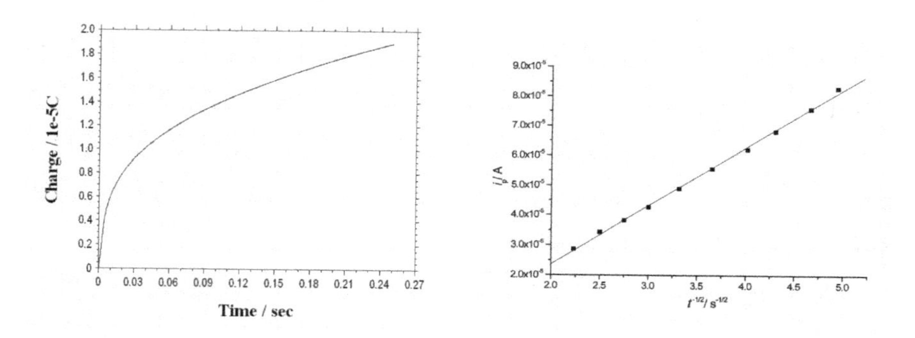

Fig. 6.5 Chronocoulogram of 16 (1.0×10^{-3} mol/L) in acetonitrile linear relation between Q and $t^{1/2}$

从Table 6.2中可以看出，随单、双取代的不同，化合物15与16在电极表面扩散系数也不相同，对双臂化合物16，其分子体积明显大于单臂化合物15，故而电极反应过程中，16给出了相对较小的扩散系数。

Table 6.2 Electrochemical kinetics date of 15 and 16

Compound	$D_0 \times 10^{-5}$/(cm^2/s)		
	CV	CA	CC
15	1.97	2.10	1.98
16	1.68	1.73	1.56

6.2.2.3　配体15及16对阴离子的电化学响应

配体15和16中含有较强的氢键给体——酰腙NH基和较强的氢键受体——醚氧O原子及喹啉N原子，可以预见化合物15和16在与阴离子结合过程中，与球形卤素阴离子将通过NH与阴离子结合；而对于同时具有活泼H和多氧结构的$H_2PO_4^-$或HSO_4^-等阴离子来说，配体15和16除可用酰腙NH基团作为氢键给体与阴离子结合外，还能通过8-烷氧基喹啉片断中O、N原子与阴离子中活泼氢作用。这里分子中具有柔性醚氧键，可通过键的旋转以实现强的阴离子结合作用，并且通过旋转可以对结合位点空间构型微调从而实现与阴离子几何空间上的匹配。

选择0～0.9 V的电位范围，对化合物15，以0.1 mol/L的TBAP乙腈作为底液；而对于双臂化合物16，则以0.1 mol/L的TBAP的二氯甲烷/乙腈(1/2)混合液为底液，在配体浓度均为1×10^{-3} mol/L、电位扫描速度为100 mV/s的条件下，用循环伏安法分别考察了它们与阴离子CH_3COO^-、Cl^-、F^-、HSO_4^-和$H_2PO_4^-$的电化学响应性能。

对于配体15：从Fig. 6.6～Fig. 6.9可以看出，当加入CH_3COO^-、Cl^-、F^-时导致了二茂铁中心氧化电位E_{pa}的微弱阴极移动，随阴离子量的逐渐增大，二茂铁Fc/Fc^+电对还原峰逐渐消失，伴随着氧化峰的逐渐变宽和阴极方向的位移；当加至4 mol/L阴离子时，二茂铁中心电对可逆性完全丧失。这是由于在循环伏安过程氧化步骤中，在电极表面形成的FcL^+与阴离子形成稳定离子对，并吸附在电极表面且在还原步骤中不能被还原所造成的EC机理，于是在CV研究中，缺少了还原过程，导致了电对的可逆性丧失[4]；此外，吸附在电极表面的离子对通过离子对与电极间的单电子传输，使得产生了附加的电流，故而氧化峰电流有增大趋势。值得说明的是，由于电极反应产物在电极表面的吸附造成了电极的钝化。当加入HSO_4^-时，受体与阴离子作用后循环伏安峰电流均有所减小，这可归于受体分子与阴离子

HSO_4^- 间的结合作用,形成了体积较大的复合体,因其体积较大,所以在电极反应过程中扩散受阻,进而使峰电流在一定程度上有所减小。此外,仔细观察可发现在还原峰阴极方向出现一弱的“肩峰”,这是由于电极氧化过程产物在电极表面的吸附,在还原过程中还原滞后造成的吸附峰[5]。当加入 $H_2PO_4^-$ 时,随着阴离子的加入,使得 Fc/Fc^+ 电对氧化峰电位 E_{pa} 产生了显著的阴极移动,而在还原过程中则出现形状为尖峰的特征吸附峰,且随着吸附的产生,造成了氧化峰电流和还原峰电流的显著增大。当加入 4 mol/L 相应阴离子时,对二茂铁氧化还原式量电位或氧化电位的变化值进行计算并列于 Table 6.3。

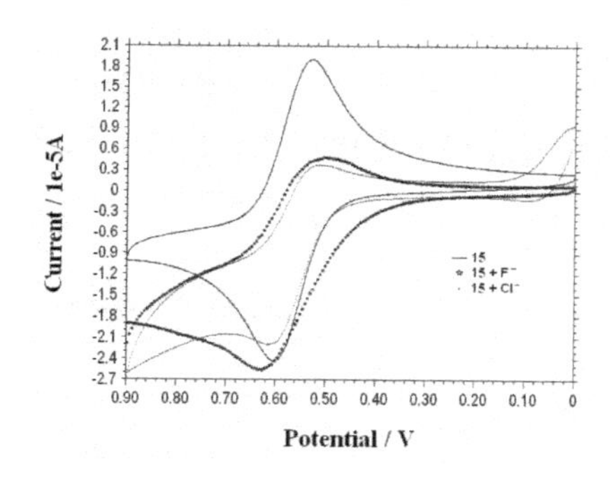

Fig. 6. 6　CVs of 15 and (15+ F^-), (15+ Cl^-)

Fig. 6. 7　CVs of 15 and (15+ CH_3COO^-)

Fig. 6. 8　CVs of 15 and (15+ HSO_4^-)

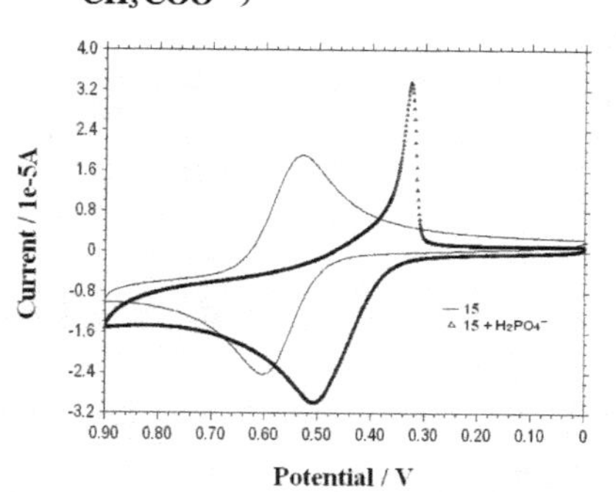

Fig. 6. 9　CVs of 15 and (15+ $H_2PO_4^-$)

对于配体 16:从 Fig. 6. 10～Fig. 6. 13 可以看出,当加入

CH_3COO^-、Cl^-、F^- 时导致了二茂铁中心氧化电位 E_{pa} 的微弱阴极移动，随着阴离子量的逐渐增大，二茂铁 Fc/Fc^+ 电对还原峰逐渐消失，伴随着氧化峰的逐渐变宽和阴极方向的位移，这种结果与化合物 15 相类似。当加入 HSO_4^- 时，其氧化还原峰明显往阴极移动，且仍表现良好的可逆行为，受体与阴离子作用后循环伏安峰电流均有所减小，表明受体分子与阴离子 HSO_4^- 间良好结合，形成了体积较大的复合体，因其体积较大，所以在电极反应过程中扩散受阻，进而使峰电流在一定程度上有所减小。当加入 $H_2PO_4^-$ 时，随着阴离子的加入，使得 Fc/Fc^+ 电对氧化峰电位 E_{pa} 对比其他测试阴离子给出了较大阴极移动值(172 mV)，由 Fig. 6.13 可见，随着 $H_2PO_4^-$ 的加入，由于主客体间形成了较复杂络合物，使得 Fc/Fc^+ 可逆性降低[4, 5]。当加入 4 mol/L 相应阴离子时，二茂铁氧化还原式量电位或氧化电位的变化列于 Table 6.3。

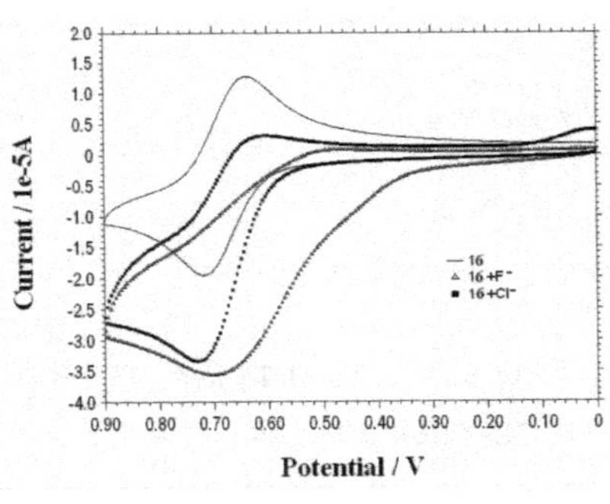

Fig. 6.10　CVs of 15 and ($15+HSO_4^-$)

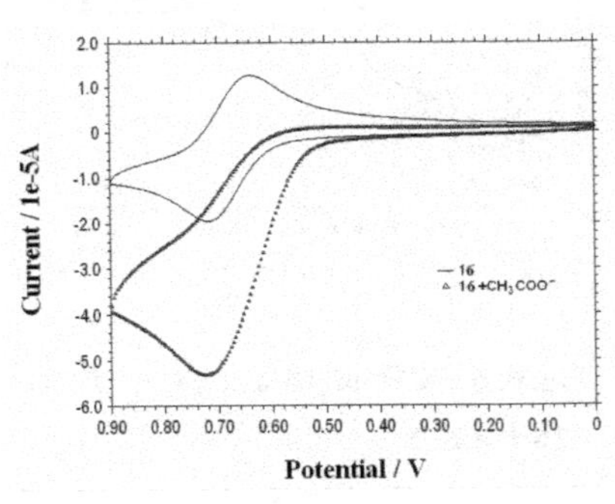

Fig. 6.11　CVs of 15 and ($15+H_2PO_4^-$)

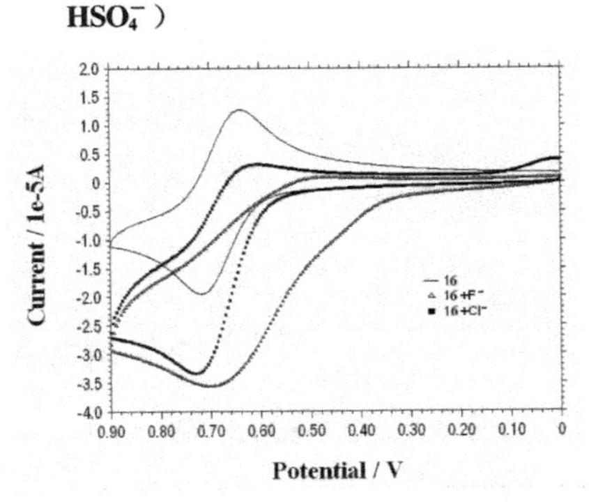

Fig. 6.12　CVs of 16 and ($16+F^-$), ($16+Cl^-$)

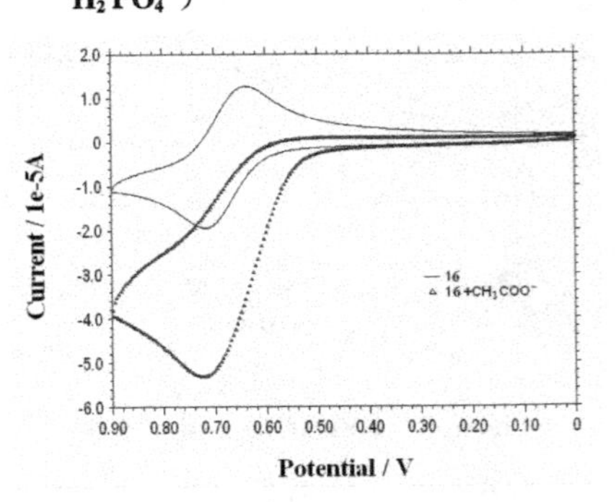

Fig. 6.13　CVs of 16 and ($16+CH_3COO^-$)

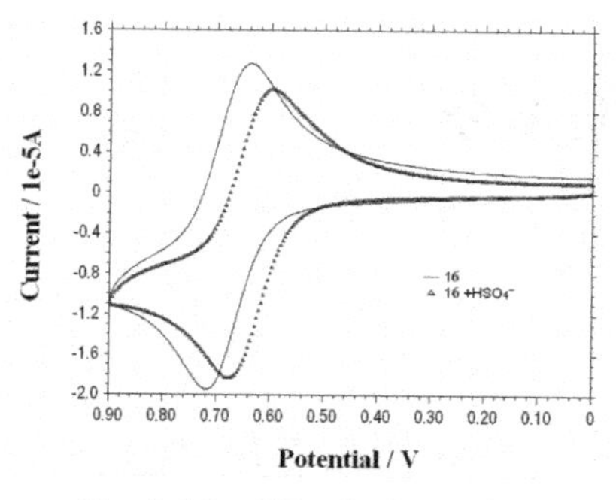

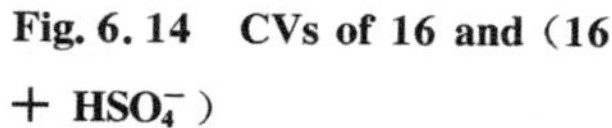
Fig. 6.14　CVs of 16 and (16 + HSO_4^-)

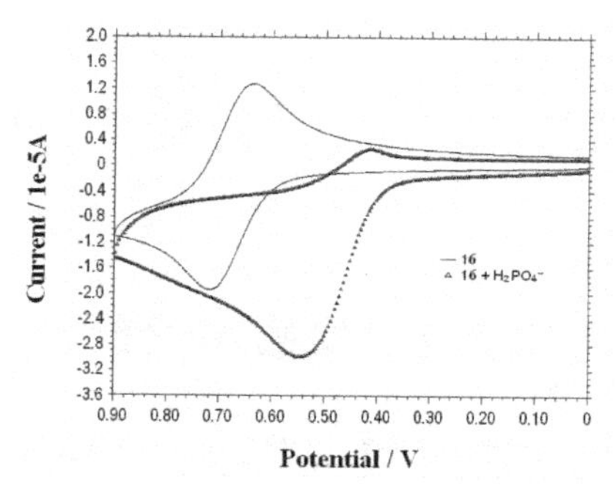

Fig. 6.15　CVs of 16 and (16+ $H_2PO_4^-$)

阴离子电化学竞争实验表明，在 10 倍于 $H_2PO_4^-$ 的 Cl^- 存在下，配体 15、16 二茂铁中心电位变化 ΔE[E_{pa}(受体 + 阴离子) − E_{pa}(游离受体)]值均与单独存在 $H_2PO_4^-$ 时结果相似，这表明喹啉氧基酰脲类配体 15、16 对生命体系重要的 $H_2PO_4^-$ 具有一定的选择识别性能。对比显示，所设计配体 15 和 16 电化学阴离子识别结果优于文献报道其他脲类化合物[6]。

Table 6.3　Electrochemical response for 15 and 16 vs selected anions in acetonitrile in 0.1 mol/L tetrabutylammonium perchlorate

receptor	ΔE(mV)				
	CH_3COO^-	Cl^-	F^-	HSO_4^-	$H_2PO_4^-$
15	—[a]	—[a]	—[a]	−16[b]	−94[a]
16	—[a]	—[a]	−19[a]	−44[b]	−172[a]

Scan rate：100 mV/s. All potentials Data are referred to the saturated calomel electrode (SCE) on a GC working electrode. a：ΔE is define as E_{pa}(receptor + anion) − E_{pa}(free receptor). b：ΔE is define as $E^{0'}$(receptor + anion) − $E^{0'}$(free receptor).

6.3 实验部分

6.3.1 仪器与试剂

红外光谱由 Burker VECTOR22 型红外光谱仪(KBr 压片, 400～4000 cm^{-1}测定);^1H NMR 采用 Bruker DPX-400 型超导核磁共振谱仪测定,$CDCl_3$ 为溶剂,TMS 为内标;DMSO(d_6)溶剂,TMS 为内标;电喷雾质谱由 Agilent LC/ MSD Trap XCT 质谱仪测定;高分辨质谱由 Waters Q-Tof Micro™质谱仪测定;熔点在 X4 数字显微熔点仪(温度计未校正)上测定;电化学性质用 CHI-650A 型综合电化学工作站(上海晨华公司)测定,三电极体系,工作电极为 Φ3mm 的玻碳电极,辅助电极为铂丝,参比电极为 232 型饱和甘汞电极。

所用试剂:8-羟基喹啉产自天津化学试剂一厂,其他固态物质均为分析纯;所有阴离子四丁基盐均购自 Alfa Aesar 公司;液体物质均经过干燥、蒸馏。二氯甲烷先用 P_2O_5 处理重蒸;无水甲醇经镁带处理重蒸。

6.3.2 溶液电化学测试方法

二茂铁基化合物溶液浓度为 1×10^{-3} mol/L,以[n-Bu_4NClO_4](TBAP)为支持电解质,浓度 0.1 mol/L,工作电极在使用前先经 0.05 μm Al_2O_3 抛光粉研磨抛光至镜面,再依次用 0.1 mol/L NaOH、1∶1 HNO_3、无水乙醇、二次蒸馏水超声清洗。对于化合物 15,实验在饱和氮气的无水乙腈中进行;对于化合物 16,实验在饱和氮气的无水 CH_2Cl_2/ CH_3CN(V∶V, 1∶2)溶剂中进行。

6.3.3 阴离子识别测试方法

在电解池中加入配好的二茂铁基化合物的无水 CH_2Cl_2/CH_3CN($V:V$, 1:2)溶液(1×10^{-3} mol/L),所有阴离子均以其四丁基盐的乙腈溶液(0.1 mol/L)由微量进样器加入。与测试客体阴离子响应电位位移值,在 0~0.90 V 电位范围内,利用循环伏安法在电位扫描速率为 100 mV/s 下进行测定。

6.3.4 喹啉氧基酰腙类二茂铁化合物 15、16 的合成

8-喹啉氧基乙酸[2a, 7]

将 8-羟基喹啉 5.8 g (0.04 mol)依次加入水 25 mL 和 4.8 g (0.12 mol) NaOH,搅拌混合均匀后,趁溶液温热时,小心加入 7.25 g (0.08 mol) $ClCH_2COOH$,等固体溶解完全,将混合物逐渐升温至微沸,后回流反应 20 min,冷却后向反应液中加入 6 mol/L盐酸,调节至酸性 pH= 2~3,低温下静置过夜,抽滤,固体以冰水洗涤 3 次,后用水重结晶得浅黄色针状晶体 6.1 g,收率 76%,m. p. 169~170℃,ESI-MS:$[M]^+$:203.2。

8-喹啉氧基乙酸甲酯

50 mL 单口瓶中加入 20 mL 无水甲醇和 4.6 g (0.02 mol) 8-喹啉氧基乙酸,冰盐浴下,缓慢滴加 5 mL 新蒸的 $SOCl_2$,滴加完毕,室温下搅拌 1 h,升温回流 7 h。冷却后,水泵减压下蒸出过量的 $SOCl_2$ 和甲醇,得白色固体,此粗产品未经进一步纯化直接用于下一步反应。

8-喹啉氧基肼 14

将所得甲酯 8-喹啉氧基乙酸甲酯溶于 25 mL 甲醇中,室温下搅拌下滴加 3 mL 水合肼(80%水溶液),滴加完毕,升温回流 7 h,反应完毕,水泵减压下蒸出过量甲醇及水合肼,得浅绿色固体,用

水重结晶得针状化合物 14。

喹啉氧基酰腙类单臂受体 15 的合成

向盛有 20 mL 无水甲醇的 50 mL 圆底烧瓶中依次加入 0.87 g (4 mmol)酰肼化合物 14 和 0.86 g (4 mmol)单甲酰二茂铁，加入 5 滴冰醋酸做催化剂，搅拌下回流 3 h，有大量橙黄红色片状晶体产生，反应完毕(IR 跟踪反应至 C ═ O 1684 cm^{-1} 处吸收峰消失)，抽滤，得粗产品 15，以 CH_2Cl_2/CH_3OH(1/4)重结晶得橙黄色片状晶体 1.57 g，收率 95%。

Compound 15：95% yield. m. p. 96～97 ℃；HRMS：Cacld for $C_{22}H_{20}FeN_3O_2$ $[M + H]^+$ requires：414.0905，found：414.0901，$C_{20}H_{19}FeN_3O_2Na$ $[M + Na]^+$ requires：436.0724 found：436.0752；IR ν_{max}(KBr pellet)：3220，1678，1609，1551，1504，1375，1258，1118，817，790 cm^{-1}；^1H NMR (400 MHz，$CDCl_3$) δ mg/kg：4.19 (s，5H，Cp-H)，4.40 (s，2H，Cp-H)，4.73 (s，2H，Cp-H)，4.94 (s，2H，—OCH_2)，7.29 (s，2H，Ar-H)，7.58 (s，3H，Ar-H)，8.26 (s，2H，Ar-H and CH ═ N)，8.97 (s，1H，Ar-H)，11.78 (s，1H，CONH)；^{13}C NMR (100 MHz，$CDCl_3$) δ mg/kg：68.36，69.26，70.62，70.94，77.90，114.08，122.06，122.33，127.06，129.77，136.94，140.50，150.62，154.25，164.30；ESI-MS found：$[M + H]^+$：414.3，$[M + Na]^+$：436.2，$[2M + Na]^+$：849.2。

喹啉氧基酰腙类双臂受体 16 的合成

向盛有 20 mL 无水甲醇的 50 mL 圆底烧瓶中依次加入 0.87 g (4 mmol)酰肼化合物 14 和 0.48 g (2 mmol)双甲酰二茂铁，加入 5 滴冰醋酸做催化剂，搅拌下回流 2 h，有大量暗红色沉淀产生，反应完毕(IR 跟踪反应至 C ═ O 1680 cm^{-1} 处吸收峰消失)，抽滤，得粗产品 16，以 CH_2Cl_2/CH_3OH(1/3)重结晶得暗红色晶体 1.22 g，收率 92%。

Compound 16: 92% yield. m. p. 128℃; HRMS: Cacld for $C_{34}H_{29}FeN_6O_4$ [M + H]$^+$ requires: 641.1600, found: 641.1700, $C_{34}H_{28}FeN_6O_4Na$ [M + Na]$^+$ requires: 663.1419, found: 663.1412; IR ν_{max}(KBr pellet): 1683, 1560, 1503, 1379, 1317, 1254, 1113, 823, 751 cm^{-1}; ^1H NMR (400 MHz, $CDCl_3$) δ mg/kg: 4.42 (s, 4H, Cp-H), 4.70 (s, 4H, Cp-H), 4.83 (s, 2H, —OCH_2), 6.98 (d, 2H, J = 7.5, Ar-H), 7.41~7.53 (m, 6H, Ar-H), 8.20 (d, 2H, J = 8.0 Hz, Ar-H), 8.27 (s, 2H, CH ═ N), 8.96 (d, 2H, J = 3.2 Hz Ar-H), 11.78 (s, 1H, CONH); ^{13}C NMR (100 MHz, $CDCl_3$) δ mg/kg: 69.94, 71.74, 79.30, 112.23, 121.69, 122.13, 127.02, 129.63, 136.84, 149.11, 150.36, 153.60, 164.31; ESI-MS found: [M + Na]$^+$: 663.3。

6.4 小结

本章设计合成了喹啉氧基酰腙类二茂铁阴离子受体 15 和 16。利用循环伏安法研究了其二茂铁中心氧化还原行为，并利用多种方法测定了它们在玻碳电极上的电极反应扩散系数。

利用循环伏安法，对 15 和 16 对 F^-、Cl^-、AcO^-、HSO_4^- 及 $H_2PO_4^-$ 的识别性能进行了研究。结果表明，该类化合物与 $H_2PO_4^-$ 结合后，对比其他阴离子给出了 Fc/Fc^+ 氧化还原电位最大的阴极移动值；电化学阴离子竞争实验表明，配体 15、16 均对生命体系重要的阴离子 $H_2PO_4^-$ 具有良好的选择识别性能，且结果优于文献报道的其他腙类化合物。

参考文献

[1] (a) J. L. Sessler, S. Camiolo, P. A. Gale, Coord.

Chem. Rev. , 240 (2003) 17; (b) P. D. Beer, E. J. Hayes, Coord. Chem. Rev. , 240 (2003) 167; (c) L. Fabbrizzi, M. Licchelli, A. Taglietti, Dalton Trans. , (2003) 3471; (d) P. A. Gale, Coord. Chem. Rev. , 240 (2003)191; (e) C. Suksai, T. Tuntulani, Chem. Soc. Rev. , 32 (2003) 192; (f) S. Aoki, E. Kimura, Rev. Mol. Biotech. , 90 (2002) 129; (g) Z. Y. Zeng, Y. B. He , L. H. Wei , et al. , Can. J . Chem. , 82 (2004),(3) 454; (h) P. D. Beer, Chem. Commun. , (1996) 689 .

[2] (a) K. Ghosh, S. Adhikari, Tetrahedron Lett. , 47 (2006) 3577; (b) H. Yang, Z. G. Zhou, K. W. Huang, M. X. Yu, F. Y. Li, T. Yi, C. H. Huang, Org. Lett. , 9 (2007) 4729; (c) H. L. Chen, Y. B. Wu, Y. F. , Cheng, H. Yang, F. Y. Li, P. Yang, C. H. Huang, Inorg. Chem. Commun. , 10 (2007) 1413.

[3] (a) 徐琰. 二茂铁衍生物的合成及电化学性质研究. 郑州大学博士论文,2005; (b) 郝新奇. 新型 NCN 型钳形金属化合物及二茂铁衍生物的合成、表征及性质研究. 郑州大学博士论文,2007.

[4] (a) O. Reynes, F. Maillard, J. C. Moutet, G. Royal, E. Saint-Aman, G. Stanciu, J. P. Dutasta, I. Gosse, , J. C. Mulatier, J. Organomet. Chem. , (2001) 637 — 639; (b) A. Goel, N. Brennan, N. Brady and P. T. M. Kenny, Biosens. & Bioelectron. , 22 (2007) 2047; (c) D. L. Stone, D. K. Smith, Polyhedron, 22 (2003) 763.

[5] 张祖训,汪尔康. 电化学原理和方法. 北京:科学出版社, 2000,245.

[6] (a) B. G. Zhang, J. Xu, Y. G. Zhao, C. Y. Duan, X. Cao, Q. J. Meng, Dalton Trans. , (2006) 1271; (b) B. Delavaux-Nicot, Y. Guari, B. Douziech, R. Mathieu, Chem. Commun. , (1995) 585; (c) X. F. Shang, H. Lin, X. F. Xu, P.

Jiang, H. K. Lin, Appl. Organomet. Chem., 21 (2007) 821.

[7] 赵志明,牟其明,胡蓉,杨祖幸,陈淑华. 芳杂环类多重氢键分子钳人工受体的设计合成. 四川大学学报, 38 (2001), (3) 402.

第7章 二茂铁基大环化合物的合成、表征及阴离子识别性能研究

7.1 引言

自 Pedersen、Lehn 和 Cram 分别从事冠醚、穴醚、主客体化学以及超分子化学的开创性工作以来，对于大环及多大环主体体系的研究取得了很大的发展，对此已有不少综述和专著进行了广泛的总结[1]。

具有氧化还原活性的大环化合物，由适当的具有可逆的氧化还原活性中心的功能基团和具有能选择性地络合金属离子、铵离子、阴离子或中性分子的环状结构所组成。其中，电化学活性功能基团既可位于环外作为主体大环的附属，也可作为环的组成部分。它们既具有大环化合物对客体的选择性络合能力，又能在络合时使氧化还原活性中心做出相应的电化学响应。根据氧化还原活性中心种类的不同，氧化还原型大环化合物主要包括[2,3]：含醌类、硝基苯类、三氰基乙烯类、四硫富瓦烯类、黄素类、NADH类等有机氧化还原中心的大环分子；缺电子主体分子；含有有机过渡金属氧化还原中心（如二茂钼、二茂钨、二茂钴、二茂钌及二茂铁）的大环化合物。近年来，基于氧化还原型大环化合物的识别研究以其在离子选择性电极、电化学生物传感器、分子自组装、可控离子跨膜传输以及分子开关等高科技领域研究的重要意义和潜在的应用前景[4,5]，已成为超分子化学领域的重要研究方向。

以二茂铁为结构单元设计合成氧化还原型大环化合物的

研究近年来十分活跃[2a,3]。根据二茂铁与大环之间相互联结方式的不同，二茂铁基大环化合物可分为两大类：一类是二茂铁参与成环的大环化合物，一类是二茂铁位于环外的大环化合物。

由于阴离子在生物学、医学和环境学等领域的重要性，发展和合成对阴离子具有特殊识别性能的人工受体是当前超分子化学研究的重要课题。阴离子人工受体已在阴离子传感器、膜传输载体及模拟酶催化合成等方面展现了独特的应用前景。由于氢键具有良好的方向性和选择性，因此对阴离子具有强氢键结合能力的脲、硫脲、酰胺等基团已被广泛用于中性阴离子受体设计。含酰胺基团阴离子受体具有对体系 pH 依赖低，并在有机溶剂具有好的溶解性的特点而备受关注。

文献调研发现，目前对含多酰胺基二茂铁基大环化合物阴离子受体还少见于报道，鉴于酰胺基团良好阴离子络合性能以及二茂铁基良好的电化学性质，本章以 1,2-二邻胺基苯氧乙烷 17 为原料，设计合成了几种二茂铁基在环外或是环组成部分的大环化合物 19、21 及 22a～22b，对它们的电化学性质进行研究，测定了部分电极反应动力学参数，并对它们的电化学阴离子识别性能进行了考察。此外，通过量化计算揭示了在大环化合物合成反应中，分子内氢键对环化反应起驱动作用。

7.2 结果与讨论

7.2.1 1,2-二邻胺基苯氧乙烷 17 稳定构象的量化计算

本章研究以 1,2-二邻胺基苯氧乙烷 17 和 1,1′-二茂铁双甲酰氯 18，在吡啶为缚酸剂，合成目标大环酰胺化合物 19 过程中，利用合成大环化合物常用的高度稀释法，取得了大于 90%的收率。然而对比研究发现，在常规条件、反应液浓度适中的条件下

亦可得到较高收率，其操作也大大简化，仅需控制酰氯较慢的滴加速度即可，这明显与传统制备大环反应不同。为什么会有这样的结果呢？我们考虑，这可能由于反应原料在溶液中优势构象有利于反应预组装造成。为证实猜想，利用 Gaussian03，Revision C.02 程序，采用精确度高的 B3LYP 密度泛函方法，在 6～31g(d，p)水平上，对二胺 17 在二氯甲烷溶剂模型下，分子存在的几种可能稳定构象进行几何构型优化，对其构型最低能量值进行计算比较[6]，结果如下：对整个分子中各原子能够很好地共平面，两胺基处于相反方向的构象 A(Fig. 7.1)，其能量值为－803.10161910 a.u.；对二胺分子中两芳环处于几乎垂直状态分子构象 B (Fig. 7.2)，其能量值为－803.10208625 a.u.；当分子构型为二胺中两胺基位于同向状态的构象 C (Fig. 7.3)，其优化后能量为－803.10262148 a.u.。对比显示，构型 C 具有最低的能量，为最优势构象。鉴于氢键的形成具有一定的方向性且氢键在分子稳定性方面的巨大贡献，对比状态 A、B 和 C 可以看出，在状态 C 中两胺基间，胺基与醚氧键氧原子间均存在着较强的氢键作用，而状态 A 中仅存在着胺基与氧原子间的氢键作用，状态 B 中由于两胺基距离相对较远，其氢键作用强度显然较 C 状态下弱。这为计算结果状态 C 为分子优势构象提供了一定的依据。

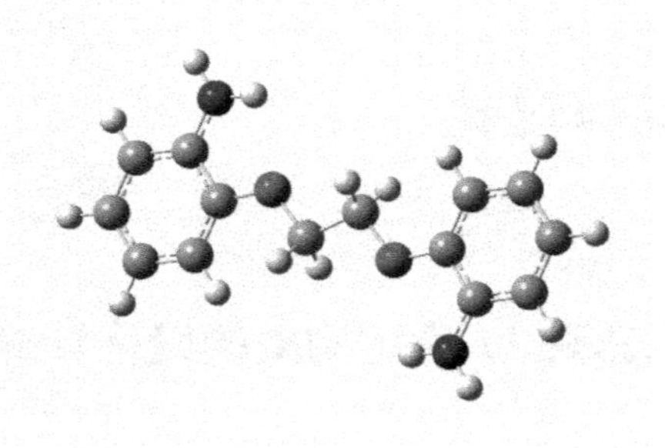

Fig. 7.1　Optimized conformation A

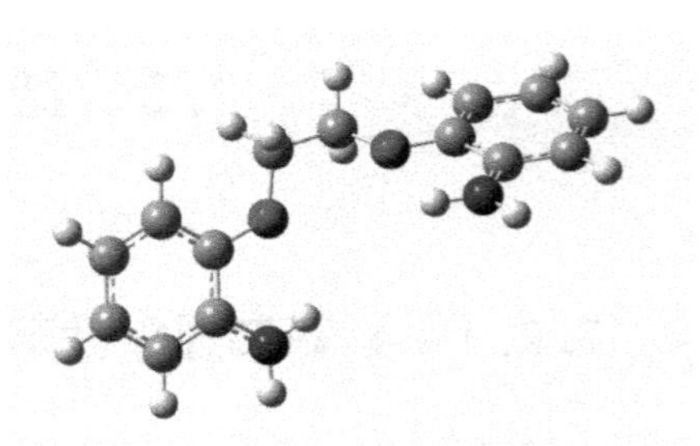

Fig. 7.2　Optimized conformation B

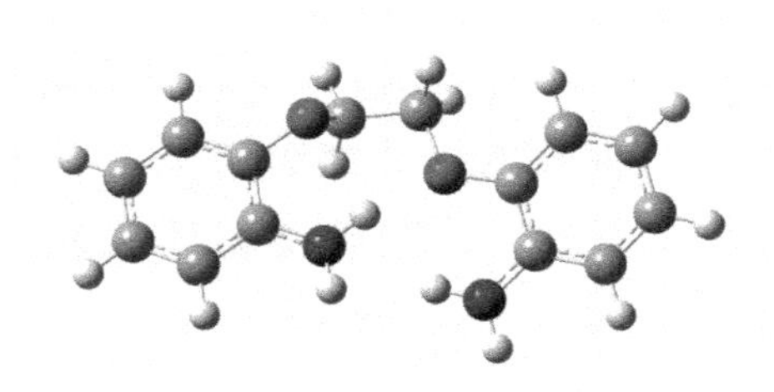

Fig. 7.3　Optimized conformation C

化合物 17 的 ESI-MS 研究显示，其易给出强的$[M+H]^+$峰而非$[2M+H]^+$等复杂峰，也进一步证明二胺分子易于以单分子形态，而非靠分子间氢键缔结的复杂形态存在。

在上述结果下推测，在二胺 17 与酰氯或酰基异硫氰酸酯反应过程中，两胺基中的一个首先参与反应，这时由于分子体系体积增大，使得苯环的翻转更为困难，所以体系中另一个胺基可迅速发生反应，避免了非环产物的生成。此外，由于先发生反应所生成的酰胺基中 N 原子上 H 具有较强的酸，可作为氢键给体，利用另一茂环的旋转，可部分与酰氯基团或酰基异硫氰酸酯基团中的给电子原子以较强的氢键相互作用，靠这种作用可将未反应的酰氯或酰基异硫氰酸酯基团拉近，并将其取向给予固定，这样对体系中另一胺基的进攻起着协同的作用；再者，由于原料二胺 17 体积相对较大，所以也不利于另一分子二胺参与反应形成更复杂的化合物，反应中茂环的旋转与氢键的协同作用驱动了[1+1]大环产物的合成。而在二胺 17 与 5-二茂铁基异酞酰氯 11 反应中，由于异酞酰单元中两个酰基位置固定，并有着较远的距离，这对于另一分子二胺的参与形成较复杂环化产物提供了可能，于是在反应产物中得到了呈折叠体的[2+2]大环化合物 22b。

7.2.2　二茂铁基大环化合物的合成与表征

通过量化计算，我们得出了分子内氢键对合成大环化合物反应有着重要的驱动作用，尽管无限稀释法虽有利于大环化合物的得到，但其操作较为复杂且成本较高。对其反应可能历程有所了解后，设计在较低温度下，利用缓慢滴加的方法在常规条件、反应液浓度适中的条件下在极性较低的有机溶剂中分别利用酰氯 18、11 和 1,1′-双取代二茂铁酰基异硫氰酸酯与二胺 17 反应(Scheme 7.1)，结果以较高收率得到了二茂铁基为环组成部分的大环酰胺 19，二茂铁基位于环外的大环酰胺 22a～22b 以及二茂铁桥联的大环酰胺基硫脲化合物 21。

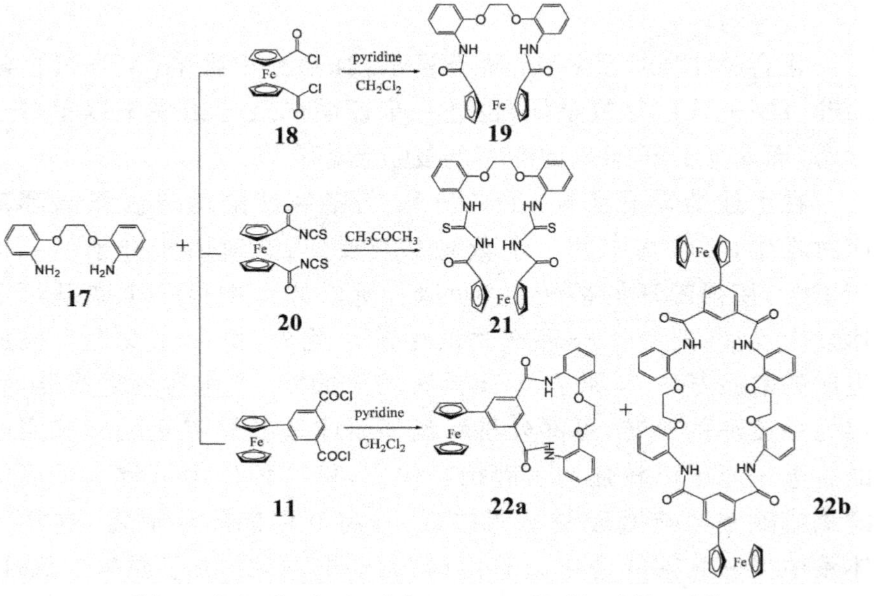
pyridine
CH_2Cl_2
CH_3COCH_3
pyridine
CH_2Cl_2
17
18
19
20
21
11
22a
22b

Scheme 7.1　Synthesis of the receptors 19、21and 22a～22b

二茂铁基大环产物 19、21、22a～22b 均通过 IR、NMR、ESI-MS、HRMS 等进行了结构表征，并对化合物 19、21、22b 通过 X-射线单晶衍射测定了其固态下的分子结构。

在化合物 19、21 及 22a～22b 红外谱图中，在 1665～1679 cm^{-1}处均给出了强的(O ═ C—NH)基团羰基的伸缩振动吸收，这证实了主要官能团的存在。此外，在 1107～1150 cm^{-1}处给出了(C—O—C)的特征吸收。

对于大环酰胺化合物 19，通过 HSQC 对其碳、氢谱进行辅助解析，在^{1}H NMR 中，4.53 mg/kg、4.73 mg/kg 处的两单峰分别为茂环间位和邻位质子信号；4.56 mg/kg 处为 OCH_2 特征信号；

7.04～7.12 mg/kg 以及 8.56～8.58 mg/kg 处芳环质子信号呈现复杂的裂分形式，表现出不同取代基邻二取代苯环特征谱学行为；在 8.41 mg/kg 处单峰为酰胺基团质子信号。在 ^{13}C NMR 谱中，77.68 mg/kg 处为取代茂环取代碳信号，167.13 mg/kg 处为特征(O ═ C)碳信号。这都证实了二茂铁双取代酰胺特征。ESI-MS、HRMS 结果均显示强的 m/z: 505 [M + Na]$^+$ 峰，这表明所得化合物为[1+1]型大环产物。X-射线单晶衍射结果更给出了有力的证据。

对于大环酰胺基硫脲化合物 21 也通过了 HSQC 手段，对其各氢碳信号给出了很好的指认。取代茂环邻位、间位质子信号分别出现在 4.75 mg/kg 和 4.63 mg/kg 处，(—OCH_2—)特征信号出现在 4.57 mg/kg 处；6.89 (d, 2H, J = 8.0 Hz, Ar-H), 7.01 (t, 2H, J = 7.6 Hz, Ar-H), 7.19 (t, 2H, J = 7.6 Hz, Ar-H)及 8.51 (d, 2H, J = 7.9 Hz, Ar-H)信号则表现为简化了的邻二取代苯环特征质子信号；由于分子内氢键的作用(CSN—H)，质子信号位于 12.65 mg/kg 处，(CON—H)基团质子信号则位于 8.61 mg/kg 处。在 ^{13}C NMR 谱中，167.66 mg/kg 与 176.87 mg/kg信号分别对应于(O ═ C)和(S ═ C)碳信号。ESI-MS、HRMS 结果均显示强的 m/z: 623[M + Na]$^+$ 峰，所有数据表明所得化合物为[1+1]型大环酰胺基硫脲产物。X-射线单晶衍射也证实了结果。

对于二茂铁基位于环外的化合物 22a 和 22b，分别对应于反应中[1+1]和[2+2]类型环化产物。尽管两不同分子中各官能团均相同，但在 ^{1}H NMR 中，其质子信号却有较大差别。由 Fig. 7.4 可以看出，在化合物 22b 中各质子信号均较化合物 22a 中相应质子化学位移高场移动，在 22b 中未取代茂环、取代茂环取代基邻位和间位质子信号化学位移分别为 3.94 mg/kg、4.68 mg/kg和 4.28 mg/kg，而在 22a 中则分别为 4.07 mg/kg、4.99 mg/kg和 4.47 mg/kg；在 22b 中异酞酰骨架苯环(2)位和(4,6)位两组质子信号分别为 7.95 mg/kg 和 7.88 mg/kg，而在 22a 中则分别为 8.44 mg/kg 和 8.12 mg/kg；在 22b 中酰胺基团质子信号为9.49 mg/kg，在 22a 则为 9.91 mg/kg。通过对 22b 单晶结构测定，推测 22a 与 22b 中其相应质子化学位移的不同，可能是由于在 22b 中分子以折叠体形式存在，芳香环间存在着较强的 π-π 相互作用，使得分子体系芳香性增强，从而导致了化合物 22b 相应各质子信号均向高场移动。通过 ESI-MS 和 HRMS 测定，对 22a $[M+Na]^+$：581.1125，对 22b $[M+Na]^+$：1139.2，结果表明了 22a～22b 结构的正确性。化合物 22b 进一步通过 X-射线单晶衍射进行了分子结构的测定，结果显示该分子确为[2+2]环化产物。

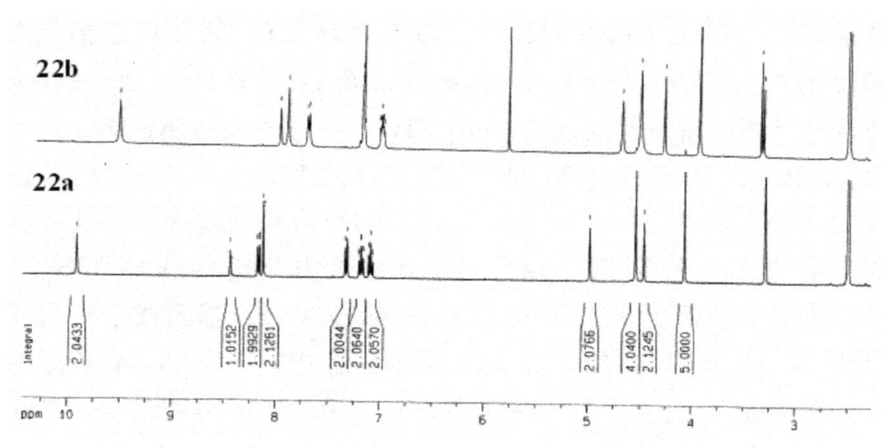

Fig. 7.4　^{1}H NMR spectra of compound 22a and 22b in d_6-DMSO

7.2.3　二茂铁基大环化合物 19、21 及 22b 的晶体结构

为进一步确定大环化合物的分子结构，培养了化合物 19、21 和 22b 的单晶，并利用 X-射线单晶衍射法分析测定其结构，其分子结构如 Fig. 7.5～Fig. 7.7 所示；有关晶体数据及部分键长、键角数据列于 Table 7.1～Table 7.5。

二茂铁基大环酰胺化合物 19 晶体结构

大环酰胺化合物 19 属单斜晶系，*P*2 (1)/ *n* 空间群，晶胞参数 a = 11.860(2) Å，b = 12.765(3) Å，c = 14.512(3) Å，

$\alpha = 90°$, $\beta = 94.07(3)°$, $\gamma = 90°$, $V = 2191.5(8)$ Å^3, $Z = 4$, $\mu = 0.725$ mm^{-1}, $Dc = 1.462$ Mg/m^3, F (000)= 1000,最终偏离因子 $\omega R_1 = 0.0564$, $\omega R_2 = 0.1208$。其分子结构如Fig. 7.5所示,从分子结构图可以看出,由于二茂铁特殊的夹心结构,作为环的组成部分的二茂铁单元使得整个环结构畸变呈扭曲状。分子中,二茂铁基团茂环中碳原子均良好共面,两茂环平行且以“错叠式”构象存在;分子中两个苯环(C13—C14—C15—C16—C17—C18)和(C21—C22—C23—C24—C25—C26)呈交错式,其二面角为 140.2°;两酰胺基团相关键长、键角分别为:C1—N1:1.341(6) Å,C1 ═ O1:1.235(5) Å, N1—C1 ═ O1:123.4(5)°和 C2—N7:1.352(6) Å, C7 ═ O2:1.216(5) Å, N2—C7 ═ O2:123.4(5) Å,两酰胺基团 NH 分别与相邻醚氧键 O 原子间存在着 N1—H…O3 2.591(6) Å 和 N2—H…O4 2.587(6) Å 的强分子内氢键作用。整个大环主体可近似看作类[15-冠-5]结构,环空洞尺寸大小可定义为 N1…N2 5.040 Å,C6…O3 4.400 Å,C6…O4 4.738 Å,C9…O3 4.305 Å,C9…O4 4.268 Å。其部分键长、键角数据分别列于 Table 7.2 和 Table 7.3 中。

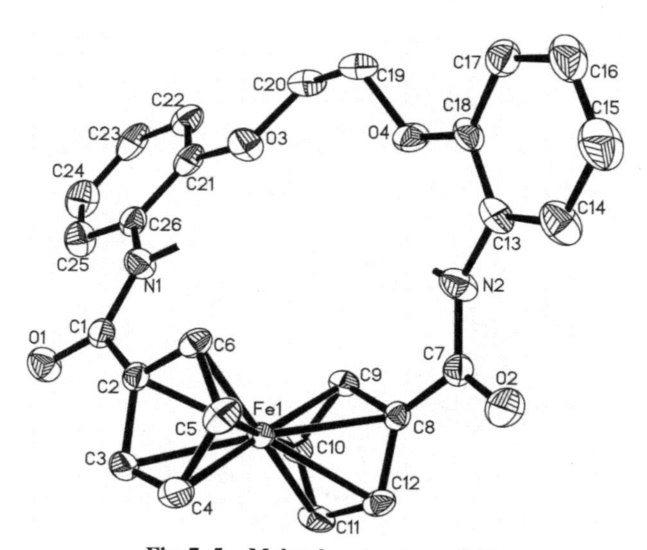

Fig. 7.5　Molecular structure of 19

二茂铁基大环酰胺基硫脲化合物 21 晶体结构

对大环酰胺基硫脲化合物 21 其单晶测试过程中，由于晶体易于风化，所采集衍射数据质量不高，虽能够解出整个分子结构，但经结构精修后，分子间仍有较大残余峰，数据相对较差。但为了部分了解该化合物中各原子空间排布及官能团构型，有必要对它进行考察。数据显示化合物 21 属三斜晶系，$P-1$ 空间群，晶胞参数 $a = 11.341(2)$ Å, $b = 11.929(2)$ Å, $c = 13.677(3)$ Å, $\alpha = 95.71(3)°$, $\beta = 111.87(3)°$, $\gamma = 105.44(3)°$, $V = 1613.6(6)$ $Å^3$, $Z = 2$, $\mu = 0.802\ mm^{-1}$, $Dc = 1.411\ Mg/m^3$, $F(000) = 704$，最终偏离因子为 $\omega R_1 = 0.2740$，$\omega R_2 = 0.6259$，技术计算得到的最大和最小残余电子云密度分别为 $8.911\ e \cdot Å^{-3}$ 和 $-1.107\ e \cdot Å^{-3}$。其分子结构如 Fig. 7. 6 所示，从分子结构图可以看出，由于醚氧键的扭转使得整个环结构呈严重扭曲状。分子中，二茂铁基两茂环相互平行且以交错式构型存在；分子中两个苯环（C14—C15—C16—C17—C18—C19）和（C22—C23—C24—C25—C26—C27）几乎垂直，其二面角为 81.4°；酰基硫脲官能团[O ═ CNH(C ═ S)N * H]片段，各原子很好共面，且(O ═ C)氧原子与[(C ═ S) N * H]中活泼 H 存在强的 N2—H…O2 2.575 Å 和 N3—H…O1 2.618 Å 的分子内氢键作用，这也是在 ^1H NMR 中该质子信号处于低场的重要原因，结果与报道相符[7, 8]。

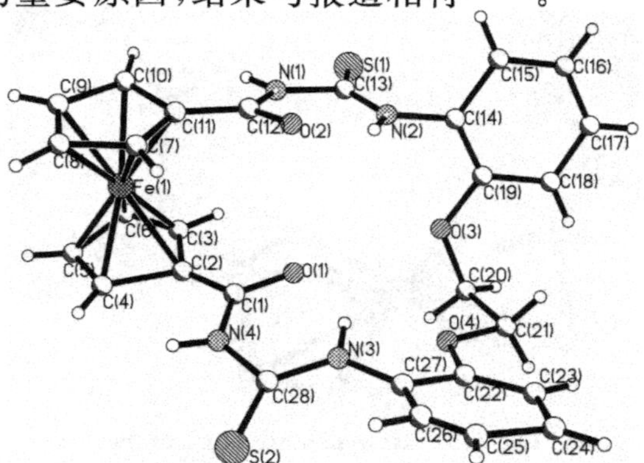

Fig. 7. 6　Molecular structure of 21

二茂铁基大环酰胺化合物 22b 晶体结构

化合物 22b 属单斜晶系，$P2(1)/c$ 空间群，晶胞参数 $a = 16.205(3)$ Å，$b = 14.749(3)$ Å，$c = 22.138(4)$ Å，$\alpha = 90°$，$\beta = 90.89(3)°$，$\gamma = 90°$，$V = 5290.4(18)$ Å^3，$Z = 4$，$\mu = 0.611$ mm^{-1}，$Dc = 1.402$ Mg/m^3，$F(000) = 2320$，最终偏离因子 $\omega R_1 = 0.0675$，$\omega R_2 = 0.1396$，技术计算得到的最大和最小残余电子云密度分别为 0.459 和 −0.359 e·Å^{-3}。其分子结构如 Fig. 7.7 所示，从分子结构图可以看出，由于整个分子体积较大，整个大环分子呈折叠体存在，这样的结构有利于体系减小分子体积，从而使体系以较低能态稳定存在。此外，在这种结构中存在着丰富的分子内芳环间的 π-π 作用，更增加了体系的稳定性。化合物中 22b 取代茂环取代碳原子与异酞酰基相连碳原子间距分别为 C10—C11 1.481(5) Å 和 C36—C55 1.487(5) Å，比正常的 C—C 单键(1.54 Å)短，但比孤立 C ═ C 键(1.33 Å)长，具有明显的离域共轭双键的性质；取代茂环与相连异酞酰基苯环并不在同一平面上，取代茂环(C55—C56—C57—C58—C59)与环(C34—C35—C36—C37—C38—C39)二面角为 157.0°，茂环(C6—C7— C8—C9—C10)与环(C11—C12—C13—C14—C15—C16)二面角为 162.9°。从结构图中可以看出，取代茂环(C55—C56—C57—C58—C59)与苯环(C19—C20—C21— C22—C23—C24)间、两异酞酰芳环骨架(C34—C35—C36—C37—C38—C39)与苯环(C11—C12—C13—C14—C15—C16)间、取代茂环(C6—C7—C8—C9—C10)与苯环(C41—C42—C43—C44—C45—C46)间均存在着芳环间的 π-π 作用，其两芳环间距均在 3.4～3.7 Å 的强芳环间 π-π 相互作用范围，这也部分揭示了化合物 22b ^{1}H NMR 谱中各芳环质子信号均较化合物 22a 在相同测试条件下向高场移动的原因。整体来看，分子中由于折叠构型的存在，使得大环环空洞体积缩小，使环结构表现为两个相邻的类[15-冠-5]结构。由于在两个类冠结构中，各杂原子均位于冠的内侧，使得分子间形成氢键变得异常困难，整个固态结构中缺少了经典分子间氢键作用。这里仅存在经典的酰胺基团 NH 与相邻醚氧键 O 原子间的分子内氢键 N4—H⋯O6 2.632(4) Å，N2—H⋯O3 2.551(4) Å，N1—H⋯O2 2.662(5) Å 和 N3—H⋯O7 2.545(4) Å。

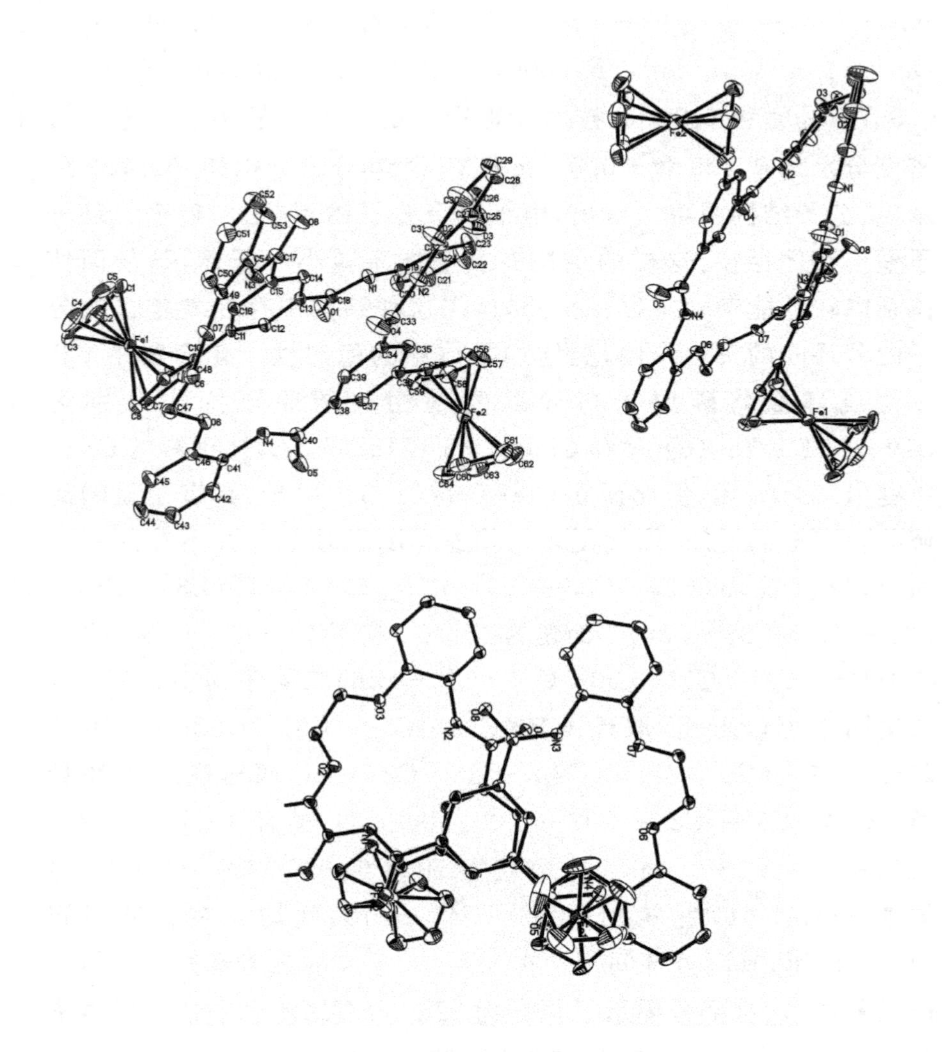

Fig. 7. 7　Molecular structure of 22b

Table 7.1 Summary of crystal structure determination for complexes 19 and 22b

	19	22b
formula	$C_{26}H_{22}FeN_2O_4$	$C_{64}H_{52}Fe_2N_4O_8$
Mr	482.31	1116.80
cryst size [mm]	0.20 × 0.20 × 0.17	0.20 × 0.18 × 0.18
a [Å]	11.860(2)	16.205(3)
b [Å]	12.765(3)	14.749(3)
c [Å]	14.512(3)	22.138(4)
α [deg]	90	90
β [deg]	94.07(3)	90.89(3)
γ [deg]	90	90
V [$Å^3$]	2191.5(8)	5290.4(18)
Z	4	4
space group	P21n	P2(1)/c
D_{Calcd} [g cm^{-3}]	1.462	1.402
[mm^{-1}]	0.725	0.611
2θ range [deg]	2.13～25.00	1.66～25.50
no. of data collected	5896	14728
no. of unique data	3512	8599
obsd data [$I \geqslant 2\sigma(I)$]	3512	8599
R_1 (all data)	0.1093	0.0925
wR_2 (all data)	0.1362	0.1516
R_1 ($I \geqslant 2\sigma(I)$)	0.0564	0.0675
wR_2 ($I \geqslant 2\sigma(I)$)	0.1208	0.1396
F (000)	1000	2320
peak/hole [e $Å^{-3}$]	1.158/−0.201	0.459 / −0.359

Table 7.2　Selected Bond lengths(Å) for 19

N(1)—C(1)	1.341(6)
N(1)—C(26)	1.407(6)
N(2)—C(7)	1.352(6)
N(2)—C(13)	1.404(6)
C(1)—O(1)	1.235(5)
C(1)—C(2)	1.488(6)
C(7)—O(2)	1.216(5)
C(7)—C(8)	1.485(6)
C(18)—O(4)	1.375(6)
C(19)—O(4)	1.419(5)
C(20)—O(3)	1.414(5)
C(21)—O(3)	1.379(6)

Table 7.3　Selected Bond angles(°) for 19

C(1)—N(1)—C(26)	129.7(5)
C(7)—N(2)—C(13)	130.3(5)
O(1)—C(1)—N(1)	123.4(5)
O(1)—C(1)—C(2)	120.2(4)
N(1)—C(1)—C(2)	116.3(4)
C(3)—C(2)—C(1)	123.3(4)
C(6)—C(2)—C(1)	128.0(4)
O(2)—C(7)—N(2)	123.7(5)
O(2)—C(7)—C(8)	122.4(5)
N(2)—C(7)—C(8)	113.9(4)
C(12)—C(8)—C(7)	123.1(4)
C(9)—C(8)—C(7)	128.9(4)
C(14)—C(13)—N(2)	124.1(6)
C(18)—C(13)—N(2)	116.0(5)

续表

O(4)—C(18)—C(17)	125.4(5)
O(4)—C(18)—C(13)	115.4(4)
O(4)—C(19)—C(20)	110.6(4)
O(3)—C(20)—C(19)	109.2(4)
O(3)—C(21)—C(22)	124.1(5)
O(3)—C(21)—C(26)	115.1(4)
C(25)—C(26)—N(1)	125.0(5)
C(21)—C(26)—N(1)	115.5(4)
C(21)—O(3)—C(20)	119.2(4)
C(18)—O(4)—C(19)	117.9(4)

Table 7.4 Selected Bond lengths(Å) for 22b

N(1)—C(18)	1.343(5)
N(1)—C(19)	1.413(5)
N(2)—C(33)	1.358(5)
N(2)—C(32)	1.402(5)
N(3)—C(17)	1.350(5)
N(3)—C(54)	1.408(5)
N(4)—C(40)	1.352(5)
N(4)—C(41)	1.426(5)
O(1)—C(18)	1.222(5)
O(2)—C(24)	1.382(5)
O(2)—C(25)	1.434(5)
O(3)—C(27)	1.386(5)
O(3)—C(26)	1.394(5)
O(4)—C(33)	1.216(5)
O(5)—C(40)	1.223(5)
O(6)—C(46)	1.384(5)
O(6)—C(47)	1.433(5)

续表

O(7)—C(49)	1.381(4)
O(7)—C(48)	1.433(4)
O(8)—C(17)	1.223(4)
C(10)—C(11)	1.481(5)
C(36)—C(55)	1.487(5)

Table 7.5　Selected Bond angles(°) for 22b

C(18)—N(1)—C(19)	128.9(4)
C(33)—N(2)—C(32)	131.0(4)
C(17)—N(3)—C(54)	130.9(3)
C(40)—N(4)—C(41)	127.7(4)
C(6)—C(10)—C(11)	126.7(3)
C(9)—C(10)—C(11)	126.5(4)
C(12)—C(11)—C(16)	117.7(3)
C(12)—C(11)—C(10)	121.2(3)
O(8)—C(17)—N(3)	123.5(4)
O(8)—C(17)—C(15)	122.2(3)
N(3)—C(17)—C(15)	114.3(3)
O(1)—C(18)—N(1)	122.0(4)
O(1)—C(18)—C(13)	120.0(4)
N(1)—C(18)—C(13)	118.0(4)
C(20)—C(19)—C(24)	119.0(4)
C(20)—C(19)—N(1)	123.5(4)
C(24)—C(19)—N(1)	117.5(4)
C(37)—C(36)—C(35)	117.9(3)
C(37)—C(36)—C(55)	122.3(4)
C(35)—C(36)—C(55)	119.8(3)
O(5)—C(40)—N(4)	122.9(4)
O(5)—C(40)—C(38)	120.1(4)

续表

N(4)—C(40)—C(38)	116.9(4)
C(42)—C(41)—C(46)	119.9(4)
C(42)—C(41)—N(4)	123.5(4)
C(46)—C(41)—N(4)	116.6(3)
C(45)—C(46)—C(41)	119.8(4)
C(53)—C(54)—N(3)	125.8(4)
C(49)—C(54)—N(3)	114.8(3)
C(59)—C(55)—C(36)	127.3(4)
C(56)—C(55)—C(36)	125.5(4)
C(36)—C(55)—Fe(2)	125.4(3)

7.2.4 二茂铁基大环化合物 19、21 及 22a～22b 电化学性质的研究

为考察二茂铁基在环结构中的位置的不同，对所设计合成的二茂铁基大环化合物的电化学性质及阴离子识别性能的影响，采用多种方法对二茂铁基大环化合物 19 及 22a～22b 电极表面电化学反应扩散系数进行了测定，并利用循环伏安法研究了化合物 19、21 及 22a～22b 与部分阴离子的电化学响应识别性能。

7.2.4.1 二茂铁基大环化合物 19、21、22a～22b 的循环伏安行为

以 0.1mol/L 的 TBAP 无水 $CH_2Cl_2/CH_3CN(1/2)$溶液为底液，二茂铁基团浓度[*Fc*] 1×10^{-3} mol/L 下，考察了大环化合物 19、21 及 22a～22b 的电化学行为。实验发现：大环酰胺基硫脲化合物 21，在 0～1.3 V 电位范围内给出了一对可逆性较差的氧化还原峰(Fig. 7.8)，且在 CV 扫描后造成了电极表面的钝化失活。这是由于电极反应过程中生成了部分非电活性物质，吸附在电极表面造成的，这与文献报道简单二茂铁酰胺基硫脲化合物结果相似[8]，且这一过程对应于 Fc/Fc^+ 电对的氧化还原过程。大环化

合物 19，在 0～1.2V 电位范围内，给出一对具有良好可逆性的氧化还原峰(Fig. 7.9)，这可归属于化合物中 Fc/Fc^+ 电对的氧化还原，即 $Fc - e^- \rightleftharpoons Fc^+$。对于二茂铁基与芳环相连的大环化合物 22a，在 0～0.9V 电位范围，给出一对良好可逆性氧化还原峰(Fig. 7.10)，亦可归属于化合物中 Fc/Fc^+ 电对的氧化还原。而对于化合物 22b，由其 CV 曲线 Fig. 7.11 可知，在 0～0.9V 电位范围内，只有一对氧化还原峰，两二茂铁基团并未表现双核电不等价特征，这表明两二茂铁基团间的相互作用较弱，以致两个二茂铁基在相同的电位下被氧化或还原，其氧化还原过程为 $2Fc - 2e^- \rightleftharpoons 2Fc^+$ 的双电子过程。

Table 7.6 Electrochemical parameters of 16a～16f

(ca 1.0×10^{-3} mol/L)

Compounds	E_{pa}(mV)	E_{pc}(mV)	ΔE_p(mV)	$E^{0'}$(mV)	i_{pa}/i_{pc}
ferrocene	488	408	80	448	1.04
19	940	858	82	899	1.09
21	1093	974	119	1034	2.11
22a	601	522	79	562	1.14
22b	582	513	69	547	1.08

1. All potentials Data are referred to the saturated calomel electrode (SCE) at a scan rate of 100 mV/s in CH_2Cl_2/CH_3CN(1/2) solution using TBAP (0.1 mol/L) as the supporting electrolyte on a GC working electrode.

2. ÅE_p = ($E_{pa} - E_{pc}$), $E^{0'}$ = ($E_{pa} + E_{pc}$)/2.

作为比较，研究了二茂铁及上述大环化合物在相同条件下的氧化还原性质，结果见 Table 7.6。由表看出，化合物 21 式量电位对比二茂铁有较大阳极移动，这可归于酰胺基硫脲基团的强拉电子作用，使得二茂铁基体系电子云密度减小，致使二茂铁基团更难氧化；化合物 19 中，酰基直接与二茂铁基相连，也给出了氧化还原式量电位值较大阳极移动；化合物 22a 与 22b 对比二茂铁式量电位有一定正移，这一结果与第五章中所研究的系列化合物结果相似，这可归于异酞酰基骨架的拉电子作用。对比化合物22a与22b，虽然二茂铁基在两分子中所连接官能团结构相同，但22b与22a相比却给出了相对较小的式量电位值。我们推测这可能与在化合物22b中，茂环与芳香苯环间的π-π作用所引起的π电子离域有关，部分造成二茂铁基团电子云密度增大，使得二茂铁基团氧化还原相对较易，从而给出比化合物22a稍小的式量电位。

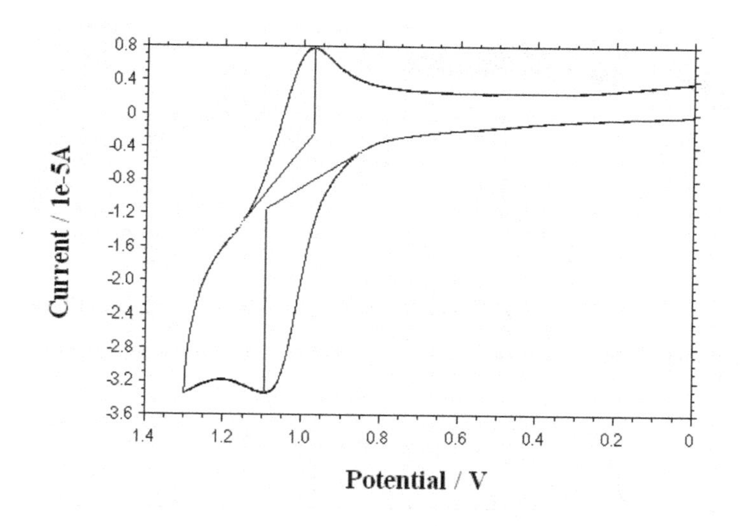

Fig. 7.8 CVs of 21 (1.0×10⁻³ mol/L) in CH_2Cl_2/CH_3CN(1/2)

在一定的电位范围内，保持测试液组成不变，改变电位扫描速度(10～500 mV/s)，分别对化合物19及22a～22b考察了扫描速度对峰电流和峰电位的影响(Fig. 7.9～Fig. 7.11)。由Fig. 7.9可见，随电位扫描速度的增加，化合物19的氧化峰与还原峰的电位差ΔE_p($\Delta E_p = E_{pa} - E_{pc}$)无明显变化；其氧化峰电流与还原峰电流的比值$i_{pa}/i_{pc}$基本为常数。根据电位差$\Delta E_p$(80～95 mV)与$i_{pa}/i_{pc} \approx 1$的值可以判定，$Fc^+/Fc$电对发生的是可逆过程，且符合Nernest方程中单电子转移的理论数值，将数据作进一步处理，考察i_p与$\upsilon^{1/2}$的关系，由Fig. 7.9可知i_p-$\upsilon^{1/2}$呈线性关系，说明大环酰胺化合物 19 电极反应为受扩散控制的 Fc^+/Fc 电化学体系，与文献报道的二茂铁及其衍生物的结论一致。化合物 22a 和化合物 22b 结果相似，随电位扫描速度的增加，化合物 22a～22b 的氧化峰略有阳极移动，还原峰保持不变，考察电位差 ΔE_p（70～95 mV）与 $i_{pa}/i_{pc} \approx 1$ 的值，可以判定 Fc^+/Fc 电对发生的也是可逆过程，进一步考察 i_p 与 $\upsilon^{1/2}$ 的关系（Fig. 7. 10～Fig. 7. 11），说明大环化合物 22a～22b 电极反应均受扩散控制。

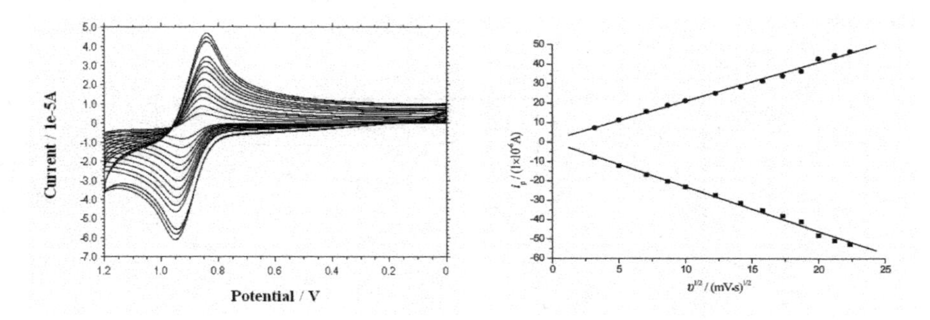

Fig. 7. 9　CVs of 19（1. 0×10^{-3} mol/L）in CH_2Cl_2/CH_3CN(1/2) at different scan rates and linear relation between the peak current and the square root of the scan rate

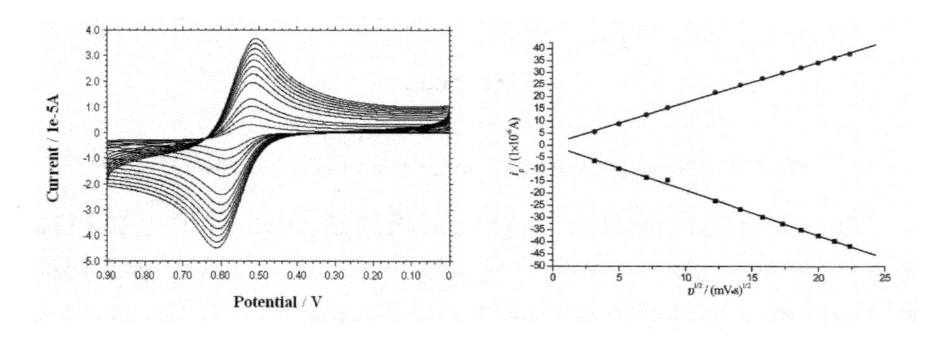

Fig. 7. 10　CVs of 22a（1. 0×10^{-3} mol/L）in CH_2Cl_2/CH_3CN(1/2) at different scan rates and linear relation between the peak current and the square root of the scan rate

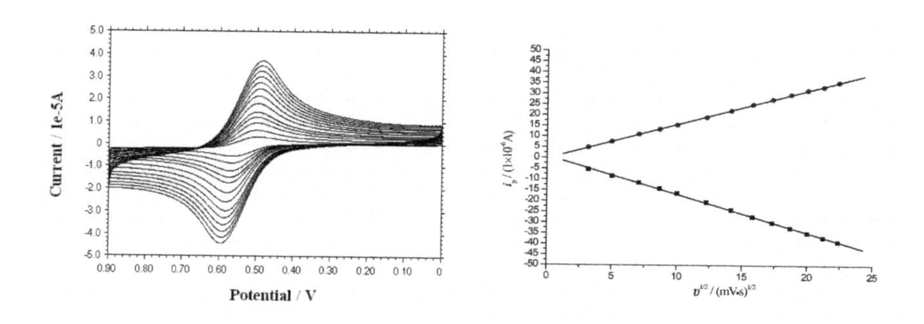

Fig. 7. 11 CVs of 22b（0. 5×10^{-3} mol/L）in CH_2Cl_2/CH_3CN(1/2) at different scan rates and linear relation between the peak current and the square root of the scan rate

7.2.4.2 电极过程动力学参数的测定

如前所述，知道了在二茂铁基大环化合物 19 及 22a～22b 中 Fc/Fc^+ 在玻碳电极上的反应过程是受扩散控制的，分别用瞬态技术的计时电流法(CA)和计时电量法(CC)考察化合物 19 及 22a～22b 在该电极表面的扩散系数。对化合物 19 施加阶跃电位(0～1.2 V)于电极上，并在 1.2 V 电位下保持 5 s，记下 i-t 和 Q-t 关系曲线，由 Cottrell 方程：

$$i(t)=\frac{nFAD_0^{\frac{1}{2}}C_0}{(\pi t)^{\frac{1}{2}}}+i_c, Q(t)=\frac{2nFAD_0^{\frac{1}{2}}C_0t^{\frac{1}{2}}}{\pi^{\frac{1}{2}}}+Q_{dl}$$

分别做 i-$t^{-1/2}$ 和 Q-$t^{1/2}$ 关系曲线，从曲线斜率即可分别求得其在电极表面的扩散系数，其结果见 Table 5. 3。

对化合物 22a～22b 施加阶跃电位(0～0. 9 V)于电极上，并在0. 9 V电位下保持 5 s，分别记下 i-t 关系曲线和 Q-t 关系曲线，做 i-$t^{-1/2}$ 和 Q-$t^{1/2}$ 关系曲线。对于化合物 22a，其发生的是 $Fc-e^- \rightleftharpoons Fc^+$ 过程，方程中取 $n=1$。而对化合物 22b 含有两个二茂铁基团，发生的是 $2Fc-2e^- \rightleftharpoons 2Fc^+$ 过程，取 $n=2$。从曲线斜率即可分别求得它们在电极表面的扩散系数，其结果见Fig. 5. 3。

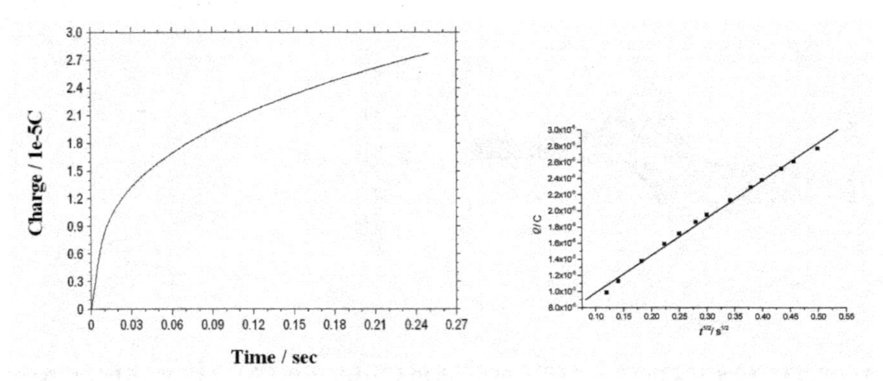

Fig. 7. 12　CC of 19 (1.0×10^{-3} mol/L) in CH_2Cl_2/CH_3CN(1/2) and linear relation between Q and $t^{1/2}$

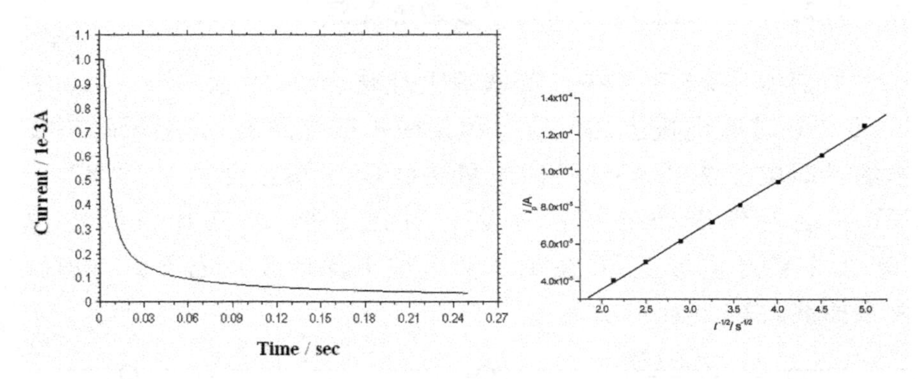

Fig. 7. 13　CA of 19 (1.0×10^{-3} mol/L) in CH_2Cl_2/CH_3CN(1/2) and linear relation between i_p and $t^{-1/2}$

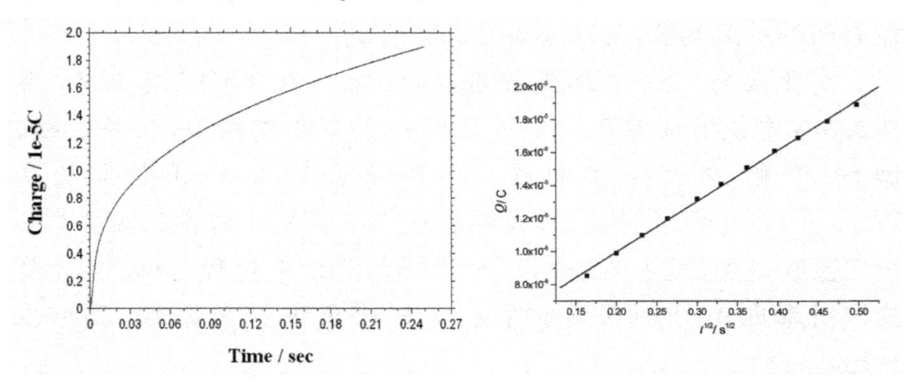

Fig. 7. 14　CC of 22a (1.0×10^{-3} mol/L) in CH_2Cl_2/CH_3CN(1/2) and linear relation between Q and $t^{1/2}$

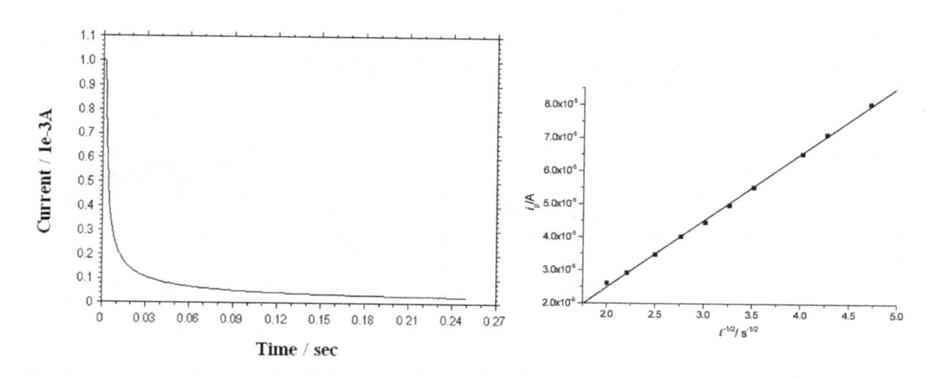

Fig. 7.15 CA of 22a (1.0×10^{-3} mol/L) in CH_2Cl_2/CH_3CN(1/2) and linear relation between i_p and $t^{-1/2}$

从 Table 7.7 中可以看出，对于简单取代的二茂铁酰基大环化合物 19，相对较复杂的 5-二茂铁基异酞酰基大环化合物 22a～22b，在电极反应方面有着较大扩散系数，这与它们间结构的不同和分子体积均相关。对于化学结构相似的 22a 和 22b，由于 22b 分子体积显著大于 22a，所以给出明显较小的扩散系数。

Table 7.7 Electrochemical kinetics date of 19 and 22a～22b

Compound	$D_0\times10^{-5}$/(cm^2/s)	
	CA	CC
19	2.85	2.42
22a	1.78	1.60
22b	1.24	1.20

7.2.4.3 二茂铁基大环化合物对阴离子的电化学响应

在二茂铁基大环化合物 19、21 及 22a～22b 中均含有较强的氢键给体——NH 基和较强的氢键受体——O 原子，21 中还含有 S 原子。可以预见这些化合物具有较强的阴离子结合能力。为此，选择不同的电位范围，在 100 mV/s 电位扫描速度下，以循环伏安法分别考察了大环化合物 19、21 及 22a～22b 在 CH_2Cl_2/CH_3CN(1/2)溶液中对阴离子 CH_3COO^-、Cl^-、F^- 和 $H_2PO_4^-$（为消除外加阳离子对体系的干扰，阴离子均以四正丁基铵盐形式加入）的电化学识别响应情况（Fig. 7.16～Fig. 7.17）。

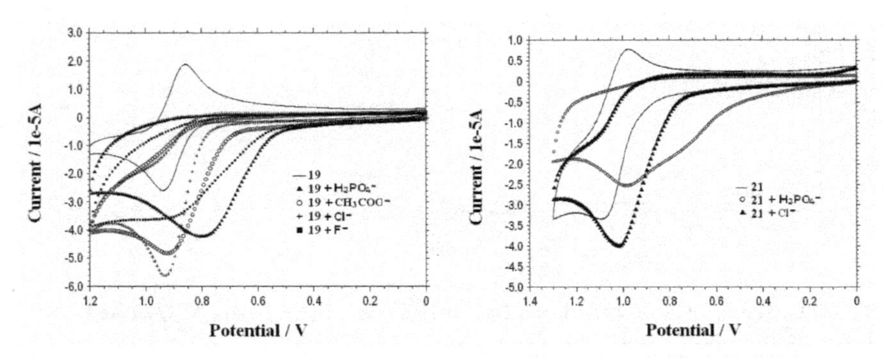

Fig. 7.16　CV of 19 and 21 (1.0×10^{-3} mol/L) upon addition of 4.0 equiv. of selected anions in $CH_2Cl_2/CH_3CN(1/2)$, containing in 0.1 mol/L TBAP as an electrolyte. Scan rate：100 mV/S. Working electrode：glassy carbon

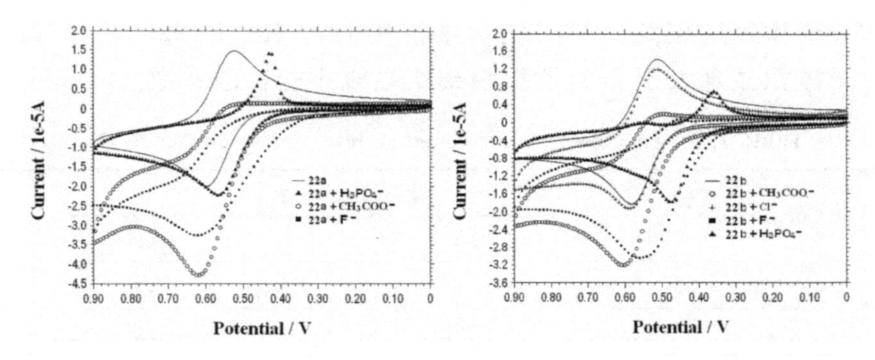

Fig. 7.17　CV of 22a and 22b ([Fc]：1.0×10^{-3} mol/L) upon addition of 4.0 equiv. of selected anions in $CH_2Cl_2/CH_3CN(1/2)$, containing in 0.1 M TBAP as an electrolyte. Scan rate：100 mV/S. Working electrode：glassy carbon

如 Fig. 7.16 所示，加入 CH_3COO^-、Cl^-、F^- 和 $H_2PO_4^-$ 于化合物 19 中，均引起了伏安行为的改变，且对不同阴离子，其循环伏安曲线变化行为相似。随着阴离子的加入，均导致了二茂铁基团氧化电位 E_{pa} 的阴极移动，并伴随着氧化峰电流的逐渐增加；随着阴离子量的逐渐增大，二茂铁 Fc/Fc^+ 电对还原峰逐渐消失，伴随着氧化峰的逐渐变宽；当加至 4 mol/L 阴离子时，二茂铁电对可逆性完全丧失。这是由于在循环伏安过程氧化步骤中，在电极表面形成的 FcL^+ 与阴离子形成稳定离子对，离子对吸附在电极表面且在还原步骤中不能被还原所造成的 EC 机理，此外，吸附在电极表面的离子对通过离子对与电极间的单电子传输，使得产生了附加的电流，故而氧化峰电流有增大趋势。

如 Fig. 7. 16 所示，加入 Cl^- 和 $H_2PO_4^-$ 于化合物 21 中，其伏安行为变化相似。随着阴离子的加入，均加剧了 Fc/Fc^+ 的不可逆性，二茂铁中心氧化电位 E_{pa} 有着明显阴极移动，并伴随着氧化峰电流的逐渐增加；随阴离子量的逐渐增大，二茂铁 Fc/Fc^+ 电对还原峰很快消失，伴随着氧化峰的逐渐变宽和阴极方向的位移。其现象与化合物 19 相似，也表现为电化学过程的 EC 机理。

从 Fig. 7. 17 中可以看到：当分别滴加 CH_3COO^-、Cl^-、F^- 和 $H_2PO_4^-$ 至 22a 与 22b 的 $CH_2Cl_2/CH_3CN(1/2)$ 乙腈溶液中时，对同种阴离子，其伏安行为变化相似。F^- 和 CH_3COO^- 的加入表现相似的行为，均导致了二茂铁中心氧化电位 E_{pa} 的微弱阴极移动，并伴随着氧化峰电流的逐渐增加；随阴离子量的逐渐增大，二茂铁 Fc/Fc^+ 电对还原峰逐渐消失，伴随着氧化峰的逐渐变宽和阴极方向的位移；当加至 4 mol/L 阴离子时，二茂铁中心电对可逆性完全丧失。这种现象也对应于 EC 机理。对于化合物 22a，当加入 4 mol/L CH_3COO^- 和 F^- 时，ΔE_{pa} 均很小；而对于化合物 22b，当加入 F^- 时，给出了 $\Delta E_{pa} = -20mV$ 的变化值。

相对比，22a、22b 对 Cl^- 和 $H_2PO_4^-$ 的响应行为与 CH_3COO^- 和 F^- 存在着显著不同。可能是由于电极表面反应产物在电极表面吸附相对稍弱的缘故，使得氧化峰不像在 CH_3COO^-、F^- 存在下那么宽，整个氧化还原过程表现为可逆伏安行为。对配体 22a～22b，当加入 4 mol/L Cl^- 时，其循环伏安曲线均仍表现良好可逆性，但其 ΔE 值变化均很小。而加入 4 mol/L $H_2PO_4^-$ 时，考察对 22a 与 22b 伏安曲线中氧化峰电位与还原峰电位差值 ΔE_p 影响，结果表明，对比配体本身，ΔE_p 均显著增大，这表明随着阴离子 $H_2PO_4^-$ 加入，22a 与 22b 中 Fc/Fc^+ 电对可逆性变差。从

Fig. 7.17中可以看出，22a 和 22b 与 $H_2PO_4^-$ 作用伏安行为稍有不同。对于化合物 22a，其氧化电流稍有增大，还原峰则表现为尖峰，这表明电极反应产物在电极表面有部分吸附；而对于化合物 22b 则未表现出尖峰现象。化合物 22a、22b 与 $H_2PO_4^-$ 作用，ΔE_{pa}值分别为－46 mV 和－105 mV，化合物 22b 与 $H_2PO_4^-$ 作用电位改变值要远大于 22a，这是由于在化合物中具有两个二茂铁基团，其氧化状态下整个分子表现为带两个正电荷，这使得与阴离子间静电作用大大加强，从而表现出大的 ΔE_{pa}一致，这也与文献报道相一致[9]。

对比所考察的二茂铁基大环化合物阴离子识别结果（Table 7.8）可以看出，大环化合物中二茂铁基所处位置与分子中二茂铁基团个数，对 Fc/Fc^+ 电对电位改变值均有较大影响，对二茂铁基与结合位点距离较近的 19 与 21 均给出相对 22 较大的 ΔE 值；而对比化合物 22b 与 22a，二茂铁基团个数较多的结构则有利于给出较大的电位移动值。

Table 7.8 Electrochemical response for 19, 21 and 22a～22b vs selected anions (4 equiv.) in $CH_2Cl_2/CH_3CN(1/2)$ in 0.1 mol/L tetrabutylammonium perchlorate

receptor	ΔE(mV)			
	CH_3COO^-	Cl^-	F^-	$H_2PO_4^-$
19	－19[a]	—	—	－138[a]
21	—	－73[b]	—	－111[a]
22a	—	—	—	－46[a]
22b	—	—	－20[a]	－105[a]

1. Scan rate: 100 mV/s. All potentials Data are referred to the saturated calomel electrode (SCE) on a GC working electrode. a: ÅE is define as E_{pa}(receptor ＋ anion) － E_{pa}(free receptor). b: ÅE is define as $E^{0'}$(receptor ＋ anion) － $E^{0'}$(free receptor).

2. For 19, 21a and 22a (c= 1.0×10^{-3} mol/L); for 22b (c= 0.5×10^{-3} mol/L).

7.3 实验部分

7.3.1 仪器与试剂

红外光谱由 Burker VECTOR22 型红外光谱仪（KBr 压片，400～4000cm^{-1}）测定；^{1}H NMR 采用 Bruker DPX-400 型超导核磁共振谱仪测定，d_6-DMSO 或 $CDCl_3$ 为溶剂，TMS 为内标；电喷雾质谱由 Agilent LC/ MSD Trap XCT 质谱仪测定；高分辨质谱由 Waters Q-Tof Micro^{TM}质谱仪测定；熔点在 X4 数字显微熔点仪（温度计未校正）上测定；电化学性质用 CHI-650A 型综合电化学工作站（上海晨华公司）测定，三电极体系，工作电极为 Φ3 mm 的玻碳电极，辅助电极为铂丝，参比电极为 232 型甘汞电极。

所用试剂：5-氨基异酞酸购自泰兴盛铭化工有限公司，其他固态物质均为分析纯；液体物质均经过干燥、蒸馏。二氯甲烷先用 P_2O_5 处理重蒸；丙酮以无水 K_2CO_3 干燥重蒸；柱色谱使用青岛海洋化工厂生产的硅胶 G 或上海浦东化学品有限公司中性氧化铝，在加压或常压下进行分离。

薄层色谱板用青岛海洋化工厂生产的硅胶 GF254。

7.3.2 溶液电化学测试方法

二茂铁基大环化合物溶液浓度以含二茂铁基团有效浓度[Fc]：1×10^{-3} mol/L 配制，以[n-Bu_4NClO_4]（TBAP）为支持电解质，浓度 0.1 mol/L，工作电极在使用前先经 0.05 μm Al_2O_3 抛光粉研磨抛光至镜面，再依次用 0.1 mol/L NaOH、1∶1 HNO_3、无水乙醇、二次蒸馏水超声清洗。实验在饱和氮气的无水二氯甲烷/乙腈（V∶V，1/2）溶液中进行。

7.3.3　阴离子识别测试方法

在电解池中加入配好的二茂铁基化合物的二氯甲烷/乙腈(1/2)溶液[Fc]：(1×10^{-3} mol/L)，所有阴离子均以其四正丁基铵盐的乙腈溶液(0.1 mol/L)由微量进样器加入。测试客体阴离子响应电位位移值，在一定电位范围内，利用循环伏安法在电位扫描速率为 100 mV/s 下进行测定。

7.3.4　二茂铁基大环化合物 19、21 及 22a～22b 的合成

1,2-二(*o*-硝基苯氧基)乙烷的合成

分别取 13.9 g (0.1 mol)邻硝基苯酚，10.4 g (0.075 mol)无水 K_2CO_3 和 1,2-二溴乙烷 10.3 g (0.055 mol) 于 20 mL DMF 中，搅拌下于 140℃下反应 6 h，反应液减压下浓缩至少量的黏稠物，加水稀释得浅黄色固体沉淀，沉淀物收集以 10% NaOH 溶液洗涤后，以冰醋酸重结晶得浅绿色晶体 1,2-二(*o*-硝基苯氧基)乙烷 9.4 g，收率 62%，m.p. 170～171 ℃。

1,2-二(*o*-氨基苯氧基)乙烷 17 的合成

在 30 min 内将 6.1 g (0.02 mol) 1,2-二(*o*-硝基苯氧基)乙烷 20 分批加入到 75°C 的含有 31.9 g (0.125 mol) $SnCl_2\cdot2H_2O$ 的 40 mL 浓盐酸中，加毕升温回流反应 7 h，停止反应，沉淀物收集，分散于 20% NaOH 水溶液中，得固体粗产品二胺，以 95%乙醇重结晶，得片状晶体 1,2-二(*o*-氨基苯氧基)乙烷 21，真空干燥得 4.6 g，收率 94%，m.p. 131～132 ℃。

大环化合物 19 的合成

将含有 0.5 g (1.6 mmol) 1,1′-二茂铁双甲酰氯 18[10] 的(20 mL)无水二氯甲烷溶液逐滴加入含有 1mL 无水吡啶的 0.4 g (1.6 mmol)二胺 17(40 mL)二氯甲烷溶液中，滴加完毕，反应液

室温搅拌反应 12 h，减压下蒸出溶剂，残余物以 CH_2Cl_2/CH_3COOEt (4∶1)淋洗，中性氧化铝为填料，柱色谱分离得到目的产物 19。

Compound 19，yield：81.3%，m.p. 272 ℃；HRMS Cacld for $C_{26}H_{22}FeN_2O_4Na$ $[M+Na]^+$ requires：505.0827 found：505.0810，$C_{26}H_{22}FeN_2O_4K$ $[M+K]^+$ requires：521.0566 found：521.0582；IR ν_{max}(KBr pellet)：3425，1665，1601，1533，1459，1443，1248，1111，936，747 cm^{-1}；^1H NMR (400 MHz, in $CDCl_3$) δ mg/kg：4.53 (s，4H，Fc-H)，4.56 (s，4H，OCH_2)，4.73 (s，4H，Fc-H)，7.04～7.12 (m，6H，Ar-H)，8.41 (s，2H，NH)，8.56～8.58 (m，2H，Ar-H). ^{13}C NMR (100 MHz，$CDCl_3$) δ mg/kg：66.88，69.53，74.17，77.68，111.04，119.79，122.29，123.42，128.27，146.25，167.13；Anal. Found (%)：C，64.78；H，4.64；N，5.79. Calc. for $C_{26}H_{22}FeN_2O_4$：C，64.75，H，4.68，N，5.81；ESI-MS found：$[M+Na]^+$：505.2。

大环化合物 21 的合成[7]

先取 0.218 g 硫氰化钾溶于 25 mL 无水丙酮中，加入 0.311 g (1.0 mmol)1,1′-二茂铁双甲酰氯 18 搅拌反应 30 min，反应液减压除去溶剂，以二氯甲烷萃取、过滤，蒸除溶剂二氯甲烷得到二茂铁双异硫氰酸酯 20。将二茂铁双异硫氰酸酯 20 用 30 mL 无水丙酮溶解，缓慢滴入溶有 0.244 g (1.0 mmol) 二胺 17 的30 mL无水丙酮溶液，反应 5 h，浓缩至少量，丙酮和石油醚 1∶2 为洗脱剂过柱分离得到产品 21，以丙酮重结晶，得到金黄色片状晶体，收率 89.2%。

Compound 21，yield：89.2%，m.p. 215～216℃；HRMS Cacld for $C_{28}H_{24}FeN_4O_4S_2Na$ $[M+Na]^+$ requires：623.0486 found：623.0480；IR ν_{max}(KBr pellet)：1676，1599，1550，1512，1453，1347，1264，1214，1150，746 cm^{-1}；^1H NMR (400 MHz, in $CDCl_3$) δ mg/kg: 4.57 (s, 4H, OCH_2), 4.63 (s, 4H, Fc-H), 4.75 (s, 4H, Fc-H), 6.89 (d, 2H, J= 8.0 Hz, Ar-H), 7.01 (t, 2H, J= 7.6 Hz, Ar-H), 7.19 (t, 2H, J= 7.6 Hz, Ar-H), 8.51 (d, 2H, J = 7.9 Hz, Ar-H), 12.65 (s, 2H, CSN-H), 8.61 (s, 2H, CON-H). ^{13}C NMR (100 MHz, $CDCl_3$) δ mg/kg: 66.16, 71.40, 73.50, 75.16, 111.09, 120.55, 124.48, 126.88, 127.71, 149.78, 167.66, 176.87; ESI-MS found: $[M + Na]^+$: 623.2。

化合物 22a～22b 的合成

室温剧烈搅拌下，于 30 min 内逐滴滴加溶有 0.78 g (2.0 mmol) 5-二茂铁异酞酰氯 11 的 15 mL 无水 CH_2Cl_2，逐滴加入到含有 1 mL无水吡啶的 0.49 g (2.0 mmol)二胺 17(30 mL)二氯甲烷溶液中，滴加完毕，反应液室温搅拌反应 12 h，减压下蒸出溶剂，残余物以 CH_2Cl_2/ CH_3COOEt (4∶1)淋洗，层析大板分离，得到产物[1+1]和[2+2]环化产品 22a～22b。

Compound 22a, yield: 82%, m. p. >300 ℃; HRMS Cacld for $C_{32}H_{26}FeN_2O_4Na$ $[M + Na]^+$ requires: 581.1140 found: 581.1125, $C_{32}H_{26}FeN_2O_4K$ $[M + K]^+$ requires: 597.0879 found: 597.0900; IR ν_{max}(KBr pellet): 3427, 1679, 1599, 1538, 1454, 1342, 1245, 1107, 750 cm^{-1}; ^1H NMR (400 MHz, in d_6-DMSO) δ mg/kg: 4.07 (s, 5H, Cp-H), 4.47 (t, 2H, J= 1.7 Hz, Fc-H), 4.55 (s, 4H, OCH_2), 4.99 (s, 2H, Fc-H), 7.01～7.11 (m, 2H, Ar-H), 7.16～7.20 (m, 2H, Ar-H), 7.31～7.33 (m, 2H, Ar-H), 8.12 (d, 2H, J= 1.2 Hz, Ar-H), 8.18 (m, 2H, Ar-H), 8.44 (s, 1H, Ar-H), 9.91 (s, 2H, CON-H); ESI-MS found: $[M + Na]^+$: 581.3。

Compound 22b, yield: 10%, m. p. >300 ℃; HRMS Cacld for $C_{32}H_{26}FeN_2O_4Na$ $[M + Na]^+$ requires: 1139.2382 found: 1139.2; IR ν_{max}(KBr pellet): 3416, 1679, 1600, 1524, 1453,

1332, 1247, 1107, 747 cm^{-1}; ^1H NMR (400 MHz, in d_6-DMSO) δ mg/kg: 3.94 (s, 10H, Cp-H), 4.28 (s, 4H, Fc-H), 4.50 (s, 8H, OCH_2), 4.68 (s, 4H, Fc-H), 6.96～7.00 (m, 4H, Ar-H), 7.14～7.16 (m, 8H, Ar-H), 7.68 (d, 2H, J = 7.6 Hz, Ar-H), 7.88 (s, 4H, Ar-H), 7.95 (s, 2H, Ar-H), 9.49 (s, 4H, CON-H); ^{13}C NMR (100 MHz, $CDCl_3$) δ mg/kg: 66.52, 66.75, 66.35, 69.46, 83.04, 112.54, 120.66, 124.44, 125.85, 126.89, 127.26, 135.06, 139.96, 150.44, 164.80; ESI-MS found: $[M + Na]^+$: 1139.3。

7.3.5 二茂铁基大环配体 19、21 及 22b 的单晶结构的测定

所有测定在 RigakuR-Axis-IV 型面探仪上进行，选取合适大小晶体，用石墨单色化的 MoK α 射线(λ = 0.71073 Å)在一定范围内扫描收集衍射点，其中所有衍射数据经 Lp 因子校正后，结构在 teXsan 软件包上用直接法进行解析解出各原子位置坐标，其余非氢原子经差值 Fourier 合成后确定，对全部非氢原子坐标及其各向异性热参数进行全矩阵最小二乘法修正(F^2)，所有计算均在 SHELX-97 程序完成。

7.3.6 量子化学计算

计算方法和模型：密度泛函理论(DFT)将复杂的 N 电子波函数 $\Psi(x_1, x_2, \cdots, x_n)$ 及其对应的薛定谔方程转化为简单的电子密度函数 $\rho(r)$ 及其对应的计算体系，在核处于静态的假设下，原则上可以计算原子、分子等体系的能量和结构等各种性质。由于泛函理论考虑了电子自旋相关效应，其精度通常要比不考虑电子自旋的 Hartree-Fock 方法好。LYP 泛函是 DFT 中被广泛使用的一个梯度校正泛函，在此基础上加入三参数杂化泛函，成为 B3LYP 方法，采用 B3LYP 密度泛函方法，在 6-31g (d, p)水平

上，对二胺化合物 21 在二氯甲烷溶剂模型下分子存在的几种可能稳定构象进行几何构型优化，得到其对应稳态几何构型能量，计算工作均使用 Gaussian03，Revision C. 02 程序[6]，在计算机上完成。

7.4　小结

以较为易得的 1,2-二邻胺基苯氧乙烷 17 为原料合成了系列酰胺型及酰胺基硫脲型大环化合物 19、21 及 22a～22b。对二胺 17 在二氯甲烷溶液中稳定构象的理论计算结果表明，分子内氢键对大环化合物的组装合成反应过程中起着驱动作用。

通过循环伏安法对化合物 19 及 22a～22b 电化学氧化还原行为进行了研究。结果显示，二茂铁中心取代基的不同对化合物 Fc/Fc^+ 电对式量电位有显著影响，且化合物 19 及 22a～22b 电极反应过程为受扩散控制的 Fc/Fc^+ 体系。对于 19 及 22a～22b 电极反应扩散系数测定结果显示，较大的分子体积给出较小的电极反应扩散系数。

通过循环伏安法研究了大环化合物 19、21 及 22a～22b 电化学阴离子识别性能。研究表明，所得二茂铁基大环化合物均对磷酸二氢根离子具有较好的响应性能。对比响应结果可以看出，二茂铁中心与结合位点较近的距离及较多的二茂铁基团个数有利于给出较大的 Fc/Fc^+ 电对电位响应移动值，这一结论为以后设计新的二茂铁基电化学阴离子受体有一定的指导意义。

参考文献

[1] (a) J. M. Lehn, D. J. Cram, C. J. Pedersen,(Nobel lecture), Angew. Chem., Int. Ed. Engl., 27 (1988) 89－112;

1009—1020；1021—1027；(b) K. E. Krakowiak，J. S. Bradshaw，J. S. Zamecka-Krakowiak，Chem. Rev.，89 (1989) 929；(c) 吴成泰等著. 冠醚化学. 北京：科学出版社，1992.

[2] (a) P. D. Beer，Adv. Inorg. Chem.，39 (1992) 79；(b) C. D. Hall，Macrocycles and Cryptands Containing the Ferrocene Unit. Togni A，Hayashi T. ed.，Weinheim，1995，279.

[3] (a) P. D. Beer，P. A. Gale，G. Z. Chen，J. Chem. Soc.，Dalton Trans.，(1999) 1897；(b) P. D. Beer，J. Cadman，Coord. Chem. Rev.，205 (2000) 131.

[4] 陈政. 主客体化学与电化学分子识别科学. 1995，1，40.

[5] (a) Q. J. Mody，R. K. Owasa，J. D. R. Thomas，Analyst，113 (1998) 65；(b) H. B. Beinert，R. H. Holm，E. Munck，Science，277 (1997) 653.

[6] M. J. Frisch，G. W. Trucks，et al.，Gaussian 03，Revision C. 02，Gaussian，Inc.，Wallingford CT，2004.

[7] Yao Feng Yuan，S. M. Ye，L. Y. Zhang，B. Wang，J. T. Wang，Polyhedron，16 (1997) 1713.

[8] (a) Y. F. Yuan，J. T. Wang，M. C. Gimeno，A. Laguna，P. G. Jones，Inorg. Chim. Acta，324 (2001) 309；(b) O. Seidelmann，L. Beyer，Polyhedron，17 (1998) 1601.

[9] O. Reynes，F. Maillard，J. C. Moutet，G. Royal，E. Saint-Aman，G. Stanciu，J. P. Dutasta，I. Gosse，，J. C. Mulatier，J. Organomet. Chem.，637—639 (2001) 356.

[10] W. Liu，X. Li，M. P. Song，Y. J. Wu，Sensors and Actuators B，126 (2007) 609.

第8章 二茂铁基酰脲类化合物的合成及性质研究

8.1 引言

在繁荣的超分子化学研究中，发展新的基于不同响应功能基的化学传感器研究成为超分子化学研究的热点。研究经验表明，一个好的化学传感器均具有两个重要基本单元：信号输出单元、识别单元[1~4]。其中，电化学传感是最为方便快捷的一类信号输出系统，在各类电化学传感体系中，二茂铁以其独特的结构特点和良好电化学性能，常被作为电化学信号输出体引入[2,5~10]。另外，钳形结构在配体分子识别过程中具有重要作用[11~14]。近来，James H. R. Tucker课题组成功报道了以二茂铁钳形酰胺化合物成功电化学识别了巴比妥和脲[5,15]，这大大激起了我们在以1,3-二取代二茂铁钳形骨架电活性受体研究领域的兴趣。但是文献所给1,3-二取代二茂铁钳形骨架合成步骤烦琐，制备过程中产率低，分离困难[16~18]。于是，我们将研究转向将异酞酰片段作为钳形骨架，将二茂铁基通过芳环间接与钳形片段相连设计新的分子钳配体。

传统合成二茂铁苯基化合物的方法有多种，但多数方法需使用对水和空气敏感的昂贵金属有机试剂，且其反应条件苛刻，收率较低，这已成为制约着该类化合物研究的重要因素。这里我们给出了一个既简单又经济的方法，把苯环作为间隔基已经实现了通过简单的方法，即以5-氨基异酞酸重氮盐和二茂铁为原料，通过重氮化偶联反应，将二茂铁直接引入芳环的方法。通过对二羧酸几步骤修饰，可以高收率地得到三个新的二茂铁基异酞酰腙分子钳。在这里，酰腙片段组作为阴离子结合单元，具有氧化还原活性的二茂铁基为信号输出单元，其直接与异酞酰基相连，期望通过共轭 π 电子体系和/或通过空间的静电微扰识别信息传至二茂铁基团[19~24]，从而实现识别过程的电化学控制与检测。

5-二茂铁基异酞酰腙 24a～4c 均通过^{1}H NMR、^{13}C NMR、HRMS 等进行了结构确证。化合物 24 的 NMR 谱图中均给出了典型的单取代二茂铁及异酞酰基骨架的谱图特征。更有趣的是，对 5-二茂铁基异酞酰分子钳骨架中所有的质子和碳的化学位移，通过^{1}H-^{13}C-COSY (HSQC)相关谱的研究给予清晰的指认，发现二茂铁基中取代 CP 环间位取代的碳的化学位移出现在 69.74～69.76 范围内，这与 Gallagher 等人所报道的对二茂铁基苯甲酰衍生物中相应位移为 66.9 的值差别较大[25]。

8.2 结果与讨论

8.2.1 二茂铁基酰腙化合物 24a～24c 的合成、物理常数及波谱性质

以重氮化偶联反应制备二茂铁取代芳基衍生物，由于在反应过程中避免了使用对水和空气敏感的昂贵金属有机试剂(如正丁基锂等)，且方法操作简单，反应条件温和，使得该法近年来已成为制备二茂铁取代芳基化合物的一个简便方法，尽管该方法收率并不高，但是以 5-氨基异酞酸重氮盐和二茂铁为原料，便可直接将二茂铁引入芳环得到目标“钳形”或“C 形”羧酸前体。利用得到的 5-二茂铁基异酞酸经甲酯化、肼取代可以高收率地得到 5-二茂铁基异酞酰肼(Scheme 8.1)；5-二茂铁基异酞酰肼与相应芳醛在冰醋酸催化下，甲醇为反应溶剂，回流 20 min 便可完成缩合反

应,由于产物酰腙在甲醇溶液中溶解度小,反应完成过滤即可得相应粗产品,后经 DMF/乙醇重结晶可得测试用纯品。该反应路线避免了昂贵试剂的使用,且方法简单有效,易于操作,对合成 5-二茂铁基-1,3-二取代苯基化合物具有推广价值。

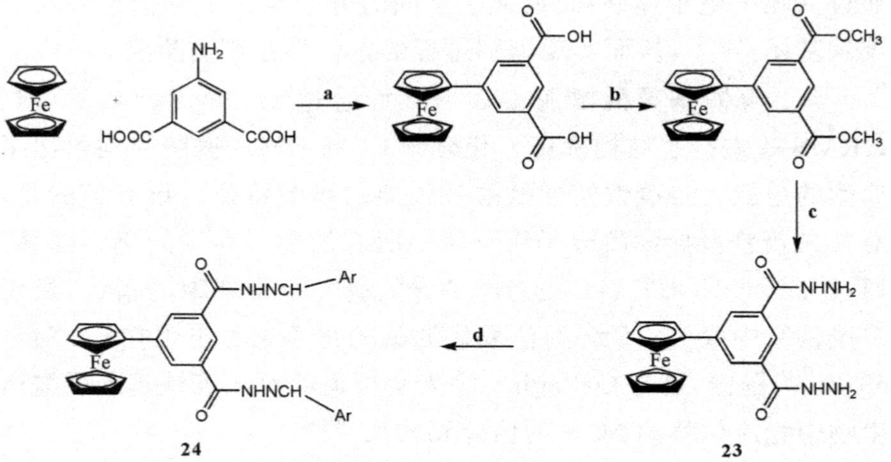

Fe　+　NH_2　HOOC　COOH　—a→　Fe　OH　O　OH　O　—b→　Fe　OCH_3　O　OCH_3　O

↓ c

24　Fe　O　NHNCH—Ar　O　NHNCH—Ar　←d—　23　Fe　O　$NHNH_2$　O　$NHNH_2$

24a Ar = 2-pyridinyl, 24b Ar = m-HOC_6H_5, 24c Ar = 2-thienyl

Scheme 8.1　Synthesis of 5-ferrocenylisophthalicdiacyl hydrazones 24a ~ 24c, (a) HCl, $NaNO_2$, 0～10 ℃, (b) H_2SO_4/MeOH, refluxing, (c) $NH_2NH_2 \cdot H_2O$/ MeOH, refluxing, (d) ArCHO/MeOH, drop of acetic acid, refluxing

Table 8.1　^1H and ^{13}C NMR data (DMSO-d_6) of 5-ferrocenylisophthalyl backbone of compounds 24a

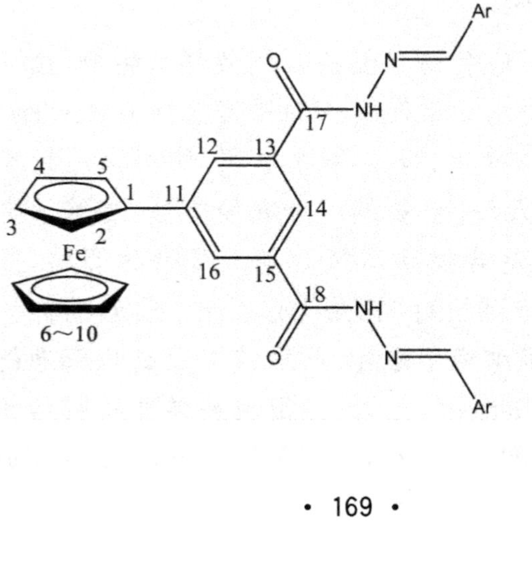

Ar　N　O　NH　17　12　13　4　5　1　11　14　3　2　Fe　16　15　18　NH　6～10　O　N　Ar

Ar = 2-pyridinyl

site	^{1}H NMR	^{13}C NMR	HMQC
1		83.11	
2,5	5.00		66.97
3,4	4.49		69.76
6～10	4.10		69.76
11		140.79	
12,16	8.24		127.97
13,15		134.04	
14	8.29		124.71
17,18		162.99	

Table 8.1 对含有二茂铁酰腙 24a 骨架的^{1}H NMR 数据给出了详细指认。酰腙 24a 未取代茂环质子信号以单峰形式存在，其化学位移在 δ 4.08～4.10 mg/kg 间出现；而在 δ 4.47～4.49 mg/kg 和 δ 4.97～5.00 mg/kg 处出现的强度为 2：2 的单峰信号，分别归属于取代茂环的间位和邻位质子信号，这由于苯环的去屏蔽作用，取代茂环邻位质子应位于间位质子的低场；化合物 4a 的^{1}H-^{13}C HSQC 研究表明，δ 8.18～8.32 mg/kg 处出现的强度为 2：1 单峰信号，归属于异酞酰骨架苯环中茂环取代基邻位和对位质子信号。亚胺键的质子（H—C＝N）受 C＝N 的去屏蔽作用影响，出现在低场 δ 8.41～8.72 mg/kg，均远大于 8.0 mg/kg。而酰胺基团（HNC＝O）的质子受 C＝O 的去屏蔽作用影响，出现在最低场δ 11.79～12.23 mg/kg 处。

借助应用广泛的^{1}H-^{13}C HSQC 技术对含有二茂铁酰腙 24a 骨架的^{13}C 信号也给出了归属，芳醛中芳香结构的不同，并不明显影响 5-二茂铁异酞酰基骨架碳的^{13}C 位移。在 δ 69.74～69.76 mg/kg、δ 69.74～69.77 mg/kg、δ 66.90～66.97 mg/kg 和 δ 83.11～83.36 mg/kg 处出现的^{13}C 信号出现了单取代二茂铁基团的特征信号，其分别对应于未取代茂环、取代茂环间位、取代茂环邻位和取代茂环取代位置 C 信号；而由于分子本身结构的对称性，导致了异酞酰骨架苯环仅给出了四个 C 信号，而羰基的 C 信号出现在低场δ 162.59～162.99 mg/kg 处。

8.2.2　酰腙化合物 24a 的晶体结构

为研究该类含二茂铁基酰腙化合物的构型，我们以溶剂扩散法（将乙醇扩散到配体的 DMF 溶液中）得到了酰腙化合物 24a 的单晶，并利用 X-射线单晶衍射法分析测定其单晶结构。含二茂铁基酰腙化合物 24a 属单斜晶系，p2(1)/c 空间群，晶胞参数 a = 8.0659(16) Å，b = 17.728(4) Å，c = 19.598(4) Å，β = 93.44(3) Å，V = 2797.3(10) $Å^3$，Z = 4，D_c = 1.321 g · cm^{-3}，$R_1[I>2\sigma(I)]$ = 0.0874，ωR_2(all data) = 0.1409[26～27]。其分子结构如 Fig. 8.1 所示，有关晶体数据及部分键长、键角数据列于 Table 8.2～Table 8.4。

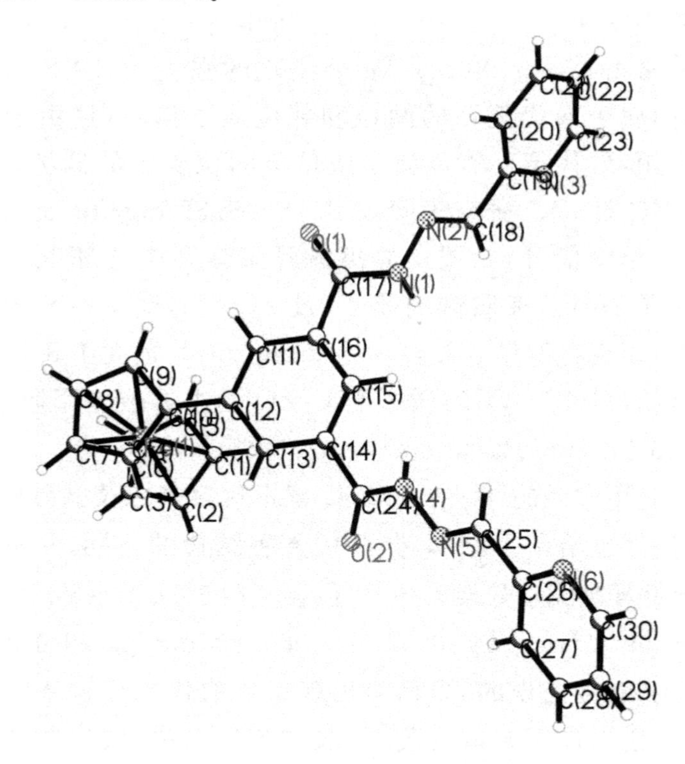

Fig. 8.1　Molecular structure of 24a

由测定数据知，在 4a 分子中，二茂铁取代茂环与异酞酰苯环并不共面，其夹角为 166.5°。茂环取代碳原子与相连的苯环碳原子键长为 1.497 (6) Å，处于单键(1.54 Å)和双键(1.34 Å)键长之间，表明该键为单键，但具有部分双键性质。分子两钳臂羰基 C=O 键长分别为 O1—C17 1.231(5) Å 和 O2—C24 1.231(5) Å，而 C=N 键长分别为 N2—C18 1.273(6) Å 和 N5—C25 1.279 (6) Å；此外 NH—N 键长分别为 N1—N2 1.385(5) Å 和 N4—N5 1.377(6) Å。这表明在固态下，该分子官能团是以正常的酰腙结构存在而非以共振体形式存在。

从 Fig. 8.2 可以看出，在 24a 的固态结构中，其单分子以钳形状态存在；其分子间存在着两种形式的氢键作用：(1)第一个 L 分子中一臂上的 N—H 基团上的 H 与第二个 L 分子中一臂上的羰基 O 之间形成的氢键，即 N(1)—H(1E) …O(2) #1 = 2.961(5) Å；(2)第一个 L 分子中另一臂上的 N—H 基团上的 H 与第三个 L 分子中一臂上的羰基 O 之间形成的氢键，即 N(4) —H(4E) …O(1) #2 = 2.864(5) Å。通过这些氢键作用，相邻的 L 分子被连接形成一维无限链结构。此外，相邻的一维链之间还存在着两种[C—H]-π 作用，即一条链中二茂铁环上的 C—H 基团与相邻结构单元上的吡啶环之间以及一条链中吡啶环上的 C—H 基团与相邻结构单元上二茂铁环之间都有着较强的 C—H-π 作用，其距离分别为 3.41(3) Å，3.58(2) Å。这些 C—H-π 作用使得一维链之间相互连接，从而进一步构筑成一个 3D 的超分子结构(见 Fig. 8.3)。

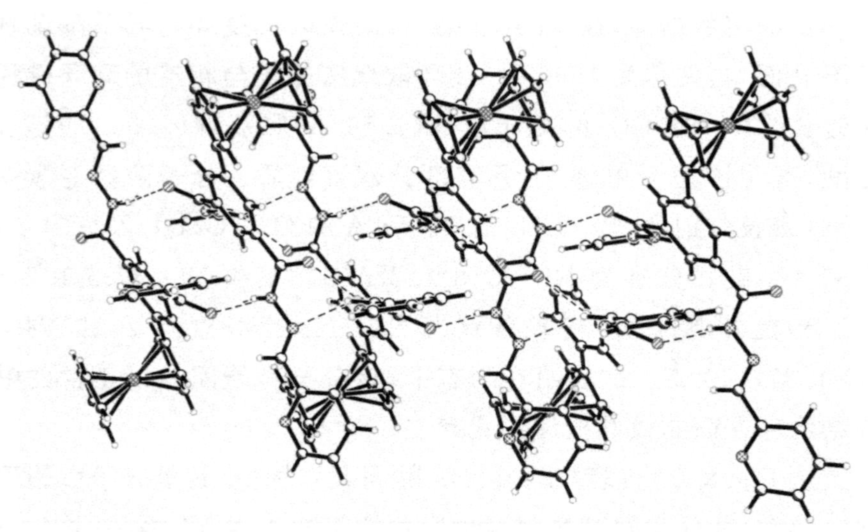

Fig. 8. 2　The intermolecular interactions for 24a in forming 1D-chain

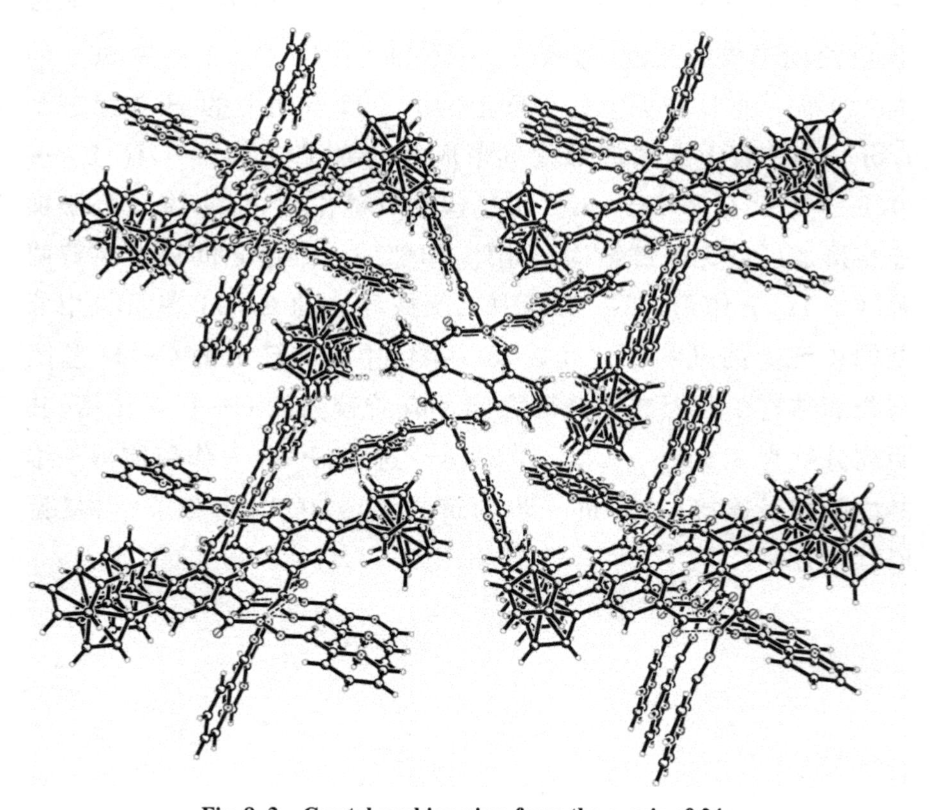

Fig. 8. 3　Crystal packing view from the *a*-axis of 24a

Table 8.2 Selected Bond lengths(Å) 24a

Fe(1)—C(2)	C(4)—C(5)
2.025(7)	1.399(11)
Fe(1)—C(4)	C(6)—C(7)
2.027(7)	1.424(7)
Fe(1)—C(6)	C(6)—C(10)
2.035(5)	1.433(6)
Fe(1)—C(3)	C(7)—C(8)
2.038(7)	1.405(7)
Fe(1)—C(5)	C(8)—C(9)
2.037(7)	1.417(7)
Fe(1)—C(1)	C(9)—C(10)
2.036(7)	1.434(6)
Fe(1)—C(7)	C(10)—C(12)
2.042(5)	1.479(6)
Fe(1)—C(10)	C(11)—C(16)
2.045(5)	1.395(6)
Fe(1)—C(9)	C(11)—C(12)
2.049(5)	1.396(6)
Fe(1)—C(8)	C(12)—C(13)
2.052(5)	1.399(6)
N(1)—C(17)	C(13)—C(14)
1.349(6)	1.404(6)
N(1)—N(2)	C(14)—C(15)
1.385(5)	1.388(6)
N(2)—C(18)	C(14)—C(24)
1.273(6)	1.500(6)
N(3)—C(23)	C(15)—C(16)
1.330(7)	1.388(6)

续表

N(3)—C(19)	C(16)—C(17)
1.337(6)	1.497(6)
N(4)—C(24)	C(18)—C(19)
1.350(6)	1.462(6)
N(4)—N(5)	C(19)—C(20)
1.377(5)	1.376(7)
N(5)—C(25)	C(20)—C(21)
1.279(6)	1.374(8)
N(6)—C(30)	C(21)—C(22)
1.334(8)	1.368(9)
N(6)—C(26)	C(22)—C(23)
1.336(6)	1.354(9)
O(1)—C(17)	C(25)—C(26)
1.228(5)	1.468(6)
O(2)—C(24)	C(26)—C(27)
1.231(5)	1.367(7)
C(1)—C(5)	C(27)—C(28)
1.378(11)	1.382(8)
C(1)—C(2)	C(28)—C(29)
1.402(11)	1.374(10)
C(2)—C(3)	C(29)—C(30)
1.395(12)	1.324(9)
C(3)—C(4)	
1.395(12)	

Table 8.3 Selected Bond angles(°) for 24a

C(2)—Fe(1)—C(4)	C(4)—C(3)—Fe(1)
67.6(4)	69.5(4)
C(2)—Fe(1)—C(6)	C(3)—C(4)—C(5)
106.9(3)	108.9(9)
C(4)—Fe(1)—C(6)	C(3)—C(4)—Fe(1)
158.9(4)	70.3(5)
C(2)—Fe(1)—C(3)	C(5)—C(4)—Fe(1)
40.1(4)	70.2(4)
C(4)—Fe(1)—C(3)	C(1)—C(5)—C(4)
40.1(3)	106.7(9)
C(6)—Fe(1)—C(3)	C(1)—C(5)—Fe(1)
122.6(4)	70.2(4)
C(2)—Fe(1)—C(5)	C(4)—C(5)—Fe(1)
68.1(4)	69.5(4)
C(4)—Fe(1)—C(5)	C(7)—C(6)—C(10)
40.3(3)	108.1(5)
C(6)—Fe(1)—C(5)	C(7)—C(6)—Fe(1)
158.7(4)	69.8(3)
C(3)—Fe(1)—C(5)	C(10)—C(6)—Fe(1)
67.8(4)	69.8(3)
C(2)—Fe(1)—C(1)	C(8)—C(7)—C(6)
40.4(3)	108.1(5)
C(4)—Fe(1)—C(1)	C(8)—C(7)—Fe(1)
66.5(4)	70.3(3)
C(6)—Fe(1)—C(1)	C(6)—C(7)—Fe(1)
123.4(3)	69.3(3)
C(3)—Fe(1)—C(1)	C(7)—C(8)—C(9)
66.9(4)	108.7(5)

续表

C(5)—Fe(1)—C(1)	C(7)—C(8)—Fe(1)
39.6(3)	69.6(3)
C(2)—Fe(1)—C(7)	C(9)—C(8)—Fe(1)
123.0(4)	69.7(3)
C(4)—Fe(1)—C(7)	C(8)—C(9)—C(10)
123.6(4)	108.1(4)
C(6)—Fe(1)—C(7)	C(8)—C(9)—Fe(1)
40.90(19)	69.9(3)
C(3)—Fe(1)—C(7)	C(10)—C(9)—Fe(1)
108.2(3)	69.4(3)
C(5)—Fe(1)—C(7)	C(6)—C(10)—C(9)
159.3(4)	106.9(4)
C(1)—Fe(1)—C(7)	C(6)—C(10)—C(12)
159.5(4)	126.7(4)
C(2)—Fe(1)—C(10)	C(9)—C(10)—C(12)
122.0(3)	126.4(4)
C(4)—Fe(1)—C(10)	C(6)—C(10)—Fe(1)
159.3(4)	69.0(3)
C(6)—Fe(1)—C(10)	C(9)—C(10)—Fe(1)
41.11(18)	69.6(3)
C(3)—Fe(1)—C(10)	C(12)—C(10)—Fe(1)
158.2(5)	127.0(3)
C(5)—Fe(1)—C(10)	C(16)—C(11)—C(12)
122.5(3)	121.3(4)
C(1)—Fe(1)—C(10)	C(11)—C(12)—C(13)
107.7(3)	117.9(4)
C(7)—Fe(1)—C(10)	C(11)—C(12)—C(10)
68.94(19)	120.3(4)

续表

C(2)—Fe(1)—C(9)	C(13)—C(12)—C(10)
158.7(4)	121.8(4)
C(4)—Fe(1)—C(9)	C(12)—C(13)—C(14)
123.9(4)	121.0(4)
C(6)—Fe(1)—C(9)	C(15)—C(14)—C(13)
68.7(2)	120.1(4)
C(3)—Fe(1)—C(9)	C(15)—C(14)—C(24)
159.7(4)	122.2(4)
C(5)—Fe(1)—C(9)	C(13)—C(14)—C(24)
108.1(3)	117.7(4)
C(1)—Fe(1)—C(9)	C(16)—C(15)—C(14)
123.4(3)	119.5(4)
C(7)—Fe(1)—C(9)	C(15)—C(16)—C(11)
68.2(2)	120.3(4)
C(10)—Fe(1)—C(9)	C(15)—C(16)—C(17)
41.01(18)	122.4(4)
C(2)—Fe(1)—C(8)	C(11)—C(16)—C(17)
159.1(4)	117.3(4)
C(4)—Fe(1)—C(8)	O(1)—C(17)—N(1)
109.3(3)	123.4(4)
C(6)—Fe(1)—C(8)	O(1)—C(17)—C(16)
68.2(2)	122.1(4)
C(3)—Fe(1)—C(8)	N(1)—C(17)—C(16)
124.1(4)	114.5(4)
C(5)—Fe(1)—C(8)	N(2)—C(18)—C(19)
123.9(4)	121.9(4)
C(1)—Fe(1)—C(8)	N(3)—C(19)—C(20)
159.2(4)	123.1(5)

续表

C(7)—Fe(1)—C(8)	N(3)—C(19)—C(18)
40.1(2)	114.6(5)
C(10)—Fe(1)—C(8)	C(20)—C(19)—C(18)
68.57(19)	122.3(5)
C(9)—Fe(1)—C(8)	C(21)—C(20)—C(19)
40.42(19)	118.1(6)
C(17)—N(1)—N(2)	C(22)—C(21)—C(20)
120.0(4)	119.8(6)
C(18)—N(2)—N(1)	C(23)—C(22)—C(21)
115.3(4)	117.6(6)
C(23)—N(3)—C(19)	N(3)—C(23)—C(22)
116.3(5)	125.1(6)
C(24)—N(4)—N(5)	O(2)—C(24)—N(4)
119.6(4)	122.4(4)
C(25)—N(5)—N(4)	O(2)—C(24)—C(14)
116.8(4)	121.9(4)
C(30)—N(6)—C(26)	N(4)—C(24)—C(14)
117.8(5)	115.7(4)
C(5)—C(1)—C(2)	N(5)—C(25)—C(26)
109.7(9)	120.5(4)
C(5)—C(1)—Fe(1)	N(6)—C(26)—C(27)
70.2(4)	121.7(5)
C(2)—C(1)—Fe(1)	N(6)—C(26)—C(25)
69.4(5)	116.3(5)
C(3)—C(2)—C(1)	C(27)—C(26)—C(25)
106.9(9)	122.0(5)
C(3)—C(2)—Fe(1)	C(26)—C(27)—C(28)
70.4(5)	118.3(6)

续表

C(1)—C(2)—Fe(1)	C(29)—C(28)—C(27)
70.2(5)	119.8(6)
C(2)—C(3)—C(4)	C(30)—C(29)—C(28)
107.8(9)	117.8(6)
C(2)—C(3)—Fe(1)	C(29)—C(30)—N(6)
69.4(4)	124.6(6)

Table 8.4 Hydrogen bonds for 24a [Å and deg]

D—H…A	d(D—H)	d(H…A)	d(D…A)	<(DHA)
N(1)—H(1E)…O(2)#1	0.82(5)	2.22(5)	2.961(5)	151(5)
N(4)—H(4E)…O(1)#2	0.73(4)	2.15(4)	2.864(5)	166(4)

Symmetry transformations used to generate equivalent atoms：#1 $-x,-y+2,-z$；#2 $-x+1,-y+2,-z$.

8.2.3 酰腙化合物24a～24c电化学性质的研究

酰腙化合物24a～24c易溶于DMF、DMSO等有机溶剂，在玻碳电极表面有良好的电化学响应活性。因此，我们在室温下，DMF底液中，以0.1 mol/L的(n-Bu_4)$NClO_4$(TBAP)作为支持电解质，玻碳电极为工作电极，铂丝为辅助电极，232型饱和甘汞电极为参比电极，利用循环伏安法研究了5-二茂铁基异酞酰腙化合物24a～24c的氧化还原性质，并对它们与部分阴离子的电化学响应识别性能进行了测定。

酰腙化合物24a～24c的循环伏安行为

以0.1 mol/L的TBAP的DMF溶液作为底液，化合物24浓度1.0×10^{-3} mol/L，用循环伏安(CV)技术测定了二茂铁基异酞酰腙化合物24的电化学性质。实验发现：化合物24a～24c在0～0.90 V电位范围内，均只有一对稳定的氧化还原峰，且表现相似的电化学行为。根据相关的文献报道，此峰应归属于取代后的二茂铁基在溶液中的氧化还原峰，即 $Fc - e^- \rightleftharpoons Fc^+$。

此外，对比化合物 24a～24c 与二茂铁的式量电位数值发现，化合物 24a～24c 均较二茂铁电位略有正移，这是由于二茂铁基直接与大的共轭体系的异酞酰基相连，此时，表现吸电子能力的异酞酰基的作用，使得茂环 π 电子离域性增强，二茂铁电子云密度减小，致使二茂铁更难氧化，这与文献报道的 N-(间二茂铁苯基)甲酰胺化合物结果相似。

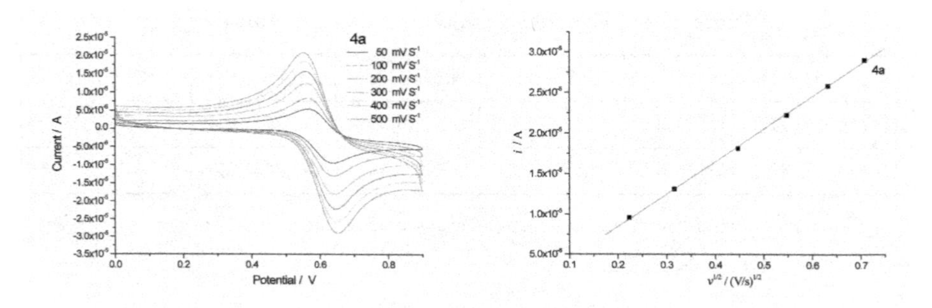

Fig. 8.4　CVs of 4a (1.0×10^{-3} mol/L) in DMF at different scan rates and linear relation between the anodic peak current and the square root of the scan rate

保持测试液组成不变，对扫描速度对峰电流和峰电位的影响进行了考察。Fig. 8.4 给出了化合物 24a 在不同电位扫描速度下的 CV 曲线。图中可以看出，随着电位扫描速度(υ)的增加，其氧化峰与还原峰的电位差 ΔE_p（$\Delta E_p =（E_{pa} - E_{pc}）$）略有变化；而氧化峰电流与还原峰电流的比值 i_{pa}/ i_{pc} 基本为常数，ΔE_p 与 i_{pa}/ i_{pc} 的值（$\Delta E_p = 70 \sim 100$ mV，$i_{pa}/ i_p \approx 1$）符合能斯特(Nernest)方程单电子转移理论数值，可判定，在 50 ～ 400 mV/s 范围内，24a～24c 在玻碳(GC)电极上发生的电极反应是准可逆的，这与文献报道的具相似结构的含二茂铁基苯基化合物具有类似性质。将数据做进一步处理，考察 i_{pa} 与 $\upsilon^{1/2}$ 的关系，由 Fig. 8.4 知 i_{pa}-$\upsilon^{1/2}$ 呈线性关系，这说明化合物 24a 在 GC 电极上的电极反应是受扩散控制的 Fc/Fc^+ 电化学体系。同法，对化合物 24b～24c 进行测定，研究结果表明 24b～24c 在 GC 电极上的电极反应也是受扩散控制[24, 28]。

酰腙化合物 24a～24c 对阴离子的电化学响应

鉴于酰腙化合物 24a～24c 具有良好的准可逆电化学性质，且该类化合物中均含有强的氢键给体——酰胺 NH 基团，此外，在化合物 24a、24c 中含有的吡啶 N 原子、噻吩 S 原子均可作为好的氢键受体，而化合物 24b 中则含有活泼的—OH 基团，既可作为氢键给体又可作为氢键受体，可以推断，酰腙化合物 24a～24c 具有对高电负性阴离子较好的结合能力，尤其可通过这些氢键给、受体位点与某些酸式多氧阴离子间互补的氢键作用实现阴离子的高效结合。

Beer 等[1b]通过大量实验总结出了电化学阴离子识别所必需的条件：(1)具有氧化还原活性的电化学中心基团(信号给予体)；(2)具有与相应阴离子结合的位点(客体阴离子结合单元)；(3)阴离子结合位点与电化学中心基团的合适键连。考察酰腙化合物 24a～24c 结构，虽然这些阴离子结合位点与二茂铁基团相对较远，但通过茂环与异酞酰基苯环的共轭作用，可以预见配体 24a～24c 与阴离子的结合将能引起二茂铁中心氧化还原式量电位 $E^{0'}$ 的移动。据公式：

$$\Delta E^{0'}=E^{0'}_{\mathrm{HG}}-E^{0'}_{\mathrm{H}}=(RT/nF)\times\ln(K_{\mathrm{red}}/K_{\mathrm{ox}})$$

由于 24a～24c 分子与阴离子间的空间静电排斥作用，其处于氧化状态的 24a～24c 分子与客体阴离子间的络合稳定常数 K_{ox} 应小于中性的 24a～24c 与客体间的结合稳定常数 K_{red}，此时 $\ln(K_{\mathrm{red}}/K_{\mathrm{ox}})$ 为负值，即配体 24a～24c 与阴离子作用将导致二茂铁中心 Fc^{+}/Fc 电对式量电位 $E^{0'}$ 的阴极移动，从而通过电化学技术的检测实现阴离子的电化学识别传感。

为此，在 0 ～ 0.9 V 的电位范围内，配体浓度 1.0×10^{-3} mol/L，电位扫描速度 100 mV/s 的条件下，我们进一步利用 CV 技术研究了酰腙化合物 24a～24c 在 DMF 溶液中对不同阴离子 Cl^{-} 和 $H_2PO_4^{-}$ 的电化学识别性能。

Fig. 8.5 给出了酰腙化合物 24a 阴离子客体识别作用的循环

伏安波变化的叠加图。阴离子结合测试显示:加入的 Cl^- 和 $H_2PO_4^-$ 均引起了24a循环伏安曲线的改变。

从Fig.8.5中可以看出,在24a的DMF溶液中,随着阴离子 HSO_4^- 的加入对配体 Fc/Fc^+ 电对氧化还原行为没有影响,表明其对 HSO_4^- 没有识别作用。

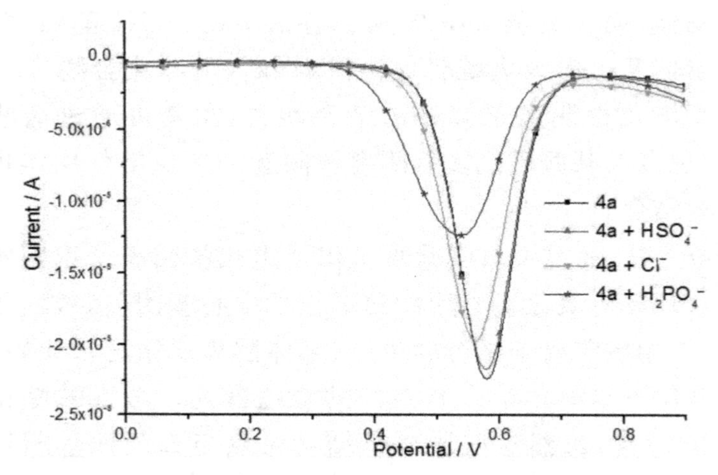

Fig. 8.5 Cyclic voltammograms of 24a (1.0×10⁻³ mol/L) upon addition of 4.0 equiv. of selected anions in DMF, containing in 0.1 mol/L TBAP as an electrolyte. Scan rate: 100 mV/S. Working electrode: glassy carbon

而在24a的DMF溶液中,随着阴离子 $H_2PO_4^-$ 的加入,导致了二茂铁中心 Fc/Fc^+ 电对氧化电位 E_{pa} 的较微弱阴极方向位移,且伴随着氧化峰峰电流的增加;随着阴离子量的逐渐增大,二茂铁中心 Fc/Fc^+ 电对的还原峰逐渐消失,并伴随着氧化峰的逐渐变宽、氧化峰峰电流的逐渐增加、氧化峰阴极方向的位移的增大;当加至阴离子量为3 mol/L时,Fc/Fc^+ 电对的可逆性完全丧失。这些现象,在电化学阴离子识别体系中并不鲜见[24, 29~32],这是由于在循环伏安过程中的氧化步骤中,配体中二茂铁中心的氧化在电极表面形成的 FcL^+ 与阴离子结合形成了高稳定性的离子对并吸附在电极表面上,且在还原步骤中不能被有效还原所造成的EC机理;这导致了在循环伏安(CV)研究中仅观察到氧化过程,而缺少了还原过程,导致了 Fc/Fc^+ 电对可逆性的丧失。此外,氧化过程中所形成的吸附在电极表面的离子对，通过离子对与电极间的单电子传输，产生了附加的电流，故而氧化峰峰电流有增大趋势。对于化合物 24a，当加入 3 mol/L 的 $H_2PO_4^-$ 时，其 ΔE 为 −44 mV(DPV 法测定)[33~35]。

相对比，24a 对 Cl^- 的响应行为与 $H_2PO_4^-$ 存在有着显著的不同。从 Table 8.5 中可以看出：Cl^- 的加入并没有使氧化峰峰形变得像在 $H_2PO_4^-$ 存在下时那么宽，其还原峰良好，整个氧化还原过程表现为较为标准的循环伏安行为，推测，这可能是由于电极表面反应产物在电极表面吸附较为微弱的缘故。在 Cl^- 存在下，二茂铁中心仍具有较好的可逆性，这为测定此时 Fc/Fc^+ 电对式量电位 $E^{0'}$ 的具体值提供了可能，进而可以准确地得到 ΔE [$E^{0'}$(受体＋阴离子) − $E^{0'}$(游离受体)]值。对化合物 24a，当加入 3 mol/L的 Cl^- 时，其 ΔE 值为 −20 mV(DPV 法测定)。

同法进一步利用 CV、DPV 技术研究了化合物 24a～24c 对不同阴离子的电化学识别性质，其结果如 Fig. 8.6～Fig. 8.10 所示。对比化合物 24a～24c 与不同阴离子响应 CV 曲线可以看出，尽管 24a～24c 中芳基取代基并不相同，但它们与同种阴离子作用，其循环伏安曲线变化行为相似。24a～24c 与不同阴离子 Fc/Fc^+ 电对电位变化数据列于 Table 8.5。

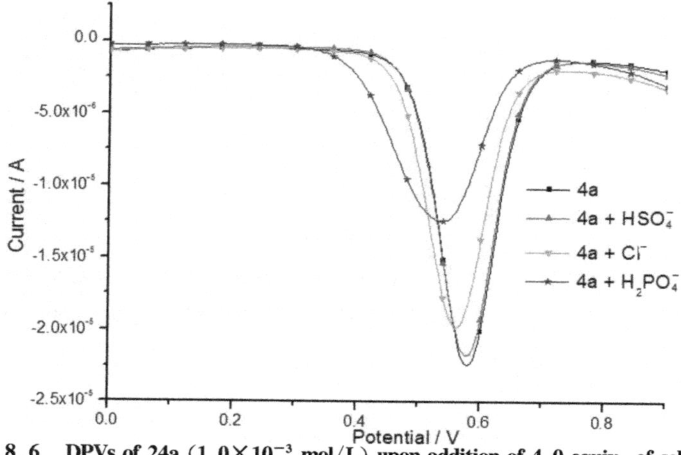

Fig. 8.6　DPVs of 24a (1.0×10⁻³ mol/L) upon addition of 4.0 equiv. of selected anions in DMF, containing in 0.1 mol/L TBAP as an electrolyte. Working electrode: glassy carbon

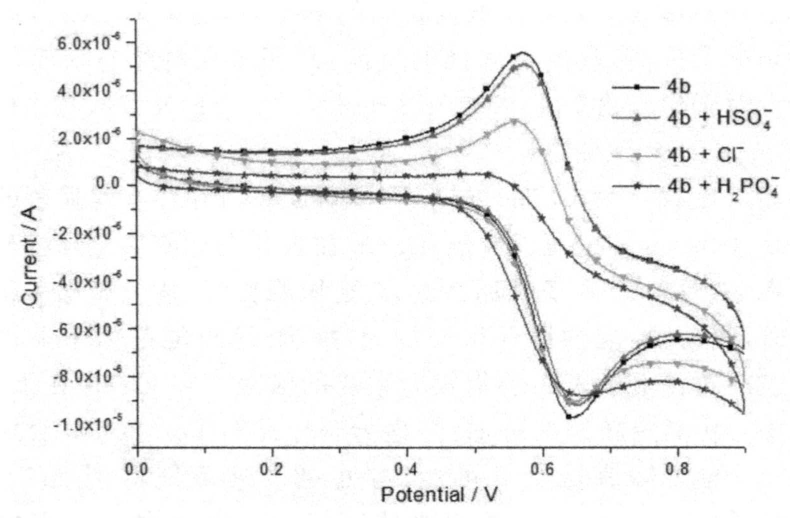

Fig. 8. 7　CVs of 24b（1. 0×10^{-3} mol/L）upon addition of 4. 0 equiv. of selected anions in DMF，containing in 0. 1 mol/L TBAP as an electrolyte. Scan rate：100 mV/S. Working electrode：glassy carbon

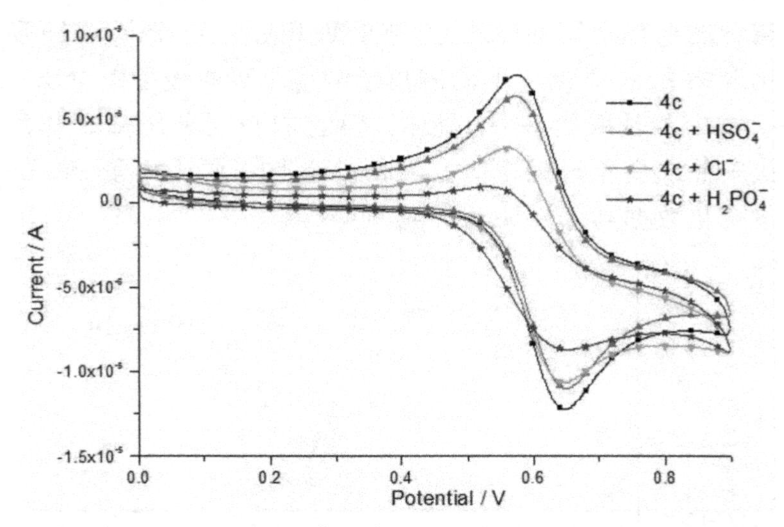

Fig. 8. 8　CVs of 24c（1. 0×10^{-3} mol/L）upon addition of 4. 0 equiv. of selected anions in DMF，containing in 0. 1 mol/L TBAP as an electrolyte. Scan rate：100 mV/S. Working electrode：glassy carbon

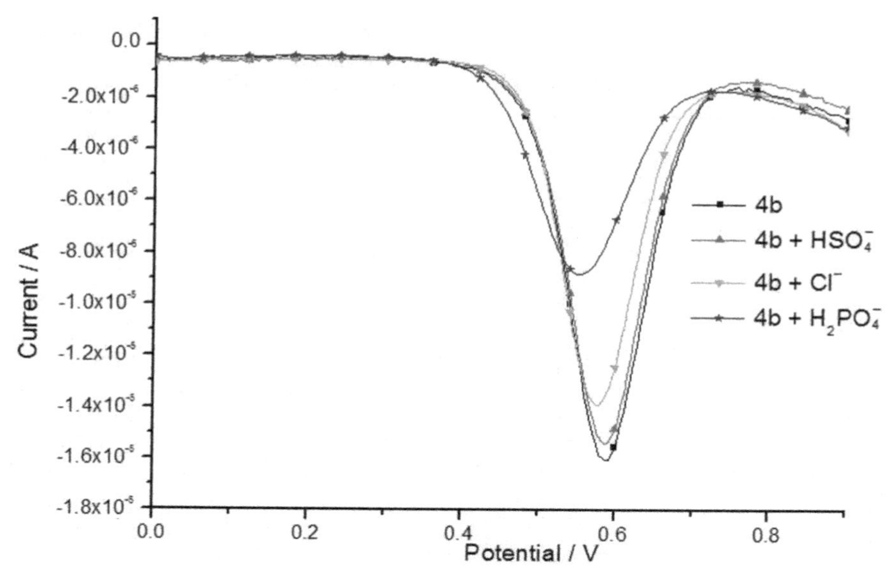

Fig. 8. 9 DPVs of 24b（1. 0×10^{-3} mol/L）upon addition of 4. 0 equiv. of selected anions in DMF, containing in 0. 1 mol/L TBAP as an electrolyte. Working electrode: glassy carbon

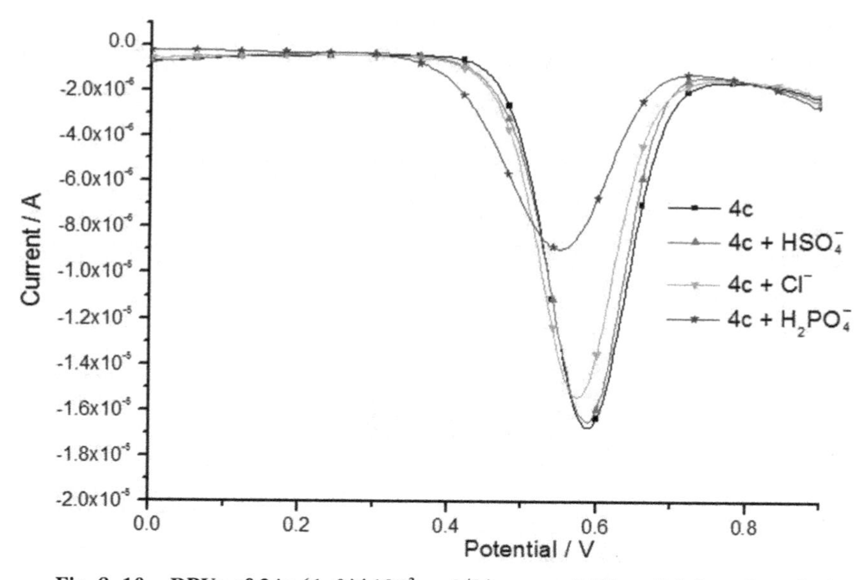

Fig. 8. 10 DPVs of 24c（1. 0×10^{-3} mol/L）upon addition of 4. 0 equiv. of selected anions in DMF, containing in 0. 1 mol/L TBAP as an electrolyte. Working electrode: glassy carbon

Table 8.5　Electrochemical response for 24a～24c(ca 1.0×10^{-3} mol/L) vs selected anions(4.0 equiv.) in DMF

Receptor A[a]	$E_{1/2}$(mV) free	$E_{1/2}$(mV) complex	$\Delta E_{1/2}$(mV)
24a · Cl^-	580	560	20
24a · $H_2PO_4^-$	580	536	44
24b · Cl^-	588	576	12
24b · $H_2PO_4^-$	588	552	36
24c · Cl^-	588	576	12
24c · $H_2PO_4^-$	588	548	40

(a) All potentials Data are referred to the saturated calomel electrode (SCE) in DMF solution using TBAP (0.1 mol/L) as the supporting electrolyte on a GC working electrode. (b) [a] Anions added as their their tetrabutylammonium salts.

从Table 8.5中可以看出，在所测试的HSO_4^-、Cl^-和$H_2PO_4^-$阴离子体系中，相对比，化合物24a～24c均对阴离子$H_2PO_4^-$给出较好响应，并产生了最大的ΔE值，且其循环伏安变化行为明显区分于所测试的其他阴离子，这表明，所设计合成的5-二茂铁异酞酰脲类化合物24a～24c均可作为$H_2PO_4^-$电化学传感器用于阴离子识别鉴定，这对于实现生命体重要的阴离子$H_2PO_4^-$的识别传感具有重要意义。该结果也与文献所报道的简单二茂铁酰基酰胺类阴离子电化学传感器与$H_2PO_4^-$响应往往给出较大电位值的结果相一致。

8.3　实验部分

8.3.1　仪器与试剂

测试仪器及测试条件：^1H NMR、^{13}C NMR在以d_6-DMSO为溶剂，TMS为内标下，由Bruker DPX 400超导核磁共振谱仪测定;红外光谱以 KBr 压片,在 400～4000 cm^{-1}测试范围由 Burker VECTOR23 型红外光谱仪测定;高分辨质谱由 Waters Q-Tof Micro™质谱仪测定;化合物熔点在 X-4 型数显熔点仪上测定(温度计未经校正);电化学性质在三电极体系条件下,Φ3 mm 玻碳(GC)电极为工作电极,铂丝为辅助电极,232 型饱和甘汞电极为参比电极,由 CHI-660C 型综合电化学工作站(上海晨华公司)测定。

所用试剂:5-氨基异酞酸(化学纯)购自泰兴盛铭化工有限公司;阴离子识别测试所用阴离子四丁基氟化铵、四丁基氯化铵、四丁基醋酸铵、四丁基磷酸二氢铵及四丁基高氯酸铵均为分析纯,购自 Alfa Aesar 公司;其他药品均为分析纯。有机溶剂用前均用标准方法进行处理后使用。

8.3.2 二茂铁基酰腙化合物 24a～24c 的制备

8.3.2.1 5-二茂铁基异酞酸的合成

5-二茂铁基异酞酸的合成,以甲醇/水混合溶剂重结晶两次得橙红色固体,收率 38%。m. p. > 250 ℃(分解),IR ν_{max}(KBr):3440,3080,2636,2570,1706,1603,1408,1279 cm^{-1}。

8.3.2.2 5-二茂铁基异酞酸甲酯的合成

将 3.50 g (0.01 mol) 5-二茂铁基异酞酸加入 20 mL 无水甲醇中,搅拌下,缓慢滴加 2 滴浓硫酸,固体渐溶,溶液转为深红色,反应 2 h 有大量金黄色固体出现,回流反应 8 h。将反应液减压下蒸去过量的甲醇,得金黄色片状固体粗产品,以 CH_2Cl_2/甲醇(1∶5,V∶V)重结晶得到金黄色针状晶体 3.58 g(收率94.7%)。m. p. 188～189 ℃,HRMS: Cacld for $C_{20}H_{18}FeO_4$[M]$^+$ 378.0555, found: 378.0562; IR ν_{max}(KBr): 2956, 1726, 1428, 1328, 1254, 1130, 999, 754 cm^{-1}。^{1}H NMR (400 MHz, d_6-DMSO) δ mg/kg: 3.97 (6H, s, —OCH_3), 4.12 (5H, s,—Fc), 4.47

(2H, s,—Fc), 4.85 (2H, s,—Fc), 8.25 (2H, s,—ArH), 8.47 (1H, s,—ArH)。

8.3.2.3　5-二茂铁基异酞酰肼的合成

将 3.78 g (0.01 mol) 5-二茂铁异酞酸甲酯加入 20 mL 无水甲醇中，搅拌下，缓慢滴加 2 mL 水合肼(80%)，固体渐溶，溶液转为橙红色，反应 2 h 有少量橙红色固体出现；TLC 跟踪反应(以 CH_2Cl_2 为展开剂)，至原料点消失，停止反应。将反应液减压下蒸去过量的甲醇，得橙红色粒状晶体产品，以甲醇重结晶得到橙红色晶体 3.42 g(产率 90.5%)。m. p. 169～172 ℃；HRMS: Cacld for $C_{18}H_{19}FeN_2O_2$[M + H]$^+$ 379.0857, found: 379.0865; IR ν_{max} (KBr): 3442, 3312, 3259, 1645, 1595, 1532, 1332, 1002, 696 cm^{-1}。^{1}H NMR (400 MHz, d_6-DMSO) δ mg/kg: 4.09 (5H, s, —Fc), 4.42 (2H, s, —Fc), 4.58 (4H, s, —NH_2), 4.92 (2H, s, —Fc), 8.07 (2H, s, —ArH), 8.11 (1H, s, —ArH), 9.91 (2H, s, —CONH—)。

8.3.2.4　含二茂铁基酰腙化合物 24a～24c 的合成

选取具有不同结构的 5 种芳香醛类化合物与 5-二茂铁基异酞酰肼以摩尔比 2.2∶1 条件下，以无水甲醇为反应溶剂，在冰醋酸催化下，回流反应。通过缩合反应共制得 5 种新型含二茂铁基酰腙类化合物 24a～24c。通过^{1}H NMR、IR 和 HRMS 等波谱手段对其结构进行了表征。

24a: Orange needle crystal, yield 92%, m. p. > 250 ℃; HRMS: Cacld for $C_{30}H_{25}FeN_6O_2$[M + H]$^+$ 557.1388, found 557.1393; IR ν_{max}(KBr): 3189, 1652, 1589, 1559, 1467, 1323, 1262 cm^{-1}; ^{1}H NMR (400 MHz, DMSO-d_6, δ mg/kg): 12.19 (2H, s, —CONH—), 7.44～8.66 (8H, m, —pyridine—H), 8.56 (2H, s, —CH=N—), 8.29 (1H, s, —ArH), 8.24 (2H, s, —ArH), 5.00 (2H, s, —Fc), 4.49 (2H, s, —Fc), 4.10

(5H, s, —Fc);^{13}C NMR (DMSO-d_6, δ mg/kg): 162.99, 153.37, 149.78, 148.70, 140.79, 137.13, 134.04, 127.97, 124.71, 120.22, 83.11, 69.76, 66.97。

24b: Orange needle crystal, yield 92%, m. p. > 270 ℃; HRMS: Cacld for $C_{32}H_{26}FeN_4NaO_4$[M + Na]$^+$ 609.1201, found 609.1275; IR ν_{max}(KBr): 3424, 1649, 1583, 1547, 1453, 1325, 1272, 688 cm^{-1}; ^{1}H NMR (400 MHz, DMSO-d_6, δ mg/kg): 11.93 (2H, s, —CONH—), 9.66 (1H, s, —OH), 8.43 (2H, s, —CH=N—), 8.26 (1H, s, —ArH), 8.20 (2H, s, —ArH), 6.85—7.30 (8H, m, —ArH), 4.99 (2H, s, —Fc), 4.48 (2H, s, —Fc), 4.09 (5H, s, —Fc);^{13}C NMR (DMSO-d_6, δ mg/kg): 162.75, 157.87, 148.54, 140.55, 135.69, 134.20, 130.13, 127.67, 124.53, 119.07, 117.75, 112.86, 83.21, 69.75, 66.92。

24c: Yellow needle crystal, yield 91%, m. p. > 270 ℃; HRMS: Cacld for $C_{28}H_{22}FeN_4NaO_2S_2$[M + Na]$^+$ 589.0431, found 589.0428; IR ν_{max}(KBr): 3222, 1648, 1593, 1562, 1330, 1282, 1264, 712 cm^{-1};^{1}H NMR (400 MHz, DMSO-d_6, δ mg/kg): 11.93 (2H, s, —CONH—), 8.74 (2H, s, —CH=N—), 8.20 (1H, s, —ArH), 8.18 (2H, s, —ArH), 7.16～7.72 (6H, m, thiophene—H), 5.97 (2H, s, —Fc), 4.48 (2H, s, —Fc), 4.09 (5H, s, —Fc);^{13}C NMR (DMSO-d_6, δ mg/kg): 162.65, 143.61, 140.56, 139.18, 134.19, 131.35, 129.33, 128.11, 127.65, 124.43, 83.22, 69.75, 66.92。

8.3.3 酰腙化合物 24a 单晶结构测定

单晶数据测定在 Rigaku R-Axis-IV 型面探仪上进行，晶体大小 0.20 mm×0.17 mm×0.16 mm，采用石墨单色化的 MoKα 射线(λ = 0.71073 Å)，在 2.04° < θ < 25.5°范围内扫描，温度 291 (2) K 下收集衍射点，所测衍射数据经 Lp 因子校正后，结构在

teXsan 软件包上用直接法进行解析解出各原子位置坐标，其余非氢原子经差值 Fourier 合成后给予确定，全部非氢原子坐标及其各向异性热参数均进行全矩阵最小二乘法修正(F^2)，所有计算均在 SHELX-97 程序完成[9]。结果显示：化合物 24a 属于单斜晶系，$P2(1)/c$ 空间群。晶体参数 $a = 8.0659(16)$ Å，$b = 17.728(4)$ Å，$c = 19.598(4)$ Å，$\beta = 93.44(3)$ Å。$V = 2797.3(10)$ Å^3，$Z = 4$，$D_c = 1.321$ g·cm^{-3}，最终偏离因子 $\omega R_1 = 0.0874$，$\omega R_2 = 0.1409$。

8.3.4　酰腙化合物 24a～24c 溶液电化学测试方法

所有电化学数据均在，支持电解质(n-Bu_4)$NClO_4$ 浓度 0.1 mol/L，酰腙化合物浓度 1.0×10^{-3} mol/L 条件下，Ar 气鼓泡除氧后由 CHI-660C 型综合电化学工作站(上海晨华公司)测定。测试工作电极——玻碳(GC)电极在使用前先经 0.05 μm Al_2O_3 抛光粉研磨抛光并用麂皮打磨至镜面，再依次用 0.1 mol/L NaOH、1∶1 HNO_3、无水乙醇、二次蒸馏水超声清洗；辅助电极为铂丝，参比电极为 232 型饱和甘汞电极。

8.3.5　酰腙化合物 24a～24c 的阴离子识别性能测试方法

在电解池中加入配好的含有(n-Bu_4)$NClO_4$(0.1 mol/L)和酰腙化合物 24a～24c(1.0×10^{-3} mol/L)的 DMF 溶液，Ar 气鼓泡除氧，以循环伏安法在 0～0.90 V 电位范围内、电位扫描速率为 100 mV/s 条件下考察酰腙化合物阴离子识别性能。所选各阴离子均以其四丁基盐的 DMF 溶液(0.1 mol/L)由微量进样器依量加入。

8.4　小结

1. 本章合成了一系列 5-二茂铁基异酞酰腙类钳状金属有机化合物 24a～24c，利用 NMR、ESI-MS、HRMS 等对它们的结构进行了综合谱学表征。化合物24a固态单晶结构测定显示,其单分子确以“钳形”状态存在,且通过分子间氢键的作用,连接形成一维无限链结构;此外,相邻一维链间存在C—H-π作用,使其构筑呈3D结构。

2.本章利用CV、DPV技术,研究了化合物24a～24c对HSO_4^-、Cl^-及$H_2PO_4^-$的电化学识别性能。结果表明该类化合物在测试条件下均对测试阴离子具有识别作用,且与阴离子$H_2PO_4^-$作用给出了Fc/Fc^+电对电位最大的阴极移动值,并明显区别于其他阴离子,这表明化合物24a～24c对生命体系重要的$H_2PO_4^-$具有较好的识别性能。

参考文献

[1] F. P. Schmidtchen, M. Berger, Chem. Rev., 1997, 97, 1609.

[2] P. D. Beer, P. A. Gale, Angew. Chem. Int. Ed., 2001, 40, 486.

[3] R. Martínez-Máñez, F. Sancenón, Chem. Rev., 2003, 103, 4419.

[4] L. J. Kuo, J. H. Liao, C. T. Chen, C. H. Huang, C. S. Chen, J. M. Fang, Org. Lett., 2003, 5, 1821.

[5] J. Westwood, S. J. Coles, S. R. Collinson, G. Gasser, S. J. Green, M. B. Hursthouse, M. E. Light, J. H. R. Tucker, Organometallics, 2004, 23, 946.

[6] A. J. Evans, S. E. Matthews, A. R. Cowley, P. D. Beer, Dalton Trans., (2003) 4644.

[7] T. Moriuchi, K. Yoshida, T. Hirao, Org. Lett., 2003, 5, 4285.

[8] O. B. Sutcliffe, A. Chesney, M. R. Bryce, J. Organo-

met. Chem. , 2001, 637—639, 134.

[9] J. L. Sessler, R. S. Zimmerman, G. J. Kirkovits, A. Gebauer, M. Scherer, J. Organomet. Chem. , 2001, 637—639, 343.

[10] P. Saweczko, G. D. Enright, H. B. Kraatz, Inorg. Chem. , 2001, 40, 4409.

[11] V. Balzani, H. Bandmann, P. Ceroni, C. Giansante, U. Hahn, F. G. Klaerner, U. Mueller, W. M. Mueller, C. Verhaelen, V. Vicinelli, F. Voegtle, J. Am. Chem. Soc. , 2006, 128, 637.

[12] D. H. Lee, H. Y. Lee, K. H. Lee, J. I. Hong, Chem. Comm. , 2001, 13, 1188.

[13] D. Collado, E. Perez-Inestrosa, R. Suau, J. P. Desvergne, H. Bouas-Laurent, Org. Lett. , 2002, 4, 855.

[14] M. G. Hutchings, M. C. Grossel, D. A. S. Merckel, A. M. Chippendale, M. Kenworthy, G. McGeorge, Crystal Growth & Design, 2001, 1, 339.

[15] S. R. Collinson, J. H. R. Tucker, T. Gelbrich, M. B. Hursthouse, Chem. Commun. , 2001, 6, 555.

[16] I. R. Butler, B. Woldt, M. Z. Oh, D. J. Williams, Inorg. Chem. Comm. , 2006, 9, 1255.

[17] A. A. Koridze, S. A. Kuklin, A. M. Sheloumov, F. M. Dolgushin, V. Y. Lagunova, I. I. Petukhova, M. G. Ezernitskaya, A. S. Peregudov, P. V. Petrovskii, E. V. Vorontsov, M. Baya, R. Poli, Organometallics, 2004, 23, 4585.

[18] A. Kasasahara, T. Izumi, Y. Yoshida, Bull. Chem. , Soc. Jpn, 1982, 55, 1901.

[19] P. D. Beer, P. A. Gale, G. Z. Chen, J. Chem. Soc. , Dalton Trans. 1999, 1897.

[20] P. D. Beer, P. A. Gale, G. Z. Chen, Coord. Chem.

Rev. 1999, 185—186, 3.

[21] P. D. Beer, E. J. Hayes, Coord. Chem. Rev., 2003, 240, 167.

[22] M. D. Lankshear, P. D. Beer, Coord. Chem. Rev., 2006, 250, 3142.

[23] P. D. Beer, P. A. Gale, Angew. Chem. Int. Ed., 2001, 40, 486.

[24] W. Liu, H. J. Zheng, B. Y. Chen, L. Z. Du, M. P. Song, Z. Anorg. Allg. Chem., 2010, 636, 236.

[25] D. Savage, J. F. Gallagher, Y. Ida, P. T. M. Kenny, Inorg. Chem. Commun., 2002, 5, 1034.

[26] G. M. Sheldrick, SHELX-97: Program for Crystal Structure Analysis: Crystal Structure Determination (SHELXS), University of Göttingen, Germany, 1997.

[27] G. M. Sheldrick, SHELX-97: Program for Crystal Structure Analysis: Structure Refinement (SHELXL), University of Göttingen, Germany, 1997.

[28] B. X. Ye, Y. Xu, F. Wang, Y. Fu, M. P. Song, Inorg. Chem. Comm., 2005, 8, 44.

[29] A. Goel, N. Brennan, N. Brady, P. T. M. Kenny, Biosens. Bioelectro., 2007, 22, 2047.

[30] O. Reynes, F. Maillard, J. C. Moutet, G. Royal, E. Saint—Aman, G. Stanciu, J. P. Dutasta, I. Gosse, J. C. Mulatier, J. Organomet. Chem., 2001, 637—639, 356.

[31] D. L. Stone, D. K. Smith, Polyhedron, 2003, 22, 763.

[32] Z. Chen, A. R. Graydon, P. D. Beer, J. Chem. Soc., Faraday Trans., 1996, 92, 97.

[33] F. Otón, A. Tarraga, A. Espinosa, , M. D. Velasco, P. Molina, J. Org. Chem., 2006, 71, 4590.

[34] B. R. Serr, K. A. Andersen; C. M. Elliot, O. P. Anderson, Inorg. Chem., 1988, 27, 4499.

[35] D. E. Richardson, H. Taube, Inorg. Chem., 1981, 20, 1278.

第9章　以二茂铁基大环化合物为载体的PVC膜磷酸氢根离子选择电极的研究

9.1　引言

对人类和动植物来说，磷是一种必不可少的营养和能量载体。磷产品在人类活动的诸多领域已得到广泛的应用，如在合成洗涤剂和化工肥料等方面。近来已发现磷化合物的广泛应用对环境造成了巨大影响，磷化合物及有机膦的大量进入已使湖泊、河流等水体遭到严重的破坏，与此同时，有机膦化合物随地表水浸至地下，对人类用水也造成了严重的威胁。因此，一个快速准确的测定磷含量的方法在药理学、生物医学、临床化学、工业工程监控、环境等领域都是十分必需的[1]。到目前为止，已经有各种各样的方法，如高效液相法(HPLC)、光谱法、离子选择电极法(ISEs)等被用来测定各种样品中磷的浓度。其中，离子选择性电极(ISEs)由于它简洁、快速、成本较低、携带方便和对样品的无破坏性等优点而引起了科学家们的强烈兴趣。

众所周知，载体是理想离子选择电极的核心部分，因此，对磷酸根有较好响应载体的设计和合成就成为当今研究的一个热点。已经证明，磷酸根离子是亲水性很强的配体，在选择的敏感性上的困难主要存在于两个方面：(1)进入主体分子空腔内的这种阴离子的大结构非常难以调节；(2)磷原子周围的四个氧原子产生一个非常大的亲水性范围，它将对磷酸根离子的水合能产生巨大的影响，正是由于这些特性，磷酸根离子才出现在 Hofmeister 选择系列的最后[2]：

$ClO_4^- > IO_4^- > SCN^- > I^- > Sal^- > NO_3^- > Br^- > Cl^- > NO_2^- > HCO_3^- > SO_4^{2-} > H_2PO_4^-$

一个较理想的磷酸根离子选择电极薄膜应该是不仅能够排斥亲油性阴离子的干扰，如 ClO_4^-、I^- 等，而且有较强的选择性和能够从薄膜表面可逆地提取阴离子的能力。只有在这些情况下，理想磷酸根离子选择电极才可能被研制成功。磷酸根离子有两个特性：(1)磷原子周围的四个氧原子和溶液中的任意水分子之间将生成多重态的氢键[3]；(2)磷酸根离子中的氧原子比那些结构相似的，如 ClO_4^-、SO_4^{2-} 离子中的氧原子与金属化合物有更强的配位能力[4]。这两个特性将有助于磷酸盐的选择性载体在离子选择性电极上开发和磷酸盐在膜间传递的研究。

在过去的几十年里，对磷酸根离子选择电极的研究取得了一定成果，不同种类载体的磷酸根离子选择电极被相继报道。如有机锡化合物[1,5]是传统的最早被应用于磷酸根离子选择电极的载体。除此之外，多胺[6]、胍[7]、铀酰席夫碱[8]、硫脲[9]、硫酰胺[10]以及金属有机化合物[11]等也是非常有效的磷酸根离子选择电极的载体。

据文献报道，许多阴离子选择电极都是以金属有机化合物[12]为载体，并推测阴离子和载体的中心金属离子之间存在着一些特定的相互作用。此外，一些含有功能基如脲、硫脲、酰胺、硫酰胺的化合物[9,10,13]能够作为阴离子选择电极的载体，因为这些载体与阴离子之间能形成氢键。一些大环化合物[6a]也能够包结一些与它的孔洞大小适合的阴离子。考虑到以上几个方面，设计合成了一种新的含有以上三个特点的二茂铁大环酰胺化合物 19，并将这个化合物作为离子选择电极的载体进行研究，期望能够制备出一种新型的具有反霍夫曼行为的阴离子选择电极。

9.2 结果与讨论

9.2.1 二茂铁基大环酰胺 19 的合成与晶体结构

大环化合物 19 合成及晶体数据参考第 7 章 7.3.4 部分。我们知道在化合物中，整个大环主体可近似看作类[15-冠-5]结构，环空洞尺寸大小可定义为 N1…N2 5.040 Å，C6…O3 4.400 Å，C6…O4 4.738 Å，C9…O3 4.305 Å，C9…O4 4.268 Å。尽管这样的孔洞大小，可能对包合 HPO_4^{2-} 有点小，但是这里化合物 19 环的孔洞大小可随二茂铁中心上下茂环的旋转进行调节。分子中存在着重要的氢键给体和氢键受体(—NH—)和(—CH_2O—)，这对实现阴离子的识别结合作用非常重要。我们推测，在结合 HPO_4^{2-} 过程中，(—NH—)可以作为 Lewis 酸贡献出质子与 HPO_4^{2-} 中的氧原子结合，而(—CH_2O—)中氧原子可作为 Lewis 碱接受 HPO_4^{2-} 中的质子，通过这两种作用方式达到阴离子结合的目的。此外，由于夹心型结构二茂铁的存在，使得整个环结构处于独特的扭曲状态，形成了一个 3D 的孔洞，对比平面型环结构给出了部分的立体选择性，二茂铁中心铁原子也可能部分与阴离子仅存在部分静电作用，可给出附加的稳定作用。

9.2.2 PVC 膜 HPO_4^{2-} 离子选择电极

首先我们以二茂铁大环酰胺 19 为载体，以 *o*-NPOE 为增塑剂，膜组成为(*w*/*w*)化合物 19∶PVC∶NPOE (1∶33∶66)制备成 PVC 膜电极，试验了它们对 OAc^-、NO_3^-、Cl^-、Br^-、I^-、SCN^-、SO_4^{2-}、PO_4^{3-}、HPO_4^{2-}、CO_3^{2-} 十种阴离子的响应性能。在这个实验中，内充液为 0.01mol/L 相应的测试阴离子溶液，并且每支电极均在相应的溶液中活化一个晚上。从 Fig. 9.1 中可以看出，在测试的这些阴离子中，电极对 HPO_4^{2-} 离子有较好的响应。因此,将二茂铁大环酰胺 19 作为 HPO_4^{2-} 离子选择电极的载体进行研究。

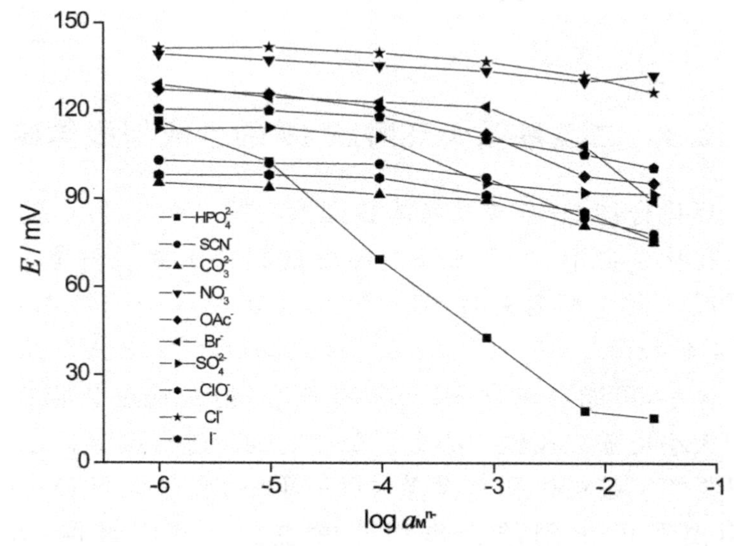

Fig. 9.1 Potentiometric responses of an *o*-NPOE-plasticized membrane composed of 1% ionophore 19 to various anions

9.2.2.1　膜组分对电极性能的影响

众所周知,除了载体本身的特性对电极有较大影响外,增塑剂的选择、载体的含量以及离子定域体的性质也能极大地影响离子选择电极的敏感性、线性范围和选择性。

Table 9.1 Optimization of membrane ingredients

Membrane number	Membrane composition (mg)				Slope (mV/decade)	Linear range (mol/L)	Detection Limit (mol/L)
	Ionophore (mol%)	Plasticizer	PVC	Additive			
1	2.8	185.5, NPOE	92.8	0	23.3±0.3	1.0×10^{-2} to 1.0×10^{-5}	7.0×10^{-6}
2	2.8	185.5, DBP	92.8	0	18.9±0.5	1.0×10^{-2} to 1.0×10^{-4}	1.0×10^{-4}

续表

Membrane number	Membrane composition (mg) Ionophore Plasticizer PVC Additive (mol%)				Slope (mV/decade)	Linear range (mol/L)	Detection Limit (mol/L)
3	2.8	185.5, DOS	92.8	0	16.3±0.5	1.0×10^{-2} to 1.0×10^{-4}	1.0×10^{-4}
4	3.9	185.5, NPOE	92.8	0	26.9±0.4	1.0×10^{-2} to 1.0×10^{-5}	4.2×10^{-6}
5	5.1	185.5, NPOE	92.8	0	24.6±0.3	1.0×10^{-2} to 1.0×10^{-5}	5.1×10^{-6}
6	3.9	185.5, NPOE	92.8	0.28 (10)	27.6±0.2	1.0×10^{-2} to 1.0×10^{-5}	5.7×10^{-6}
7	3.9	185.5, NPOE	92.8	0.56 (20)	29.8±0.3	1.0×10^{-2} to 1.0×10^{-5}	2.2×10^{-6}
8	3.9	185.5, NPOE	92.8	0.84 (30)	23.4±0.4	1.0×10^{-2} to 1.0×10^{-5}	6.4×10^{-6}
9	0	185.5, NPOE	92.8	0.56 (20)	—	—	—

(1)增塑剂对电极响应性能的影响

以二茂铁大环酰胺 19 为载体，分别考察了以 *o*-NPOE、DBP、DOS 为增塑剂时，对 HPO_4^{2-} 离子响应性能的影响，见 Table 9.1（薄膜序号 1～3）。结果表明，以 *o*-NPOE 为增塑剂的电极对 HPO_4^{2-} 离子有较好的能斯特斜率，较宽的线性范围及较低的检测下限。说明载体和 *o*-NPOE 有较强的选择性和能够从薄膜表面可逆地提取阴离子的能力。另外，还与增塑剂的极性有关，当使用极性较大增塑剂时，对二价离子的响应性能比对一价离子的性能好[14]。

(2)载体含量对电极性能的影响

以 *o*-NPOE 为增塑剂,保持电极膜中增塑剂和 PVC 的用量恒定,考察了活性物质用量对膜电极响应性能的影响,结果见 Table 9.1(membrane nos. 1,4,5)。结果表明,当活性物质用量为 1.4%时,电极的性能最好。当活性物质用量增加到 1.8%时,电极的响应性能变差,这可能是因为用量增加导致 PVC 膜的不均匀性和饱和性[15]。

(3)添加剂对电极性能的影响

离子定域体有能够促进电极膜表面的离子交换和减小膜的阻抗[16]等作用。通过在电极中分别加入 0～30 mol%的离子定域体 TDMACl(相对载体),进一步考察了添加剂对电极性能的影响,结果见Table 9.1(薄膜序号 6～8)。从表可知,离子定域体的摩尔百分含量为 20 mol%时电极响应性能最佳,而进一步增加它的摩尔百分含量到 30 mol%时反而使电极对 HPO_4^{2-} 离子的响应性变差。响应性变差可认为是自由载体浓度降低的缘故。此外,我们还制备了一支含添加剂量为 20 mol%且不含载体的电极膜(薄膜序号 9),考察了电极对 HPO_4^{2-} 离子的响应是否由离子定域体 TDMACl 产生。结果表明,电极对 HPO_4^{2-} 离子没有响应。

综上,作为 HPO_4^{2-} 离子选择电极的最佳膜组分为:*o*-NPOE 为增塑剂,载体和添加剂含量分别为 1.4 mol%和 20 mol%。该电极对 HPO_4^{2-} 离子的响应范围为 $1.0\times10^{-2}\sim1.0\times10^{-5}$ mol/L,响应斜率为 29.8 mV/decade,检测下限为 2.2×10^{-6} mol/L。

9.2.2.2　pH 的影响

用 KOH 和 H_2SO_4 调节溶液的 pH,配制了几个系列 pH 不同的 $KHPO_4$ 标准溶液,进一步考察了 pH 对电极响应性能的影响。测定的 pH 范围为 7～10,在每个 pH 时都得到一条相应的曲线,结果见 Fig. 9.2。

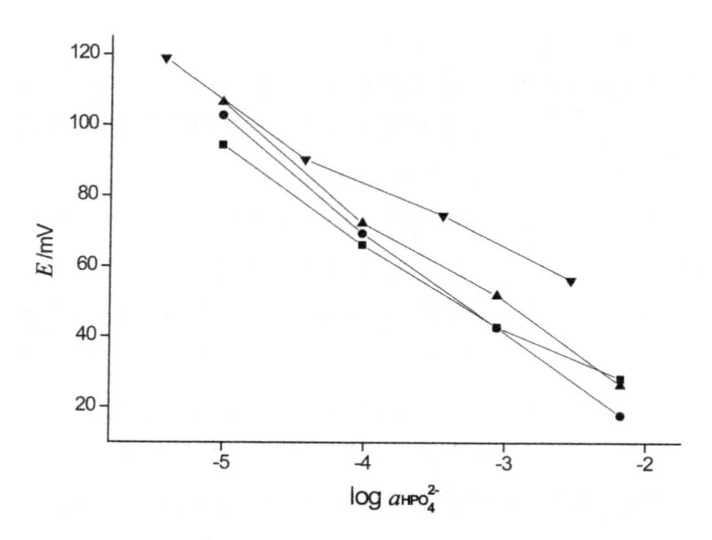

Fig. 9.2　Calibration graphs for HPO_4^{2-} at different values of pH: (▼) 7.0, (▲) 8.0, (●) 9.0, (■) 10.0

9.2.2.3　电极的选择性系数的测定

分别配制 10^{-5}～10^{-2} mol/L 的阴离子溶液，用离子活度比方法测定了 HPO_4^{2-} 离子对其他阴离子的选择性系数，结果见 Table 9.2。由结果可知，电极对 HPO_4^{2-} 有较好的选择性，其他阴离子对电极干扰较小，尤其是氯离子，因为氯离子在实际分析测定中是一个非常严重的干扰离子。此外，和以前报道的磷酸根离子选择电极[1,5a,5e,6b,7]相比，该电极显示出了更好的选择性。

Table 9.2　Values of selectivity coefficient for proposed electrode

anion	Cl^-	Br^-	OAc^-	I^-	NO_3^-	SO_4^{2-}	CO_3^{2-}	ClO_4^-	SCN^-
$\log K_{i/j}^{POT}$	−2.92 ±0.15	−3.30 ±0.13	−1.66 ±0.08	−1.26 ±0.13	−2.19 ±0.06	−1.45 ±0.10	−0.08 ±0.07	−0.69 ±0.08	−0.50 ±0.06

9.2.2.4　电极的重现性、稳定性、响应时间和使用寿命

稳定性：配制浓度为 10^{-3} mol/L 的 K_2HPO_4 溶液 50 mL，然后用电极测定电位，实验连续进行测定 8 h。结果发现电极的稳

定性非常好，电位变化在 1.0 mV 以内。

重现性：配制浓度分别为 10^{-3} mol/L 和 10^{-2} mol/L 的 K_2HPO_4 溶液各 50 mL，分别用电极交替在上述两种溶液中连续测定 10 次，测得电极电位的标准偏差为 1.12 mV。

响应时间：响应时间是电极分析应用时的一个非常重要的因素。电极响应时间（$t_{95\%}$）的测定是在 10^{-5}～10^{-3} mol/L 浓度范围，将 K_2HPO_4 溶液的浓度快速依次增加 10 倍，测定浓度从 10^{-5} mol/L 到 10^{-4} mol/L，10^{-4} mol/ L 到 10^{-3} mol/L，10^{-3} mol/L 到 10^{-2} mol/L（用微量进样器快速注入较大浓度的 K_2HPO_4 溶液）时，达到其 95％的稳定电位所需要的时间来衡量。实验结果表明，该电极电位响应较快，响应时间在 20 s 以内。

使用寿命：使用寿命是通过测定同一支电极在标准 K_2HPO_4 溶液中的不同时期的响应斜率和检测下限来实现的。测定结果见 Table 9.3。从表可以看出，使用 2 个月后，电极的响应斜率和检测下限没有发生明显下降（分别为 29.0±0.2 mV $decade^{-1}$ 和 4.2×10^{-6} M）。因此，我们的电极使用寿命至少为 2 个月。

Table 9.3 The lifetime of the proposed electrode

Period (week)	Slope (mV $decade^{-1}$)	Detection limit (mol/L)
1	29.8±0.3	2.2×10^{-6}
2	29.8±0.2	1.6×10^{-6}
3	29.6±0.2	2.8×10^{-6}
4	29.4±0.4	2.6×10^{-6}
5	29.3±0.3	3.2×10^{-6}
6	29.3±0.2	4.0×10^{-6}
7	29.2±0.4	4.6×10^{-6}
8	29.0±0.2	4.2×10^{-6}

9.2.2.5 电极的应用

在 pH＝9 时，以制备的电极作为指示电极，我们用 1.0×

10^{-2} mol/L $Ba(NO_3)_2$ 溶液去滴定 20 mL 1.0×10^{-3} mol/L K_2HPO_4 标准溶液，结果见 Fig. 9.3。从图中可以看出，Ba^{2+} 含量能够被准确测定，该电极可用于电位滴定的指示电极。

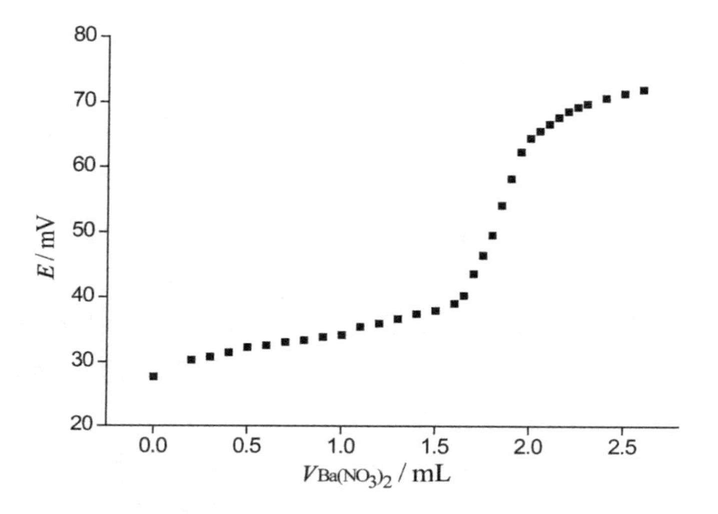

Fig. 9.3 Potentiometric titration curve of 20.0 mL 1.0×10^{-3} mol/L solution of HPO_4^{2-} with 1.0×10^{-2} mol/L $Ba(NO_3)_2$

9.3 实验部分

9.3.1 仪器与试剂

PXS-215 型离子活度计（上海雷磁仪器厂），微电脑型酸碱度温度计（Model 6071，上海任氏电子有限公司），JB-1 型磁力搅拌器（上海雷磁仪器厂新泾分厂），217 型饱和甘汞电极

三（十二烷基）甲基氯化铵（TDMACl）和邻硝基苯基正辛醚（*o*-NPOE）为 Fluka 试剂，邻苯二甲酸二丁酯（DBP）、癸二酸二异辛酯（DOS）及所用的各种可溶性盐均为分析纯试剂；四氢呋喃（THF）为分析纯试剂，使用前无水处理重蒸，实验用水为二次蒸馏水。

9.3.2　二茂铁基大环酰胺19的合成及单晶结构测定

见7.3.4及7.3.5。

9.3.3　电极的制备与测试体系

载体:PVC:增塑剂=1∶33∶66(*w*/*w*/*w*)的比例称量(载体量为2.8 mg),此外,还加入0～30 mol%的TDMACl(相对载体),共溶于4.5 mL四氢呋喃(THF)中,然后将此溶液倾于直径为28 mm的玻璃环内。在室温下挥发除去THF,得到一坚韧而富有弹性的膜。将膜切成适当大小的圆片,用5%PVC-THF溶液粘于电极杆上,结牢后,充入0.01 mol/L的KCl为内充液,并插入Ag-AgCl内参比电极。电极使用前,需在0.01 mol/L待测离子的溶液中活化24 h,然后用重蒸水洗至电位值稳定为止。

电位测试采用下述体系:Hg,Hg_2Cl_2/KCl(饱和)/0.1 M LiAc /待测液/PVC膜/0.01 mol/L K_2HPO_4/Ag,AgCl。

9.3.4　实验方法

9.3.4.1　电位测定

分别配制待测离子的10^{-6}～10^{-1}mol/L浓度系列溶液,然后取30 mL待测离子溶液于50 mL小烧杯中,将待测电极和参比电极同时插入溶液中,按溶液浓度由低到高的顺序进行电位值的测定。离子活度用德拜-休克尔方程计算[17]。在不同pH时HPO_4^{2-}的活度根据Carey和Riggan[6a]提供的方法计算,即按总的磷酸根浓度、标准pH、各种形式磷酸根的平衡常数和离子强度计算。电极的检测下限根据IUPAC推荐法[18]测定。

9.3.4.2　离子选择性系数的测定

通常测定选择性系数都是采用IUPAC推荐的固定干扰法或

分别溶液法[19]。这两种方法都是以能斯特方程为基础,当考察的离子均具有相同电荷时,这种经验关系对膜电极符合得较好。然而当考察的离子具有不同的价态时,这个方程不是很适合[20]。这里我们采用 Glazier 推荐的活度比方法[5a]测定两个电极的选择性系数。在这种方法中,选择性系数是通过测定当仅含有主要离子的溶液和仅含有干扰离子的溶液产生相同的膜电势时,它们的离子活度(或浓度)的比值来确定的。测定每个离子的活度范围为 10^{-5}~10^{-2} mol/L。根据主要离子的浓度与电势值,用下面的公式进行非线性最小平方拟合。

$$f(x) = E + S\log(x + B)$$

其中,E、S、B 为三个拟合参数,x 为浓度(或活度),$f(x)$为不同浓度时的电势值。求出三个参数 E、S、B,然后将 10^{-2} mol/L 其他阴离子的电位值带入方程,即可求得主要离子产生相同电位时的浓度(或活度)。选择性系数用下式求得。

$$K_{i,j} = a_i / a_j$$

式中,a_i 为主要离子浓度,a_j 为干扰离子浓度。

9.3.4.3 重现性和稳定性

重现性的测定是在 0.001~0.0001 mol/L 的待测液中往返测定十次。稳定性的测定是在 0.001 mol/L 的待测液中连续测定 10 h。

9.4 小结

以二茂铁基大环酰胺 19 为载体,邻硝基苯辛醚(*o*-NPOE)为增塑剂,三(十二烷基)甲基氯化铵(TDMACl)为离子定域体制备的 PVC 膜磷酸氢根离子选择电极是一类新型的未见报道的磷酸氢根离子选择电极。

电极对磷酸氢根离子响应的线性范围为 1.0×10^{-5}~1.0×

10^{-2} mol/L，能斯特斜率为 29.8 mV/decade，检测下限为 2.2×10^{-6} mol/L。电极具有良好的稳定性、重现性，并且具有较长的使用寿命(至少2个月)。

该电极不仅能用于直接电位测定，还可作为电位滴定的指示电极。

参考文献

[1] S. A. Glazier, M. A. Arnold, Anal. Chem., 60 (1988) 2540.

[2] F. Hofmeister. Arch. Exp. Pathal, Pharmakol, 24 (1888) 247.

[3] (a) H. Furuta, M. J. Cyr, J. L. Sessler. J. Am. Chem. Soc., 113 (1991) 6677; (b) H. Luecke, F. A. Quiocho. Nature, 347(1990) 402; (c)I. Tabushi, Y. Kobuke, J. Imuta. J. Am. Chem. Soc., 102 (1980) 1744.

[4] B. Douglas. D. H. Macdaniel. J. J. Alexander. Wiley, New York, Indedn., 1983. p. 597.

[5] (a) S. A. Glazier, M. A. Arnold, Anal. Chem., 63 (1991) 754; (b) N. A. Chaniotakis, K. Jurkschat, A. Anal. Chim. Acta, 282 (1993) 345; (c) J. K. Tsagatakis, N. A. Chaniotakis, K. Jurkschat, Helv. Chim. Acta, 77 (1994) 2191; (d) D. Liu, W. C. Chen, R. H. Yang, G.. L. Shen, R. Q. Yu, Anal. Chim. Acta, 338 (1997) 209; (e) S. Sasaki, S. Ozawa, D. Citterio, K. Yamada, K. Suzuki, Talanta, 63 (2004) 131.

[6] (a) C. M. Carey, W. B. Riggan Jr., Anal. Chem., 66 (1994) 3587; (b) T. L. Goff, J. Braven, L. Ebdon, D. Scholefield, Anal. Chim. Acta, 510 (2004) 175.

[7] M. Fibbioli, M. Berger, F. P. Schmidtchen, E. Pretsch, Anal. Chem., 72 (2000) 156.

[8] (a) W. Wroblewski, K. Wojciechowski, A. Dybko, Z. Brzozka, R. J. M. Egberink, B. H. M. Snellink—Ruel, D. N. Reinhoudt, Sens. Actuators B, 68 (2000) 313; (b) W. Wroblewski, K. Wojciechowski, A. Dybko, Z. Brzozka, R. J. M. Egberink, B. H. M. Snellink—Ruel, D. N. Reinhoudt, Anal. Chim. Acta, 432 (2001) 79.

[9] S. Nishizawa, T. Yokobori, R. Kato, K. Yoshimoto, T. Kamaishi, N. Teramae, Analyst, 128 (2003) 663.

[10] A. K. Jain, V. K. Gupta, J. R. Raisoni, Talanta, 69 (2006) 1007.

[11] (a) J. H. Liu, Y. Masuda, E. Sekido, J. Electroanal. Chem., 291 (1990) 67; (b) N, Sato, Y. Fukuda, Chem. Lett., 3 (1992) 399.

[12] (a)C. S. Pedreno, J. A. Ortuno, D. Martinez, Talanta, 47 (1998) 305; (b) M. Shamsipur, S. Ershad, N. Samadi, A. R. Rezvani, H. Haddadzadeh, Talanta, 65 (2005) 991; (c) N. A. Chaniotakis, J. K. Tsagatakis, K. Kurkschat, R. Willem, Reactive &: Functional Polymers, 34 (1997) 183; (d) R. Stepanek, B. Kraeutler, P. Schulthess, B. Lindemann, D. Ammann, W. Simon, Anal. Chim. Acta, 182 (1986) 83; (e) D. Gao, J. Gu, R. Q. Yu, G. D. Zheng, Anal. Chim. Acta, 302 (1995) 263; (f) S. Daunert, L. G. Bachas, Anal. Chem., 61 (1989) 499.

[13] (a) H. K. Lee, H. Oh, K. C. Nam, S. Jeon, Sens. Actuators B, 106 (2005) 207; (b) S. Nishizawa, P. Buhlmann, K. P. Xiao, Y. Umezawa, Anal. Chim. Acta, 358 (1998) 35.

[14] E. Bakker, P. Buehlmann, E. Pretsch, Chem. Rev., 97 (1997) 3083.

[15] D. Ammann, E. Pretsch, W. Simon, E. Lindner, A. Bezegh, E. Pungor. Anal. Chim. Acta, 171 (1985) 119.

[16] J. Bobacka, M. Maj-Zurawska, A. Lewenstam. Biosens. Bioelectron, 18 (2003) 245.

[17] S. Kamata, A. Bhale, Y. Fukunaga, A. Murata, Anal. Chem., 60 (1988) 2464.

[18] G. G. Guilbault, R. A. Durst, M. S. Frant, H. Freiser, E. H. Hansen, T. S. Light, E. Pungor, G. Rechnitz, N. M. Rice, T. J. Rohm, W. Simon, J. D. R. Thomas. Pure Appl. Chem., 48 (1976) 127.

[19] Recommendations for nomenclature of ion-selective electrodes (recommendatons 1975). Pure. Appl. Chem., 48 (1976) 127.

[20] (a) V. P. Y. Gadzekpo, G. D. Christian. Anal. Chim. Acta, 164 (1984) 279; (b) Y. Umezawa, M. Kataoka, W. Takami, E. Kimura, T. Koike, H. Nada. Anal. Chem., 60 (1988) 2392.